本书由以下项目资助出版：
中央高校基本科研业务费项目（2013121027）
厦门市建设科技计划项目（XJK2013-1-7）
福建省软科学项目（2013R0097）
国家自然科学基金资助项目（51408516）

宋代风 著

可持续雨水管理导向下住区设计的程序与做法

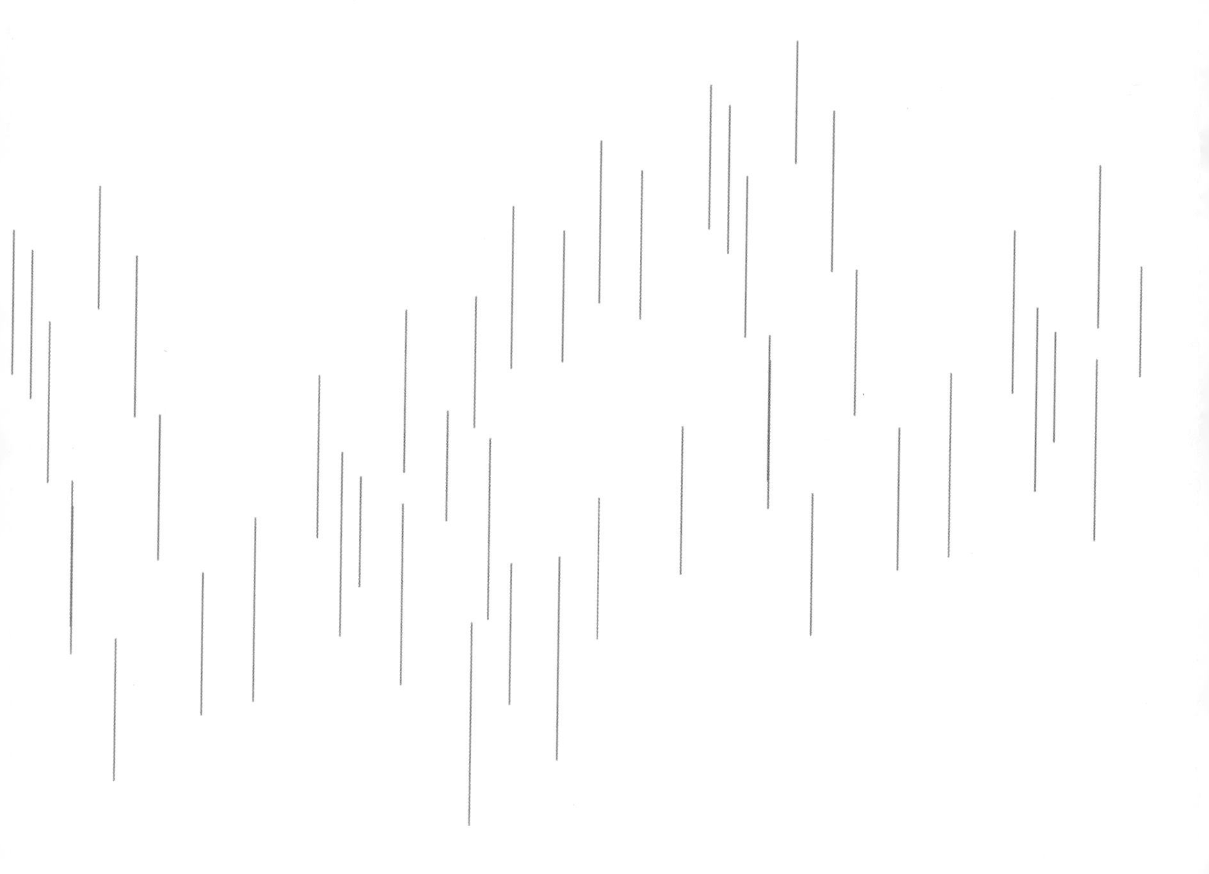

国家一级出版社
全国百佳图书出版单位

内容提要

当前，我国城市雨水问题在城市快速扩张背景下愈加凸显。发达国家实践证明，在“快速排放”思想制约下，以排水系统建设为核心的常规雨水管理无法实现城市雨水问题的全面解决；实施以“修复自然水循环”为根本目标的可持续雨水管理成为城市建设的更佳选择；科学化场地与建筑设计的普及是其成功基石。

基于对可持续雨水管理导向下住区设计新任务的深入归纳，依据现代质量管理理论，本书以工作程序与做法为切入点，分析当前我国住区设计体系在此方面的不足及发达国家的相对优势，进而通过比较研究，尝试提出可持续雨水管理导向下住区设计的理想工作途径。

本书可供建筑学、城市与乡村规划专业设计实践与理论研究人员阅读，也可供相关专业师生参考。

致　谢

从开始关注雨水问题解决导向下的城市设计至今已过七年。此间波折种种始料未及，宛如少年水手初入大海的彷徨似已模糊而又记忆犹新。行文至此，突然想起德国作家托马斯·曼的几句话："……终于完成了。它可能不好，但是完成了。只要能完成，它也就是好的。"

在多方共同支持下，本书得以成稿与出版。难以想象，缺少其中任何一个，现在又会是怎样情形。感谢博士生导师王竹教授的引导，感谢厦门大学建筑与土木工程学院领导与同事的支持，感谢我的爱人和家人为本书的付出。

很想写下华丽的语句，来表达此刻复杂心情，却发现应当感谢的人与事是如此之多，简单的几行空间又如何容纳。因此，请允许使用最为普通的方式予以陈述——作为全力以赴的成果，谨以本书，向所有为其无私奉献的师长与前辈，致以敬意。

宋代风

2013 冬于厦大

前 言

本书源于笔者2012年完成的同名博士学位论文。

2007年，在德国斯图加特大学城市设计研究所组织下，笔者对绍尔豪森公园住区及其雨水管理系统进行了现场考察，初次感受到经住区"自身"处理的雨水能够洁净到几乎可以直饮的程度。之后的调研表明，为实现这一目标，从概念设计到施工图设计，该住区的宏观与微观形态均在精确的科学引导下得以生成。恰在彼时，母校新区却在一场暴雨中成为泽国。二者的视觉效果上相去不远，但水文功能高下立判。其反差之大成为本书创作的缘起。

在国内当前的住区设计实践中，建筑专业与雨水直接相关的工作主要是竖向设计，雨水问题主要通过给排水专业的排水系统设计得以解决。二者前后有序，泾渭分明。然而，发达国家实践经验表明，就雨水问题的"全面"解决而言，住区"自身"才是最为重要的"设备"。同时，雨水管理技术系统的性能受到住区形态的严格制约。故，本书探讨的对象为住区设计而非雨水管理技术系统设计。

一方面，发达国家可持续雨水管理导向下的住区设计已发展至多专业协作设计阶段，其工作之复杂、标准之严格前所未见。标准化、系统化的工作体系是协作设计得以实施的必要条件。另一方面，国内住区设计工作相对简单，工作程序高度个人化，相关研究的探讨重点多集中于"做法"层面（如设计模式、布局类型、模拟工具及其用法），不足以引导设计工作的分工。故，本书尝试转换探讨的切入点，从把握可持续雨水管理导向下住区设计任务的转变开始，逐步扩展到对系统化住区设计程序与做法的深入思考中。

作 者

2013年12月

目　录

附表清单

插图清单

1 绪　论

1.1 背景

1.1.1 我国城市雨水问题亟待解决

针对2012年北京7.21暴雨造成的生命与财产损失(图1-01),人民日报发表评论文章《暴雨灾害考验城市精神》称,“暴雨给正迈向现代化的中国上了深刻的一课……一座城市的现代化,不仅要把地上建设得富丽堂皇、气象万千,更要夯实地下的百年根基”①;新华社发表评论文章《暴雨过后我们当如何选择》称,“灾害造成的损失触目惊心,使我们不得不正视灾

图1-01　我国部分城市内涝现场(2012夏)

(来源:暴雨三小时:福建福清市成泽国[EB/OL]. http://www.chinanews.com/tp/hd2011/2012/06-25/110294.shtml,2012-06-24;洛阳暴雨“看海”众生相[EB/OL]. http://news.163.com/photoview/00AN0001/24773.html,2012-06-24;北京遭遇暴雨袭击[EB/OL]. http://news.163.com/special/7yuebeijingbaoyu/,2012-07-22)

---

① 唐宋.暴雨灾害考验城市精神[N].人民日报,2012-07-02(4).

害面前城市规划建设、基础设施、应急管理暴露出的许多问题……灾难后的进步补偿不会自动实现，而是取决于我们的态度和选择”①。

面对日益严重的危机与损失，城市居民与管理者达成共识：城市雨水问题亟待解决。当前，我国最直观与最严重的城市雨水问题主要有三：城市内涝、水体污染、沉降漏斗。

1.1.1.1 城市内涝

城市内涝指，由于强降雨或连续性降雨超过城市排水能力，导致城镇地面产生积水灾害的现象②。住房和城乡建设部对全国 351 个城市进行的专项调研结果显示③，我国城市当前普遍存在内涝现象，且多数情况较为严重(图 1-02)。作为城市建设的先进代表，我国的直辖市与省会城市(除贵阳外)在面临大规模降雨事件时，几乎无一能够免于严重内涝。在我国，城市内涝不仅给居民工作生活带来不便，而且已对其财产、生命安全造成严重威胁(表 1-01)。

表 1-01　近年来我国若干重大城市内涝导致的人员与经济损失

时间(年-月-日)	地点	事件	日降水量	伤亡(人)		经济损失(亿元)	其他损失
				伤	亡		
2007-7-18	济南	强降雨	134 mm	171	26	12.3	主城大范围严重积水，大部分路段交通瘫痪，33 万人受灾
2007-10-8	杭州	暴雨(40 年一遇)	191 mm	不详	不详	3.646	主城区 1 563 户民宅进水，19 所学校被淹停课，533 处道路积水，40 多个路口失去通行能力，运河水位上涨、倒灌，受灾人口 21 万
2008-6-13	深圳	大暴雨	200 mm，局部地区 600 mm	失踪 4	8	5	500 余处浸水，100 多条路段积水严重，近万家企业停业，1 000 多处内涝、水淹

① 新华网．暴雨过后我们当如何选择[EB/OL]．http://news.xinhuanet.com/politics/2012-08/07/c_112647758.htm，2012-08-07.

② GB50014—2006，室外排水设计规范[S]．北京：中国计划出版社，2006：5.

③ 许慧鹏．从看“海”到看“心”——对城市内涝问题的思考[J]．群言，2011(10)：38-39.

续表

时间（年-月-日）	地点	事件	日降水量	伤亡（人）		经济损失（亿元）	其他损失
				伤	亡		
2011-6-23	北京	降雨（10年一遇）；中心暴雨	50 mm，局部地区 215 mm	不详	5	不详	29 处桥区、重点道路积水，22 处交通中断，800 余辆汽车被淹，地铁 1 号线灌水，多趟地铁停运
2012-7-21	北京	暴雨	147 mm	不详	79	近百	市区路段积水，路面塌方，交通中断，市政水利工程受损，众多车辆被淹，110 kVA 变电站受淹，25 条 10 kVA 架空线路永久性损坏，受灾人口 160.2 万

（来源：笔者自制。根据：张升堂，郭建斌，高宗军，等．济南“7.18”城市暴雨洪水分析[J]．人民黄河，2010，32(2)：30-31；陆一奇．关于城市防涝减灾的若干思考——杭州“10.8”涝灾过后的反思[J]．浙江水利水电专科学校学报，2008，20(1)：34-38；吴亚玲，李辉．深圳城市内涝成因分析[J]．广东气象，2011，33(5)：39-41；李云虹．暴雨后的城市危机[J]．法律与生活，2011(8)：10-11；海玮．水漫京城排水系统难敌罕见暴雨[J]．城乡建设，2011(7)：31；柴苑苑．深圳市 2008 年“6.13”暴雨重现期分析[J]．中国农村水利水电，2010(8)：70-13；2012 年 7 月 21 日北京暴雨灾难过后的思考[EB/OL]．http://www.jishinet.com/html/FocusNet/2012/0725/780.html，2012-07-25.）

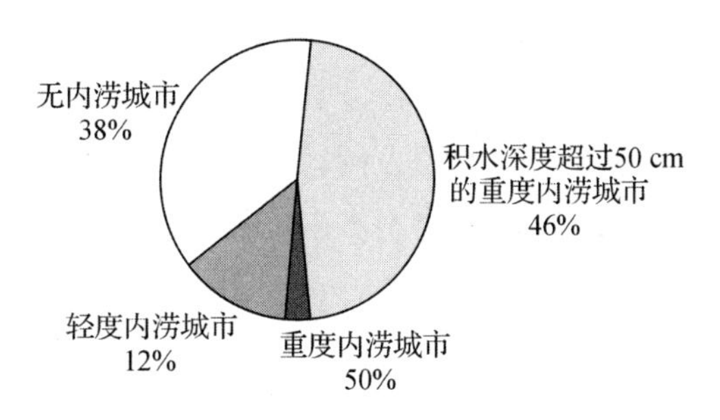

图 1-02　我国城市内涝情况(2008—2010)

（来源：笔者自制。数据来源：许慧鹏．从看“海”到看“心”——对城市内涝问题的思考[J]．群言，2011(10)：38-39）

1.1.1.2 水体污染

当前，我国城市水体污染严重。城市地表水体水质普遍较差(图 1-03)，

75%以上的湖泊富营养化；在118座大城市中，97%的城市浅层地下水受到污染，其中40%为重度污染；近50%的重点城镇水源不符合饮用水标准①。与城市内涝相比，城市水体污染现象虽不及其直观，但对居民健康的危害更为严重。

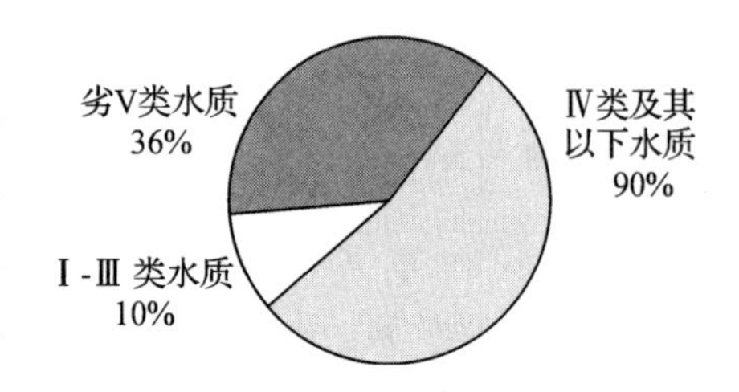

图 1-03　我国城市地表水体水质

（来源：笔者自制。数据来源：曹明德，黄锡生.环境资源法[M].北京：中信出版社，2004：136—137）

20世纪60年代以来研究表明，雨径直排已成为城市水体污染的主要原因②。依据污染物来源，水体污染被分为两类：点源污染、非点源污染。在市区，点源污染主要源于工业废水与生活污水的固定排放；非点源污染则主要源于大气污染物与地表堆积物的雨水冲刷。1972年，随着《水污染法案》的颁布，美国曾试图通过污水零排放控制水体污染。在花费大量资金建设大量污水处理厂后，该目标仍难以实现。“在俄亥俄河、五大湖流域，研究人员发现，即使将所有工业废水和城市生活污水进行有效处理，水体污染问题仍未得到解决，其原因在于雨水径流把地面上的各种污染物带入水体”③。

城市雨水径流中污染物众多（如悬浮固体、营养物质、耗氧物质、油脂类物质、细菌、重金属及有毒污染物等），且来源广泛（如大气沉降、土壤侵蚀、下垫面材料、排水管道溢流、机动车废弃物、种植用化学品、城市垃圾等）。污染物进入城市水体，一方面造成受纳水体的富营养化与水质恶化，破坏水生生态平衡；另一方面污染物及其衍生物通过食物链与饮用水进入人体，严重危害人体健康。以无锡为例，水体富营养化导致蓝藻泛滥，其代谢产物之一是微囊藻毒素；该市饮用水中的微囊藻毒素暴露水平与该市男性胃癌死亡率呈现正相关④。

据保守估算，在我国城市污水收集、处理系统尚未完善的情况下，雨水

---

① 曹明德，黄锡生.环境资源法[M].北京：中信出版社，2004：136-137.

② 路月仙，陈振楼，王军，等.地表水环境非点源污染研究的进展与展望[J].自然生态保护，2003(11)：22-26.

③ 刘保莉.雨洪管理的低影响开发策略研究及在厦门岛实施的可行性分析[D].厦门：厦门大学，2009：4.

④ 陈艳，俞顺章，杨坚波，等.太湖地区城市饮用水微囊藻毒素与恶性肿瘤死亡率的关系[J].中国癌症杂志，2002，12(6)：485-488.

径流污染物在水体总污染负荷中的比重为 10%；随着城市发展，点源污染得到严格控制，非点源污染占水体总污染比重将逐步上升[①]。以北京市为例，2000 年城市污水处理率为 40.6%，雨水径流 COD[②] 排放量占总排放量 23.59%；2006 年，该比例上升至 33.39%[③]。

先进国家的实践证明，水体污染可获得有效改善，但需要历经长期投入与管理。以德国为例，经过 30 年努力，至 21 世纪初，全德地表水严重污染已基本消除，地表水水质均达到欧洲标准Ⅲ级以上，且多为Ⅱ级及其以上水质[④]（图 1-04）。

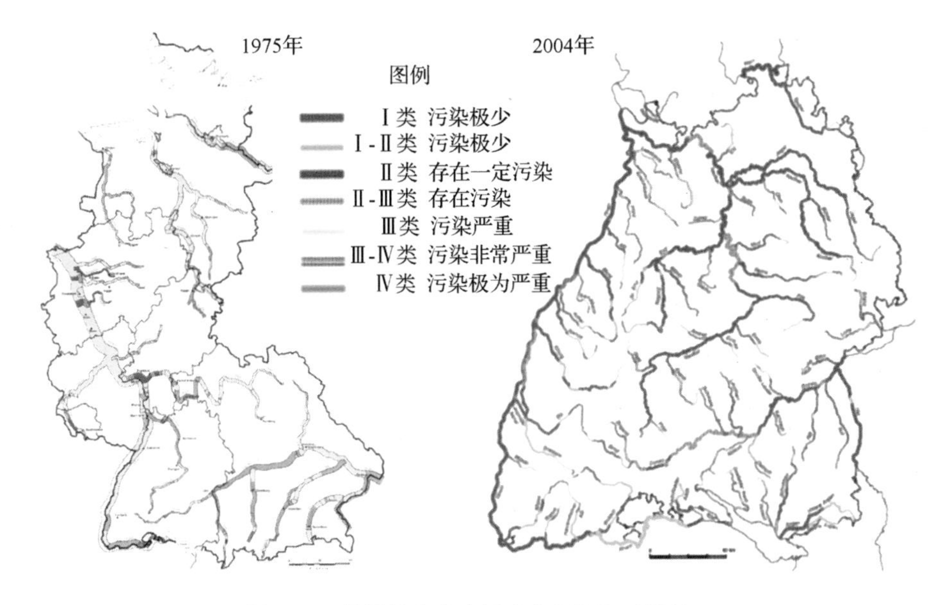

图 1-04 德国地表水水质变化（1975—2004）

（来源：笔者自制。根据 Biologische Gewässergütekarte 1975[EB/OL]. http://www.bmu.de/files/pdfs/allgemein/application/pdf/bio75_90.pdf; Fliessgewässer[EB/OL]. http://www.um.baden-wuerttemberg.de/servlet/is/49965/）

---

① 曹万春. 城市规划中的雨水利用[J]. 江苏城市规划，2007(5)：28.

② COD 为英文 chemical oxygen demand 的缩写，即化学需氧量，是表示水质污染度的重要指标。

③ 刘洋. 北京城市雨水利用工程实效调研分析与对策研究[D]. 北京：北京建筑工程学院，2008：1-2.

④ 赴德水资源保护规划考察报告[EB/OL]. http://news.qq.com/a/20120723/000067.htm，2012-07-23.

1.1.1.3 沉降漏斗

沉降漏斗是对大范围分布严重沉降现象的形象化概括。地下水资源(尤其是深层地下水)的超量开采将引起地下水水位下降,进而诱发区域地面沉降,地面沉降量较大的区域将形成沉降漏斗。

目前,为满足我国城市生活与工农业生产日益增加的需求,地下水在全国 2/3 的城市中被作为主要供水水源①。鉴于地下水补充量减少与"污染型缺水"等问题,许多城市不得不开采深层地下水,以缓解用水量增长与浅层地下水供给量减少间的矛盾。沉降漏斗将导致地面沉降与土地裂缝等地质灾害。地面沉降不仅对建筑物、基础设施造成破坏,而且将引发低洼地段大范围积水、城市重力排污失效,进一步加重城市内涝与水体污染。有资料表明②,我国 19 个省份中超过 50 个城市已发生不同程度的地面沉降,累计沉降量超过 200 mm 的城市区域面积总计超过 7.9 万 km^2。

雨径直排是沉降漏斗形成的又一诱因。作为地下水的主要补给源③,雨水入渗量将随非渗透性表面的增加而减少,排水系统对雨径的快速排放将进一步减少雨水入渗量。随着非渗透性表面的增加和排水管网建设,城市范围内的地下水补给来源将由雨水垂直入渗及侧向补给转变为以单一的侧向补给为主。通常,如缺乏有效干预,地下水补给量将随之减少,地下水水位的下降亦在所难免④。

1.1.2 城市雨水问题的缘起

1.1.2.1 未开发区域的自然水循环

水在大气、陆地与海洋间的循环运动由三个基本过程组成:蒸散、降水、传输。通过蒸散(即水体、积雪、植被与其他含水表面的蒸发与植物蒸腾),水分被转移至大气中;通过降水,大气中的水分重返地面,被多种介质(植物、积雪、水体、地表与地下土壤等)储存;通过地表径流、河川径流、地

① 郝华. 我国城市地下水污染状况与对策研究[J]. 水利发展研究,2004,4(3):23.
② 杨迪. 地面沉降的中国应对[J]. 中国新闻周刊,2011(42):30.
③ 赵雪梅. 浅谈大气降水对地下水的补给[J]. 地下水,2011,33(2):9.
④ 张曦. 城市化进程对地下水系统的影响[D]. 成都:成都理工大学,2009:71.

下水补给、地下水流动等方式，水分在各储存介质中得到传输①。

通常，自然状态下未开发区域中的降水分配状况如下：10%的降水经雨水径流进入地表水体；约 40%得到蒸发；约 50%渗入地下②；其余停留在地表（或被植物截留、或被地表滞留）。在下渗水份中，部分被土壤吸附，其余在重力作用下继续向深层入渗。深层入渗降水，或在特定条件下形成通向河川的壤中流（interflow），或继续下渗补给地下水③。

1.1.2.2 城市开发干扰自然水循环

城市建设改变了未开发区域的下垫面状况，非渗透性人工构筑物（建筑物、道路、停车场等）取代了场地内原有的渗透性地表与自然水体。某区域在由乡村逐步发展为住区、商业区、城市核心区的过程中，非渗透性地表覆盖率可以由 1%上升至 10%、50%、70%，甚至超越 90%（表 1-02）。如缺乏有效干预，非渗透性地表的大幅度增加必将显著改变场地内原有降水分配状况，严重干扰自然水循环（图 1-05）。

表 1-02　非渗透性地表覆盖率与土地用途间的关系

土地用途	密度（户/acre）	TIA（%）	EIA（%）	EIA/1 000 户（acre）
乡村住区	0.5	10	4	80
60 年代郊区住区	4	35	24	60
90 年代郊区住区	5	55	45	90
多层住区	8	60	48	60
高层住区（地下停车）	50	60	48	10
商业/工业	—	90	86	—

注 1：TIA＝total impervious area 全部非渗透性表面覆盖率
注 2：EIA＝effective impervious area 有效非渗透性表面（与排水系统相连接的表面）覆盖率

（来源：BRITISH COLUMBIA MINISTRY OF WATER，LAND AND AIR PROTECTION. Stormwater Planning Guidebook[M]. British Columbia：Ministry of Water，Land and Air Protection，2000：3-7）

① MINISTRY OF THE ENVIRONMENT. Stormwater Management Planning and Design Manual[M]. Toronto：Queen's Printer for Ontario，2003：1-4.

② CREDIT VALLEY CONSERVATION. Low Impact Development Stormwater Management Planning And Design Guide[M]. Toronto：Toronto and Region Conservation Authority，2010：1-9.

③ FRIEDHELM SIEKER，HEIKO SIEKER. Naturnahe Regen Wasserbeeirtschaftung in Siedlungsgebieten：Grundlagen und Anwendungsbeispiele - Neue Entwicklungen [M]. 2.，neu bearbeitete Auflage. Renningen - Malmsheim：expert Verlag，2002：2-3.

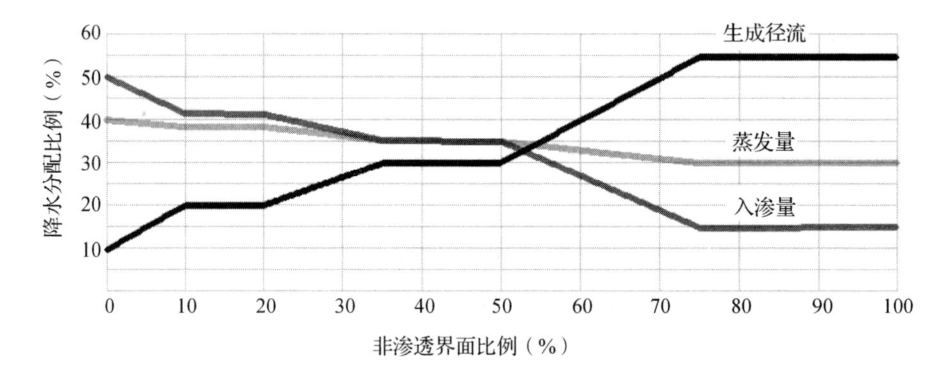

图 1-05　非渗透界面比例对降水分配的影响

（来源：笔者自制。数据来源 FEDERAL INTERAGENCY STREAM RESTORATION WORKING GROUP. Stream Corridor Restoration：Principles，Processes，and Practices［R］. USDA-Natural Resources Conservation Service，Washington，DC. ，2001）

1. 降水入渗量减少，生成径流量增加

根据 GB5004-2006《室外排水设计规范》的雨水径流量计算公式 $Q=\psi qa$[①]，如果汇水面积、暴雨强度不变，则地面径流系数越大，雨水径流量越大。

非渗透性界面的径流系数数倍于自然地表的径流系数（表 1-03）。当非渗透性地表覆盖率达到 20%，如果场地遭遇 3 年一遇降雨，其雨水径流生成量可能达到原径流生成量的 1.5～2 倍[②]。以杭州为例，1960—1965 年间该市最大一次降雨径流系数为 0.41；随着城市建设的开展，1991—1993 年间该项指标增至 0.82。考虑到城市面积已扩大近一倍，在同等降雨强度下，与 60 年代相比，杭州 90 年代初期的城市雨水径流总量相对增加 4 倍[③]。

2. 降水蒸散量减少，降水强度增加

蒸散包括来自水体、积雪、植被以及其他含水表面的蒸发与植物蒸腾。通常，随着城市开发的进行，非渗透性表面的增加意味着含水表面与植被的减少，场地的自然蒸散作用将因而减弱。水分蒸散可带走地表热量，降低地表温度，因此蒸散作用的大规模减弱将加强城市热岛，进而影响城市

---

① Q——雨水流量，ψ——地面径流系数，q——降雨强度，a——汇水面积。

② 王紫雯，程伟平. 城市水涝灾害的生态机理分析和思考——以杭州市为主要研究对象［J］. 浙江大学学报（工学版），2002，36(5)：585.

③ 同上。

降水状况。

表 1-03　各种地表的径流系数

地面种类	径流系数
各种屋面、混凝土和沥青路面	0.90
大块石铺砌路面和沥青表面处理的碎石路面	0.60
级配碎石路面	0.45
干砌砖石和碎石路面	0.40
非铺砌土路面	0.30
公园和绿地	0.15

（来源：孙修惠，郝以琼，龙腾锐．排水工程（上）[M]．北京：中国环境科学出版社，1999）

19 世纪末以来，学者经长期对比研究达成共识：城市化引发了城市局部降雨量增加。“大都市的形成伴随着城市热岛效应，使城市上空气结层不稳定，引起热力对流。城市中水汽充足时，容易形成对流云和对流降水。大量的城市建筑物加大了城市下垫面粗糙度，阻碍降水系统的移动，延长了降雨时间，增大了降雨强度。城市向大气排放的大量污染物（特别是微粒子）成为降雨催化剂。在适当的情况下促进降雨形成。在总降雨量增加的同时，城市及其周围的雷暴出现概率增加。在上海，市区的中、小雨出现概率比郊区多 5%；大雨概率多 17%；暴雨、大暴雨、灾难性暴雨多 25%。”①

1.1.2.3 城市开发与雨水径流污染

城市开发不仅改变下垫面状态、加剧雨水径流的生成，而且为雨水径流提供了多样性的污染源。在开发初期，雨水径流中的污染物主要是来自场地建设带来的大量沉积物；在开发后期，径流中的污染物主要为城市活动向大气中排放的污染物、积累在非渗透性表面上的残留物（表 1-04）②。现代化城市中，雨水径流含有的污染物不仅种类繁多，并且数量远远超出水质控制要求（表 1-05）。

---

① 王紫雯，程伟平．城市水涝灾害的生态机理分析和思考——以杭州市为主要研究对象[J]．浙江大学学报（工学版），2002，36(5)：585．

② MINISTRY OF THE ENVIRONMENT. Stormwater Management Planning and Design Manual[M]. Toronto：Queen's Printer for Ontario，2003：1-8.

表 1-04　普通雨水中污染物的主要来源

常见组分	与土利用途相关的主要来源
沉积物与颗粒物	构筑物、车辆排放、路面磨损
烃类(PHA's)	溢流、泄漏、垃圾倾倒、车辆排放、沥青破损、木材防腐
病原体(细菌、病毒)	化粪池与雨水管网的错误连接、不良的房屋管理(屋面的动物、鸟类的粪便)
氯化物(钠、钾)	除雪盐的应用
氰化物	除雪盐或除雪盐砂混合物中的抗结块剂
营养物(氮,磷)	化粪池与雨水管网的错误连接、清洁剂(洗车)、园艺施肥
镉	轮胎磨损
锌	镀锌建材、轮胎磨损、机油、油脂
铅	机油、润滑油、电池、轴承磨损、油漆、车辆排放
铜	发动机零件运转磨损、金属电镀、杀菌剂与杀虫剂
锰	发动机零件运转磨损
镍	车辆排放、润滑油、金属电镀、零件运转磨损
铬	金属电镀、零件运转磨损
铁	钢结构、汽车车身腐蚀

(来源:CREDIT VALLEY CONSERVATION. Low Impact Development Stormwater Management Planning And Design Guide[M]. Toronto: Toronto and Region Conservation Authority, 2010: 1-14)

表 1-05　城市雨水径流中的污染物与水质目标的比较

参数	单位	安大略州水质目标	城市雨水径流污染物观测值
大肠杆菌	CFU/100 mL	—	10 000～16E6
悬浮固体(SS)	mg/L	—	87～188
总磷(TP)	mg/L	0.03	0.3～0.7
总氮(TKN)	mg/L	—	1.9～3.0
酚类	mg/L	0.001	0.014～0.019
铝(Al)	mg/L	—	1.2～2.5
铁(Fe)	mg/L	—	2.7～7.2
铅(Pb)	mg/L	0.025	0.038～0.055
银(Ag)	mg/L	0.000 1	0.002～0.005
铜(Cu)	mg/L	0.005	0.045～0.46
镍(Ni)	mg/L	0.025	0.009～0.016
锌(Zn)	mg/L	0.030	0.14～0.26
镉(Cd)	mg/L	0.000 2	0.001～0.024

(来源:CREDIT VALLEY CONSERVATION. Low Impact Development Stormwater Management Planning And Design Guide[M]. Toronto: Toronto and Region Conservation Authority, 2010: 1-14)

根据天津城市道路路面雨水径流水质的测试结果(2004—2005)①,道路雨水径流的最主要污染因子为固体悬浮物(SS),85.7%的监测结果明显超过典型生活污水与污水综合排放二级标准;其次为化学耗氧量(COD_{Cr}),66.7%的监测结果超过污水综合排放二级标准;生物耗氧量(BOD5),66.7%的监测结果超过污水综合排放一级标准。

因此,如果雨径未经有效处理即被排入接收水体,必使其遭受严重污染。有资料表明,城市非渗透性地表覆盖率与水体污染程度呈正相关(图1-06)。

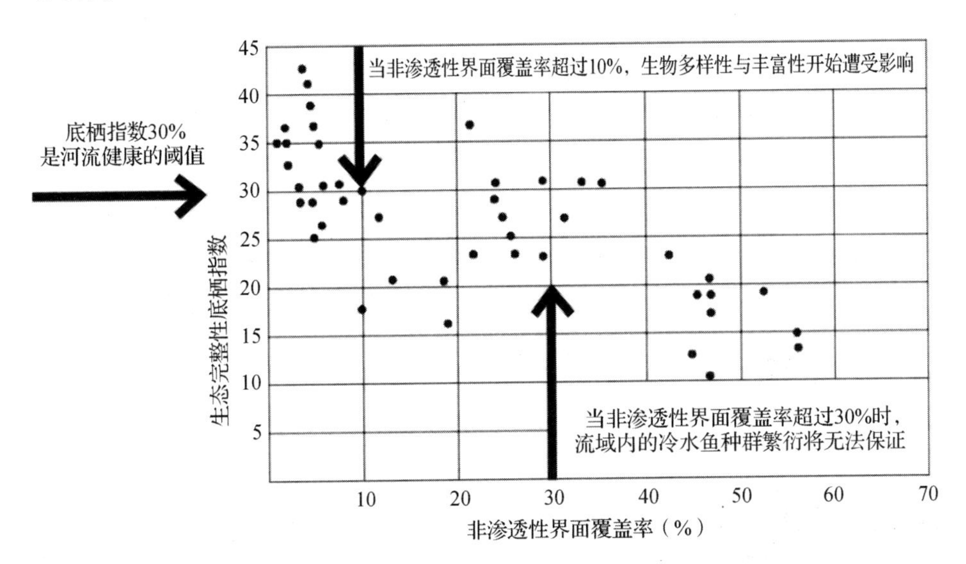

图 1-06 河流健康与非渗透性地表覆盖率的关系

(来源:BRITISH COLUMBIA MINISTRY OF WATER, LAND AND AIR PROTECTION. Stormwater Planning Guidebook[M]. British Columbia: Ministry of Water, Land and Air Protection, 2000:2-9)

1.1.3 常规雨水管理及其局限性

1.1.3.1 常规雨水管理

雨水管理泛指为解决城市雨水问题对降至地面的雨水所进行的控制

① 张淑娜,李小娟.天津市区道路地表径流污染特征研究[J].中国环境监测,2008,24(3):66.

与处理活动。伦敦于19世纪开始建设世界上最早的现代城市排水系统，这标志着“快速排放”与“集中处理”开始成为解决城市雨水问题的主流思路。逻辑上，当管网的排放能力大于雨水径流峰值，城市内涝将会得到避免；当污水处理厂的处理能力大于径流污染负荷，水体污染将会得到消除。因此，常规雨水管理的最基本措施便是建设由管网、污水处理厂组成的排水系统。排水系统又分两类：合流制系统①、分流制系统②。

与发达国家相比，我国目前的城市排水系统建设水平仍然较低。在德国，2001年全德公共排水管道长度为445 954 km（其中合流制管道226 656 km、专用污水管134 263 km、专用雨水管85 035 km），人均5.44 m，城市生活污水集中处理率达92%③。同一时期，我国城市排水管道总长度约为125 900 km，人均长度为0.63 m，城市生活污水集中处理率仅为10.3%④；至2009年底，我国城市排水管道总长度增至158 000 km；污水集中处理率增至36.4%⑤。粗略地从数字上看，我国似乎应加强排水系统建设与更新，提高城市排水管网密度与处理能力。

然而，发达国家一个多世纪的建设经验表明：虽然足够完善的城市排水系统能够快速收集与排放雨水径流；但是，常规雨水管理无法全面解决雨水问题，并将引发一系列后果严重的次生灾害。

1.1.3.2 常规雨水管理的局限性

在常规雨水管理“快速排放”与“集中处理”基本思路的指导下，管网越来越发达，雨水径流收集与排放速度越来越快。由此，城市开发对于场地自然水循环的扰动不仅无法得到缓解，反而愈加严重，一系列负面效应也随之加剧（如地下水补充率降低、洪水风险增加、水体污染加剧等）。此外，

---

① 雨污合流系统：在该类型系统中，污水、雨水被同一套管网收集；混合之后被引至污水处理厂，经集中净化后被排入河流。其缺点在于，雨水在混合水中所占比例较大，严重增加净化工作的负荷。

② 雨污分流系统：在该类型系统中，污水、雨水被两套管网分别收集；污水被引至污水处理厂净化；雨水被直接排入接收水体（在污染物含量极低的情况下），或经单独处理后排入接收水体。

③ 唐建国，曹飞，全洪福，等. 德国排水管道状况介绍[J]. 给水排水，2003，29(5)：5-9.

④ 杨展里. 我国城市污水处理技术剖析及对策研究[J]. 环境科学研究，2001，14(5)：61-64.

⑤ 张元营. 哈尔滨城市供排水改革发展研究[J]. 华章，2011(15)：310.

常规雨水管理需耗费高昂的建设、运行与维护费用，这将为城市带来难以承受的经济负担。

1. 洪水风险增加

对于滨水城市来说，常规雨水管理的乂一负面效应是增加下游洪水风险。首先，城市开发将导致雨水径流量增加。其次，非渗透性界面（如建筑物屋面、沥青路面）的粗糙度较小，雨水汇集时间将被缩短。再次，排水系统将加快雨水排放的速度。强降雨条件下，大量的雨水径流将被高速排往接受水体。由此不仅将致使河川流量增加、峰值提高、峰值出现时间提前、洪峰持续时间延长，而且将引发一系列负面的环境效应（图 1-07、表 1-06）。逻辑上，常规雨水管理的效率越高，城市下游的洪水风险越大，负面效应也将更为严重。

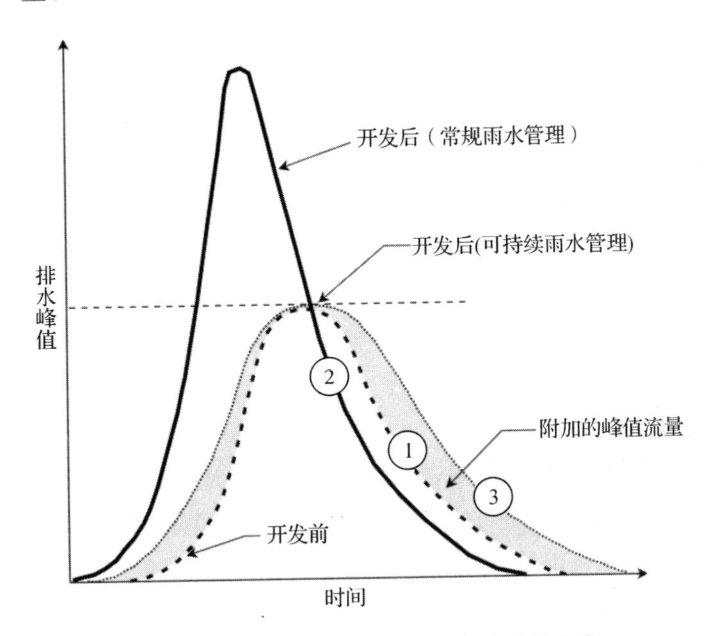

图 1-07 各种土地利用条件下的径流水位曲线

（来源：PRINCE GEORGE'S COUNTY，MARYLAND，DEPARTMENT OF ENVIRONMENTAL RESOURCES，PROGRAMS AND PLANNING DIVISION. Low-Impact Development Design Strategies：An Integrated Design Approach. [EB/OL]. http://www.toolbase.org/PDF/DesignGuides/LIDstrategies.pdf，1999-06-30：Figure 3-1.）

2. 污染控制能力有限

合流制排水系统污染控制能力有限。合流制排水系统要求管网、污水处理厂均具足够容量，以输送、处理、贮存全部废水（生活污水、工业废水与

表 1-06　河川径流改变的负面效应

城市雨水快速排放对河川径流的影响	负面效应					
	洪水生成	栖息地破坏	侵蚀与淤积	水道拓宽	河床改变	水质恶化
流量增加	●	●	●	●	●	●
峰值增加	●	●	●	●	●	●
峰值持续时间增加	●	●	●	●	●	●
河川径流温度增加		●				●
基流减少	●	●				●
沉淀物负荷改变	●	●	●	●	●	●

（来源：CREDIT VALLEY CONSERVATION. Low Impact Development Stormwater Management Planning And Design Guide[M]. Toronto：Toronto and Region Conservation Authority. 2010：1-11）

雨水）。“然而，事实上这往往难以办到。强降雨时，排水管网中的废水流量可达到旱季时的 100 倍，因此城市必须投巨资建造大容量管网与污水处理厂。受经济条件制约，实际运行的合流制排水系统往往允许强降雨时部分雨水与污水混合物直接溢流，这将给河流带来严重污染。”①

为克服合流制排水系统的缺陷，我国现行《室外排水设计规范》明确指出“新建地区的排水系统宜采用分流制”②。然而，雨污分流系统的污染控制能力同样不尽人意。如前所述，雨水径流（特别是降雨初期的雨水径流）含大量污染物，如被直接排入接收水体，则水体污染难以得到有效控制。

美国华盛顿州研究③表明，为了保证水体健康，开发区域内的雨水径流量不应超过降水总量的 10％。这意味着，90％的降水必须在场地内通过入渗、蒸散或再利用等方式返回自然水循环。如果开发项目实施常规雨水管理，通过排水系统快速排放雨水，则当非渗透性地表覆盖率（尤其是与雨水管网直接相连的非渗透性地表的覆盖率）超过 10％时，开发区域内的雨水径流量便会超出阈值，从而导致水环境退化。

---

① 刘保莉，雨洪管理的低影响开发策略研究及在厦门岛实施的可行性分析[D]. 厦门：厦门大学，2009：8.

② GB 50014－2006，室外排水设计规范[S]. 北京：中国计划出版社，2006：22.

③ BRITISH COLUMBIA MINISTRY OF WATER，LAND AND AIR PROTECTION. Stormwater Planning Guidebook[M]. British Columbia：Ministry of Water，Land and Air Protection，2000：6-3.

3. 建设与运行成本高昂

针对当前我国城市排水系统建设总体水平较低的问题，如果通过常规雨水管理解决雨水问题，其建设与运行成本之高昂通过粗略估算即可获知。

2009 年，我国东部地级以上城市辖区内人口总数为15 828.7万。以全德人均排水管道长度最短的柏林州(2.59 m)为参照，如果我国东部城市的常规雨水管理水平达到相当程度，则需建设409 963 km 的高标准排水管道。2009 年，全国排水管道总长度为158 000 km。假设这些管道全部属于我国东部地级城市，则我国东部城市仍需建设排水管网251 963 km。以2001 年德国管道更新单价(738 欧元/m)估算，则至少需一次性投资1 860 亿欧元(目前折合约 1.5 万亿人民币)。

高水平排水管网的运行成本十分高昂。为了保证排水效率，管网需定期保养、维护。在德国，每年仅用于管道清洗的费用就高达 2.5 亿欧元①。管网的使用寿命有限，一旦出现损坏，只能实施良好的维护以保证其继续使用。2001 年，在德国总长度445 954 km 的公共排水管道中，约有 17%需在中短期内进行整治修复，按照平均单价计算，本次修复总费用约为 450 亿欧元(表 1-07)。

表 1-07　2001 年德国排水管网整治修复技术单价

整治修复技术	单位	修理	修缮	更新	平均
费用	欧元/m	373	428	738	595

(来源：唐建国，曹飞，全洪福，等. 德国排水管道状况介绍[J]. 给水排水，2003，29(5)：4-9)

另外，污水处理厂的建设与运行的成本同样高昂。

研究表明，“常规的雨水管理无法自动匹配城市改变与气候改变所带来的不确定条件，从而导致不可管理的雨水径流生成。如要匹配这些变化，排水系统需更多投资与运行成本。即便在发达国家，在不久的将来，市政当局也可能无力承担这样的支出。”②

---

① 唐建国，曹飞，全洪福，等. 德国排水管道状况介绍[J]. 给水排水，2003，29(5)：4-9.

② JACQUELINE HOYER, WOLFGANG DICKHAUT, LUKAS KRONAWITTER, et al. Water Sensitive Urban Design[M]. Berlin: jovis Verlag GmbH, 2011: 8.

1.1.4 可持续雨水管理及其优越性

1.1.4.1 可持续雨水管理

20世纪80年代起，发达国家雨水管理的基本思路开始由“快速排放”、“集中处理”转向“就地截留”(on-site)、“分散处理”(decentralized)，即在尽可能接近雨水径流的生成位置采取干预措施。可持续雨水管理开始逐步取代常规雨水管理。与常规雨水管理强调排水系统建设不同，可持续雨水管理强调通过人工构筑物的合理布局、专业化技术设施的构筑、场地自然条件的充分利用，对降水实施集蓄、入渗、迟滞与污染物去除，从而削减雨水径流总量与峰值、尽可能修复场地自然水循环①(表1-08)。

表1-08 常规雨水管理向可持续雨水管理的演变

常规雨水管理	可持续雨水管理
使用排水系统	使用生态系统
重在事后处理(径流)	重在事前预防(径流)
工程师驱动	多学科团队驱动
以保护人类财产为目的	以保护人类财产与自然资源为目的
工作范围狭窄(仅仅关注排水)	工作范围广泛(将雨水管理与土地用途分配整合)

(来源：BRITISH COLUMBIA MINISTRY OF WATER，LAND AND AIR PROTECTION. Stormwater Planning Guidebook[M]. British Columbia：Ministry of Water，Land and Air Protection，2000：3-3)

1.1.4.2 可持续雨水管理的优越性

与常规雨水管理相比，可持续雨水管理在雨水径流控制、污染负荷削减、成本节约等多个方面具有显著优势。克莱迪特流域保护组织(Credit Valley Conservation，CVC)在《克莱迪特河水管理战略升级研究》②中指

---

① JACQUELINE HOYER，WOLFGANG DICKHAUT，LUKAS KRONAWITTER，et al. Water Sensitive Urban Design[M]. Berlin，jovis Verlag GmbH，2011：14.

② CREDIT VALLEY CONSERVATION. Low Impact Development Stormwater Management Planning And Design Guide[M]. Toronto：Toronto and Region Conservation Authority，2010：1-11.

出，常规雨水管理方法对场地自然水循环的修复作用十分有限，只有通过实施科学的、能够进行“一条龙”式处理（Treatment train）的可持续雨水管理，雨水径流才能得到有效控制（表 1-09）。

表 1-09 各种雨水管理措施对于降水分配的影响

			年度统计(mm)			
土地用途	**土壤类型**	**雨水管理措施**	**降水量**	**径流量**	**入渗量**	**蒸发量**
农业/畜牧业	砂土	无	804	77	418	365
中密度住区	砂土	常规雨水管理	804	291	264	289
中密度住区	砂土	优化的常规雨水管理	804	259	291	284
中密度住区	砂土	理想的可持续雨水管理	804	183	363	303

注 1 优化的常规雨水管理：管网建设之外，还采取其他措施，如建设滞留池（Detention pond）。

注 2 理想的可持续雨水管理：具备完整处理链条的可持续雨水管理，要求在地块内部（lot-level）、传输路径（conveyance）、管道终端（end-of-pipe）三个位置均采取有效措施。

（来源：CREDIT VALLEY CONSERVATION. Low Impact Development Stormwater Management Planning And Design Guide[M]. Toronto：Toronto and Region Conservation Authority，2010：1-11）

一方面，由径流量增加直接引发的城市雨水问题将得到缓解；另一方面，随着雨径流量得到控制，随其进入接收水体的污染物数量亦将显著下降，城市开发对于水体水质的负面影响将得到大幅消减。

20 世纪 90 年代起，德国联邦政府要求所有自然水体的质量至少达到 II 级①（笔者按：水质达到德国 II 级标准意味着可直饮）。雨径直排是引发水体污染的重要原因，故，德国《水资源法》（Wasserhaushaltsgesetz，WHG）第 32 条明确规定，“雨水的排放不得造成水体水质下降”②。为实现该目标，德国各级权力机关通过多个层面立法，要求优先选择可持续雨水管理（见章节 2.1.1.2、2.1.1.3）。

通过“精明的”场地布局，可持续雨水管理可有效减少场地基础设施的

① BMU. Pressemitteilung von Bundesumweltministerin Merkel Zum Tag des Wassers vom 21.03,1997. Bonn.

② Gesetz zur Ordnung des Wasserhaushalts [EB/OL]. http://www.gesetze-im-internet.de/bundesrecht/whg_2009/gesamt.pdf,2012-02-23.

建设量(如减少场地非渗透性表面、减少雨水排水管道与雨水口数量、减少终端式大型雨水池的规模与数量,甚至消除建设该设备的必要性),从而显著降低相关项目建设费用与维护成本①。以下案例将充分说明可持续雨水管理在经济方面的优越性。

侯格拉本内克(Hohlgrabenäcker)住区位于德国巴登—符腾堡州斯图加特市北郊(图 1-08)。依据该州相关法律与地方议会关于当地水文环境的决议,鉴于该区原有排水管网有限的排水能力,该项目被要求开发后的雨水径流量比自然状况减少 70%。通过一系列分散化处理措施的采用,

图 1-08　德国侯格拉本内克住区概念设计

(来源:笔者自制。根据 JACQUELINE HOYER, WOLFGANG DICKHAUT, LUKAS KRONAWITTER, et al. Water Sensitive Urban Design[M]. Berlin: jovis Verlag GmbH, 2011. Fig. 47, 48.)

① PRINCE GEORGE'S COUNTY, MARYLAND, DEPARTMENT OF ENVIRONMENTAL RESOURCES, PROGRAMS AND PLANNING DIVISION. Low-Impact Development Design Strategies: An Integrated Design Approach. [EB/OL]. http://www.toolbase.org/PDF/DesignGuides/LIDstrategies.pdf, 1999-06-30: 1-3.

该项目的可持续雨水管理不仅实现了上述目标，而且大幅节约了建设与运行成本（表 1-10）。

表 1-10 侯格拉本内克住区各种雨水管理措施的经济性比较

分散化雨水管理			常规雨水管理	
系统要素	分流制雨水管网 雨水滞留池		绿化屋面、储水箱 渗透铺装、雨水溢流	
投资成本	雨水滞留池用地（1 200 m^2）	€ 720 000	独户住宅地块中安装储水箱	€ 56 400
	雨水滞留池构建（1 400 m^3）	€ 168 000	多户公寓地块中安装储水箱	€ 45 400
	现有雨水管网扩建	€ 50 000	透水铺装替代沥青的附加成本	€ 340 400
			加强绿化屋面的附加成本	€ 91 500
	总计 € 938 000		总计 € 533 700	
可持续雨水管理相对常规雨水管理建设成本节约数量为€ 404 300				
运行成本			储水箱节约的雨水排放费（年）	€ 8 240
			透水铺装节约雨水排放费（年）	€ 8 400
			绿化屋面节约雨水排放费（年）	€ 9 040
			可持续雨水管理全年节省费用	€ 25 680
可持续雨水管理相对常规雨水管理运行成本节约数量为€ 770 400				
可持续雨水管理相对常规雨水管理 30 年总成本节约数量至少为€ 1 177 900				

注 1：本表格比较的是项目内部的不同雨水管理的成本，常规雨水管理引发的公共设施的建设与运行成本增加尚未计入（理论上，可持续雨水管理不会引起公共设施成本增加）。
注 2：按照巴登符腾堡州相关法律，所有新建项目中的平屋面建筑物均应设置绿化屋面。该项目由于绿化屋面需承担更多的滞留水量，因此其覆土深度由常规的 8 cm 增加至 12 cm，表格中的“加强绿化屋面的附加成本”由此而来。

（来源：JACQUELINE HOYER，WOLFGANG DICKHAUT，LUKAS KRONAWITTER，et al. Water Sensitive Urban Design[M]. Berlin jovis Verlag GmbH，2011：76）

1.1.5 住区实施可持续雨水管理的意义

1.1.5.1 占地最多影响最大

比之其他类型的用地，居住用地在建设用地中所占比例最高。通常，住区在城市中覆盖地表最广，其生成雨水径流最多，因而对于城市雨水问题的生成与解决影响最大。如果能够在住区中普遍实施可持续雨水管理，令住区水循环接近开发前状态，将为整个城市的雨径流量及其污染负荷的减少、降水入渗量与蒸发量的增加作出巨大贡献。

1.1.5.2 成本最低可操作性强

与其他用地类型相比，住区实施可持续雨水管理的成本将更为低廉。

可持续雨水管理的基本目标之一在于“场地外排雨径流量(污染物负荷)零增长”。消除开发所致雨径流量(污染物)增长的途径有二：利用场地自然条件、利用人工设备。与住区相比，商业与工业用地的非渗透性地表覆盖率明显更高(见章节 1.1.2.1)；可利用的自然条件更少，实现可持续雨水管理目标所需的人工设备也更多，需消耗大量能源与化学物质、采用大量人工设备，方能实现雨水截留、净化与循环。故，在商业与工业项目中实施“可持续雨水管理”成本极其高昂。

例如，在 20 世纪 90 年代重建的柏林商业中心波茨坦广场项目中，雨水管理系统的核心为 5 个总容量为 2 600 m^3 地下储水池、1 个总容量为 13 649 m^3 的地表人工湖系统极其相应设备(图 1-09)。降雨事件中，来自非渗透性界面(屋面、路面)的雨水首先被汇集到地下储水池，然后在建筑中被再次利用，或通过水泵比注入人工湖，同时部分湖水将返回储水池。在循环过程中，雨水反复在群落生境与人工净化设备中得到净化，以使水质符合雨水再利用要求。该系统的雨水处理效率极高，可应对 10 年一遇的强降雨。在超强降雨事件中，无法处理的雨水被溢流至毗邻运河。该系统每年可蒸发雨水11 570 m^3，相当于该地区年降水量的 1/2。在该项目建筑物中，一年中有 80%的时间，雨水将先于自来水得到使用。

作为高密度商业区，波茨坦广场通过人工设备基本实现了可持续雨水管理目标。然而，该项目的雨水管理系统的建设成本高达 900 €/m^2，运行维护需持续高投入。该项目特殊的历史、经济、文化地位与其他因素为其带来了高额的土地租金收益、提出高品质的环境要求；而在其他商业区，可持续雨水管理目标很可能由于经济原因而难以实现。

与商业或工业区域相比，在住区实施可持续雨水管理能够更充分地利用场地的自然条件，对于人工技术设施的依赖性明显更小，其建设与运行维护成本亦更为低廉，在经济方面更具可持续性。

因此，对于城市雨水问题的全面解决，可持续雨水管理在住区(尤其是新建住区)中的普及具积极意义。由此，住区开发不仅需要保证降水事件

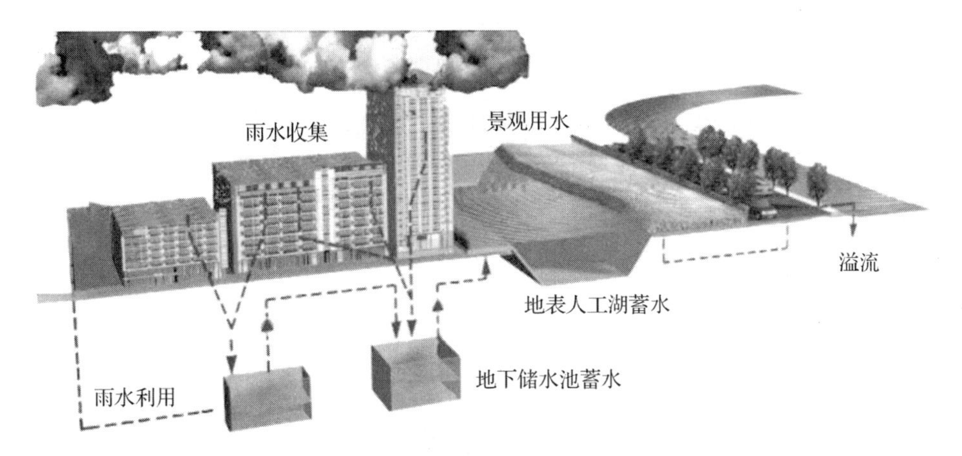

图 1-09　德国柏林波茨坦广场的雨水管理系统示意图

（来源：JACQUELINE HOYER，WOLFGANG DICKHAUT，LUKAS KRONAWITTER，et al. Water Sensitive Urban Design[M]. Berlin：jovis Verlag GmbH，2011. Fig. 56.）

中整个场地的安全性，更要承担起维护城市整体水环境健康的义务与责任。

1.2 目标

1. 总体目标

鉴于排水系统主要位于地下，常规雨水管理对住区方案的影响甚小，人工构筑物形态对常规雨水管理成效的影响有限；与之相比，依据“修复自然水循环”思路，可持续雨水管理高度强调对场地自然条件的保护与利用，对住区方案的影响极大，人工构筑物（尤其是非渗透性界面）形态直接影响可持续雨水管理成效；因此，实施可持续雨水管理的首要原则便是“设计先行”（plan first）①。

基于以上背景，本书试图结合当前国内热点问题与发达国家成功实践经验，通过文献研究、理论分析、比较研究等方法，探求确保住区设计方案实现可持续雨水管理目标的系统化工作途径，为我国相关实践应用提供技

① SOUTHEAST MICHIGAN COUNCIL OF GOVERNMENTS，INFORMATION CENTER. Low Impact Development Manual for Michigan：A Design Guide for Implementors and Reviewers. [EB/OL]. http：//library. semcog. org/InmagicGenie/DocumentFolder/LIDManualWeb. pdf，2008-12-30：9.

术准备与理论支撑。这也将为我国生态住区设计方法、城市生态居住环境质量提升等科学研究拓展新的理论视角。

需要指出,本书所提出的理想化工作途径尚有待实践检验。另外,本书旨在探求可持续雨水管理导向下住区设计所应当承担的针对性工作任务及相应工作途径;住区设计针对其他领域目标(如交通规划、社会整合等)所应承担的工作任务及其途径未被列入本书的探讨范围。

2. 目标分解

本书将上述总体目标分解为多个细化目标。

一、为了实现可持续雨水管理,住区设计需完成怎样的新任务?

1. 可持续雨水管理的具体目标有哪些?

2. 针对既定目标,可持续雨水管理需采取哪些必要措施?

3. 可持续雨水管理措施的空间需求为住区设计新任务赋予何种特性?

二、决定新任务成败的关键因素是什么?

1. 为什么程序与做法可被视为决定设计新任务成败关键的因素? 判断依据何在?

2. 我国现行的住区设计程序能否有效引导新任务的执行? 是否需要改进?

3. 改进设计程序的历史经验有哪些?

三、针对可持续雨水导向下的住区设计新任务,设计程序与做法应如何优化?

1. 如何提出优化的一般原则与具体设想?

2. 优化改进的一般原则与具体设想有何内容?

四、国内外是否存在实践案例与事实依据,可以支撑上述种种判断?

1.3 方法

本书采用的研究方法主要有三:文献研究、理论分析、比较研究。另外,本书还将采用实例研究、逻辑推理等方法作为辅助。

1. 文献研究——"没有调查,就没有发言权"

通过对20世纪70年代以来美国、德国、加拿大、澳大利亚、英国、瑞士等发达国家以及国内相关文献的收集、鉴别、整理与研究,掌握可持续雨水管理理论的发展历程、研究成果与实践经验,进而探求可持续雨水管理导向下住区设计的新任务。

2. 理论分析——“知其然，知其所以然”

借助系统论、质量管理理论、设计方法学等基础理论的研究成果，把握住区设计新任务的实质，指出新任务下我国当前住区设计程序与做法的相对局限性，进而提出设计程序改进的基本原则，并通过对发达国家研发成果的定性分析加以验证（样本分析的具体方法详见章节 4.1.1.3）。

3. 比较研究——“尺有所短，寸有所长”

通常，对发达国家的研究成果的借鉴被作为改进落后局面的有效途径；但雨水管理的地域性极强，“直接引用”存在种种弊端。因此，本书将采取“取长补短”的思路，对发达国家可持续雨水管理引导下的住区设计程序进行分析、比较，发现各种程序的相对优势，提出优化设计程序的具体建议。在此基础上，综合先进国家研究成果，获取相应做法（比较研究具体构想详见章节 4.1.2.2）。

1.4 框架

本书采取的基本思路与框架如图 1-10 所示。

本书创新之处主要有三：

1. 视角层面，针对目前国内雨水管理领域侧重技术系统支撑的现状与问题，基于发达国家实践经验，将住区设计作为实施可持续雨水管理的重点，系统地探讨了可持续雨水管理导向下住区设计新任务的内容与特性，为我国生态住区设计研究提供新的理论视角。

2. 方法层面，突破以往探求住区布局理想类型的常规思路，尝试探求确保住区形态满足可持续雨水管理空间需求的工作途径，运用质量管理理论解读住区设计新任务的实质，明确设计程序及其做法对于新任务成败的关键作用，进而发现常规设计程序在新任务下的相对局限，进一步丰富拓展我国城市生态居住环境质量提升的新思路与新方法。

3. 成果层面，以质量管理理论与系统理论为支撑，本书提出可持续雨水管理导向下住区设计程序的构建原则，并据此对发达国家成熟程序与做法进行比较与分析，针对可持续雨水管理导向下我国住区设计的程序与做法提出具体优化建议，为后续实践工作提供必要的技术准备与理论支撑。

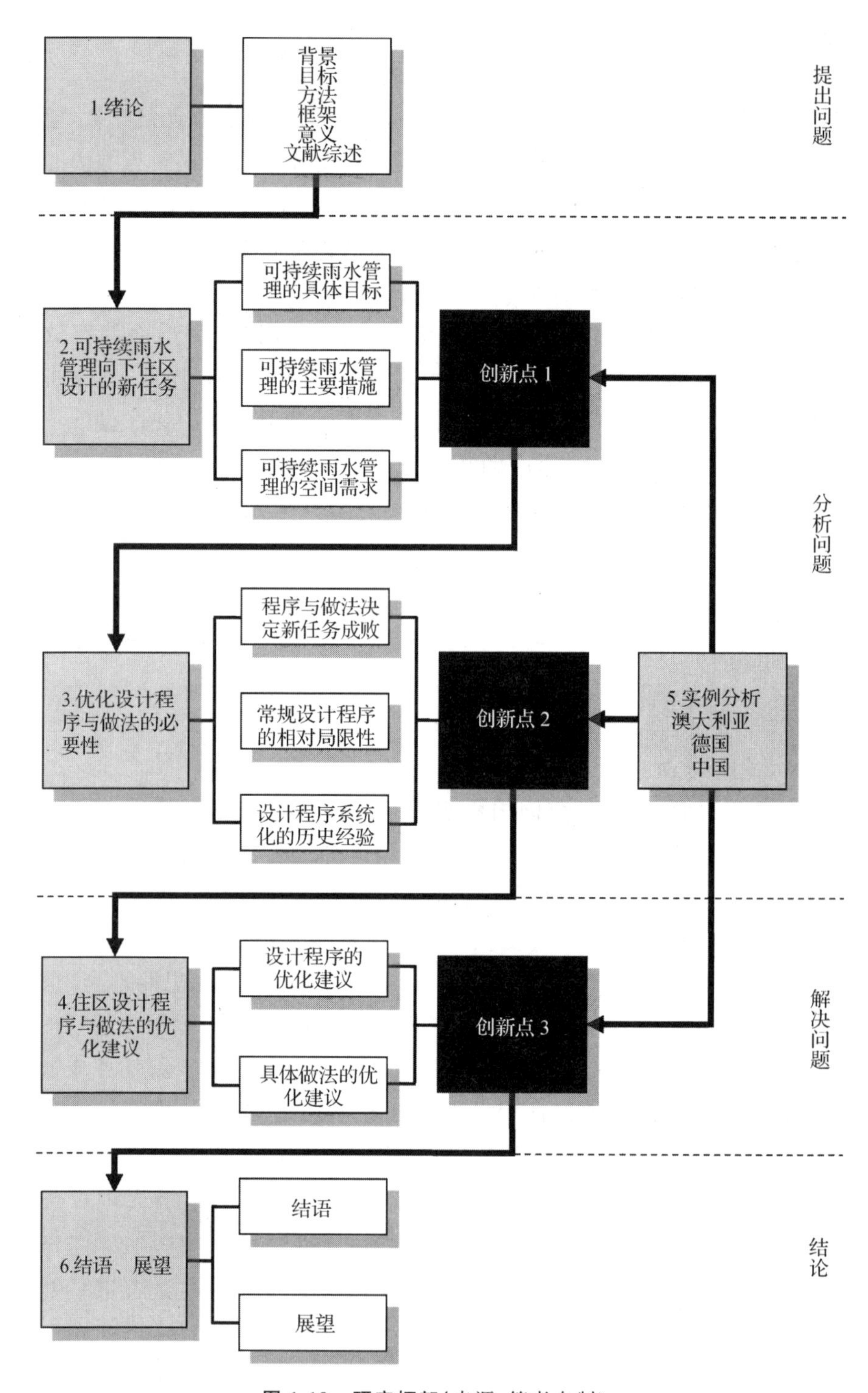

图 1-10　研究框架(来源:笔者自制)

1.5 意义

作为理论研究成果，本书意义可概括如下。

1. 工作意义

在我国的城市化快速发展阶段，城市规模迅速扩张、基础设施的相对落后令城市雨水问题愈加严重。虽然常规雨水管理指导下的排水系统建设在某些方面能够立竿见影，但是其成本高昂，并具诸多弊端。在确保排水安全的同时，城市将不得不越来越多地承担雨水径流增长引发的负面效应。因此，为了全面解决城市雨水问题，住区设计不应继续“置身事外”。鉴于其性能优势与成本优势，在我国住区中普及可持续雨水管理将成为一种必然选择。

常规雨水管理的基本任务是快速排水，因此常规雨水管理导向下住区设计的工作任务相对简单。通过竖向设计，落实场地标高、坡度、排水路径，一般情况下，无论住区人工构筑物形态如何变化，确保住区排水安全也并不难实现。然而在可持续雨水管理导向下的住区设计中，从利用自然条件到敷设处理设施，雨水管理系统设计与住区设计之间存在极强的相互制约。换言之，如果将住区本身作为雨水管理最重要的“设施”，住区方案的水文功能潜力存在优劣之分(图 1-11)。

因此，住区设计与可持续雨水管理的相互作用需要讨论；确保住区的水文功能应成为住区设计的全新目标，相应的工作途径值得探索。对此，国内目前尚乏充分认知与经验。因此，本书运用基础理论研究成果对可持续雨水管理导向下的住区设计的新任务予以全新解读，提出优化设计程序及其做法的论点，以抛砖引玉，加强国内理论界对于系统化设计程序研究的重视，为建筑设计方法学的相关研究提供思路创新，为我国生态住区设计研究提供新的理论视角。

2. 成果意义

鉴于对可持续雨水管理的全面认识、借助基础理论对可持续雨水管理导向下住区设计新任务的全新解读，本书形成的学术文献资源，为生态住区设计方法、可持续雨水管理导向下的城市设计方法等科学研究提供学术参考。

鉴于对发达国家成功经验的总结、对可持续雨水管理导向下我国住区设计程序与做法(即工作步骤及其实施方法)的改进设想，一方面，本书将

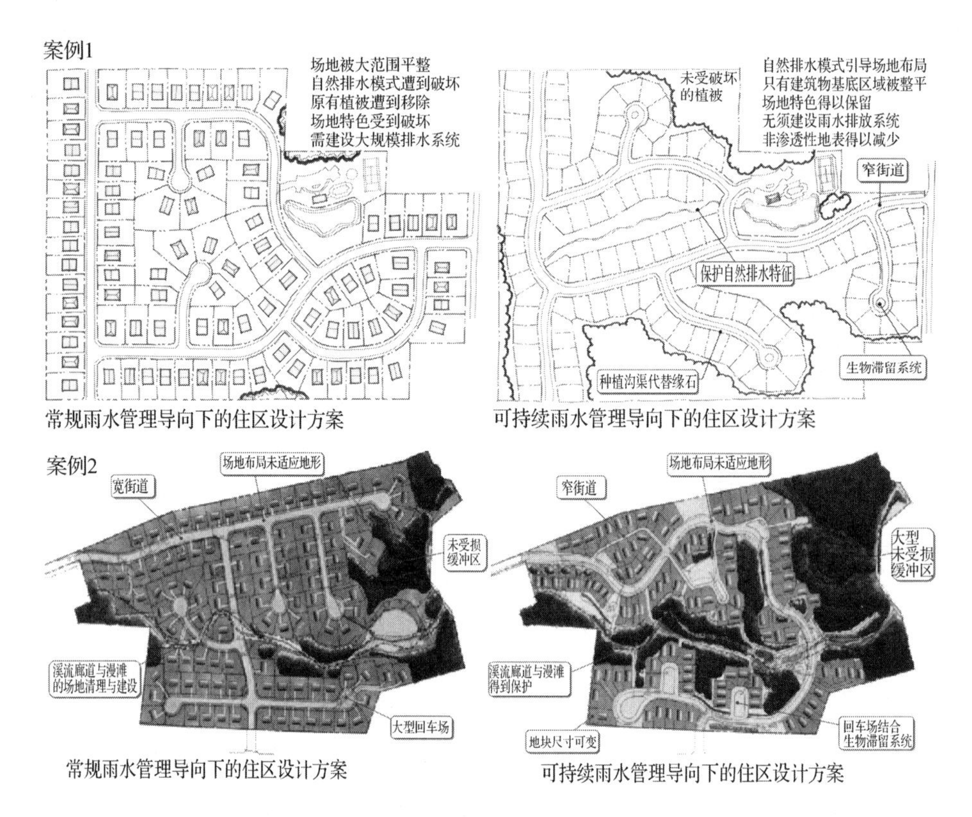

图 1-11　常规雨水管理与可持续雨水管理导向下的住区设计方案比较

（来源：AMEC EARTH AND ENVIRONMENTAL CENTER FOR WATERSHED PROTECTION，DEBO AND ASSOCIATES，JORDAN JONES AND GOULDING，ATLANTA REGIONAL COMMISSION. Georgia Stormwater Management Manual，Volume 2：Technical Handbook［EB/OL］. http://documents. atlantaregional. com/gastormwater/GSMMVol2. pdf，2001-08-31. Figure 1. 4. 3-1，1. 4. 3-2）

为城市管理部门的规划决策提供帮助，以期形成政策框架、推动住区规划与设计技术规范革新；另一方面，本书可以为设计单位的设计实践及其决策提供直接指导，有助于建立单位内部标准化的规划与建筑设计工作体系，进而增强住区设计与其他设计工作的科学性。

当然，通过实践应用获取的反馈信息必将为本书现阶段成果，即住区设计程序与做法的优化建议提供持续修正。

1.6 文献综述

鉴于设计程序及其做法方面的综述被用于直接支撑第三章论点，其具体内容详见章节 3.3。本节仅对国内外可持续雨水管理的发展概况与研究现状展开综述。

1.6.1 国外部分

1.6.1.1 国外可持续雨水管理的发展概况

雨水管理的实施与推广须以地方、国家法规为基础，因此，通过考察相关法规可了解雨水管理在某一区域内的普及水平与发展状况。随着相关法规的逐步确立，可持续雨水管理在欧美发达国家已得到逐步普及。

1. 欧洲

通过《欧盟水框架指令》的颁布与落实，欧盟国家基本上已普及了可持续雨水管理的观念与认识，相关技术与设计实践也不断得到发展与积累。1975 年，欧共体颁布了首个水管理指令《饮用水指令》，并在其后 14 年中制定了一系列独立控制某一领域水污染的指令。至 1990 年，各项指令的实施成果显示，对城市排污系统与清洁技术的持续投资虽然已明显改善水体水质，但是非点源污染仍未得到控制。“不断持续增加的污染扩散（包括来自精耕细作的农田和城镇的营养物质）致使很多成员国水生生态无法达到预期目标”①。

1997 年，基于对分散的水资源管理法规的整合，《欧盟水框架指令》（EU Water Framework Directive，WFD，以下简称《指令》）第 1 稿得以完成。《指令》于 2000 年 12 月正式颁布。与以往法规相比，《指令》的进步之处在于：其不仅关注人类健康，而且更加关注环境保护。《指令》要求为所有水体赋予生态保护优先权。通过在水质、水量、行动计划等方面的直接或间接规定，《指令》在事实上强制推动了可持续雨水管理在欧洲的普及。

● 在水质方面，《指令》明确规定：“至 2015 年，欧洲所有水域水质应达

---

① L. S. 安德森，M. 格林菲斯. 欧盟《水框架指令》对中国的借鉴意义[J]. 人民长江，2009，40(8)：51.

到'良好'状态"①。在所有5个水质等级中,"良好"仅次于"极好"被类为第二等级。该等级以"对人类产生有限或无明显影响"为根本判断原则,要求水体在水文形态、生物质量、物理化学等多个方面全部达标②。

虽然《指令》与欧盟其他水指令并未对雨径质量提出明确的控制标准,但是为了使所有水体水质达到"良好"目标,各成员国必须"采取措施防止水体状况(含地表水与地下水状况)恶化"③。依据该原则,可持续雨水管理将成为城市建设(尤其是新区建设)的必然选择。例如,为了防止地下水状况恶化,《指令》明确要求:各成员国必须"采取必要措施,以防止或限制污染物进入地下水、防止所有地下水体状况恶化"④;"禁止直接向地下水排放污染物,保护、改善及恢复所有地下水体水质"⑤。

- 在水量方面,《指令》明确规定:"确保地下水取水与补给之间达到平衡"⑥。为了保证地下水补给,雨水管理必须确保适量雨水渗入地下;为了保证地下水水质,必须保证入渗雨水的高度清洁。对此,"快速排放、集中处理"理念指导下的常规雨水管理将无能为力。

- 在行动方面,《指令》不仅针对欧盟总体水管理目标规范了措施与行动计划,而且要求欧盟成员国于2003年年底之前将相关规定写入各自国家法律,以确保措施与行动计划的执行。

在欧盟国家中,德国对《指令》的贯彻最为严格。德国《水资源法》要求:如有可能,分散化雨水管理方法应被首选并予以实施。在此基础上,分散化雨水管理方法被各州权力机构正式采纳为雨水管理优先方法(见章节2.1.1)。作为首部国家层面上的环境税法,德国《废水课税法》(Abwasserabgabengesetz 2009,AbwAG)严格地遵循"污染者支付"原则,对污染者设置严格的清除污染的财政责任;并通过经济手段抑制常规雨水管理,促进可持续雨水管理的普及。

---

① 马丁·格里菲斯编著.水利部国际经济技术合作交流中心组织编译.欧盟水框架指令手册[M].北京:中国水利水电出版社,2008:5.

② L.S.安德森,M.格林菲斯.欧盟《水框架指令》对中国的借鉴意义[J].人民长江,2009,40(8):52.

③ 马丁·格里菲斯编著.水利部国际经济技术合作交流中心组织编译.欧盟水框架指令手册[M].北京:中国水利水电出版社,2008:50.

④ 同上,51.

⑤ 同上,62.

⑥ 同上,62.

同样,英国也明确支持可持续雨水管理策略。虽然无强制要求,可持续城市排水系统(Sustainable Urban Drainage Systems,简称 SUDS)仍被反复列为雨水管理的优先选择。如,在区域规划背景下,“针对开发与洪水风险的 25 项规划政策声明”(Planning Policy Statement 25:Development and Flood Risk)要求:“在选址、布局与设计等方面与可持续城市排水系统相结合,以减少新开发项目的洪水风险”[①];“地方规划部门(Local Planning Authority,LPA)在规划申请审批时,应为可持续城市排水系统赋予优先权”[②]。“城市与乡村规划环境效果评估规章”(The Town and Country Planning Regulations)明确指出:“可持续城市排水系统可用以缓解环境的消极影响;建设部门的 H 号许可文件(Approved Document H)则为雨水管理建立了一种‘雨水入渗优先于管网系统’的建造秩序”[③]。

2. 美国

由于缺乏国家层面上位法的直接支持(笔者按:至 2012 年,美国尚未将可持续发展写入联邦宪法),美国地方法规对于可持续雨水管理的推广少有强制性。因此,虽然相关技术得到充分开发,但更多情况下可持续雨水管理在美国的实施仍处于自发状态。

1972 年出台的《联邦水污染控制修正案 1972》(Federal Water Pollution Control Amendments of 1972)标志着排水污染整治在美国开始获得重视。该法案确立了大幅削减排入水体的有毒物质的目标,并引入用于规范点源污染的许可证体系,即“国家污染物排放削减体系”(National Pollutant Discharge Elimination System,NPDES))。通过与各地方水质标准的协同,各州政府或自治市政府将通过该体系为直接向水体排污的污染者发放执照。

与此同时,美国部分地方法规开始对雨水管理工作提出滞留要求,即“通过自然或人工坑塘、洼地与其他工程措施滞蓄降水产生的地表径流,延迟其汇入市政管网与接收水体的时间”[④]。但此时,非点源污染尚未成为

---

① UK DEPARTMENT FOR COMMUNITIES AND LOCAL GOVERNMENT. Planning Policy Statement 25:Development and Flood Risk [S]. London,TSO. 2010:2.

② 同上,5.

③ JACQUELINE HOYER, WOLFGANG DICKHAUT, LUKAS KRONAWITTER,et al. Water Sensitive Urban Design[M]. Berlin jovis Verlag GmbH,2011:23.

④ 张丹明.美国城市雨洪管理的演变及其对我国的启示[J].国际城市规划,2010,25(6):84.

许可证体系的实施对象，来自工业、分流制管网等渠道的雨径污染亦未得到具体控制。

至 20 世纪 80 年代，学界证明：雨水径流是美国水环境污染的重要原因。因此，美国环境保护局(Environment Protection Agency，EPA)于 80 年代初实施了“全国城市雨水项目”(National Wide Urban Runoff Program)，验证美国城市雨水问题存在的事实及其严重程度。

1987 年，《水质法案 1987》(Water Quality Act of 1987)对《清洁水法案 1977》(Clean Water Act 1977)进行修订，对城市雨水问题作出回应，要求将来自工业活动、城市雨水管网的雨水排放吸纳为“国家污染物排放削减体系”的控制对象，并制定了具体实施期限。

1990 年 11 月，美国环境保护局针对来自大中城镇(居民数量大于 100 000人)分流制雨水管网、工业活动(用地面积大于 2 hm^2)的雨水排放颁布了具体的控制规章。12 月，来自小城镇分流制雨水管网、用地面积 1 至 5 英亩项目的雨水排放也被纳为控制对象。来自上述项目的雨水必须在获得许可证后方可排放；根据许可证要求，雨水径流必须接受污染控制。

由于将雨径控制的重心置于水质而非水量，以《清洁水法案》为核心的美国国家法律对城市雨水管理的影响较为有限。理论上，通过增强“集中处理”能力，常规雨水管理也可应对法律要求。在推动可持续雨水管理普及方面，美国地方法规作用更大。

以费城为例①，依据《清洁水法案》，合流制管网溢流应当减少 85%。1997 年，费城针对合流制管网溢流颁布了长期控制规划方案，后者于 2007 年进行升级(别名“绿色城市，清洁水体”(Green City，Clean Water))。与其他城市通过大规模建造地下储水隧道以捕获溢流不同，费城方案试图建造绿色基础设施，以阻止雨径进入管网。该方案要求费城所有新建与更新项目必须“管理”项目用地上的最初一英寸降雨；开发项目必须尽量及时入渗来自非渗透性界面的降雨；如果无法入渗，建设方必须提供容量足够的储存设施。

3. 澳大利亚

作为水资源极度紧缺的国家，澳大利亚多个城市(如墨尔本)长期对雨

① STEVEN R. GILLARD. Comprehensive Stormwater Management Plans on University Campuses：Challenges and Opportunities[R]. Philadelphia：Partial Fulfillment of the Requirements for the Degree of Master of Environmental Studies，2011.

水控制与利用保持高度关切。虽然可持续雨水管理的相关技术主要通过引进获得，但是国家、地方层面的一系列相关法规有力推动了可持续雨水管理的实施与普及。

鉴于宪法对国家权力的分割，澳大利亚无需针对雨水管理进行全国性立法。但是河川流域跨行政区的客观事实迫使澳大利亚政府制定全国性政策，以协调各层面、各区域政府间协作，从而推动水环境的整体优化。

2004—2006 年间，澳大利亚政府议会签署了《国家水计划》(National Water Initiative，NWI)，为改进全国水管理工作提出统一的解决方案，推动了可持续雨水管理的普及。《国家水计划》明确提出"确保河流与地下水系统健康"、"在城市环境中更好地、更有效地实施水管理"、"创造水敏城市"等目标①。由此，各级政府承诺"满足与管理城市的水需求"，遵循 1996 年国家政府议会建立的《改进废水再利用与雨水管理国家框架》(A National Framework For Improved Wastewater. Reuse and Stormwater Management in Australia.)，并将"减少雨水对于接收水体的影响"作为雨水管理首要任务②。

比之国家法规，澳大利亚各州相关法规对于可持续雨水管理的普及更为重要。以维多利亚州为例，《维多利亚州规划条例》(Victoria Planning Provision，VPP)明确限定了城市雨水管理任务③。主要包括以下相关内容。

● 第 14 条(自然资源管理)第 2 款(水)第 1 项(流域规划与管理)要求，"采取措施以最小化来自开发区域的雨径数量与流速"；"鼓励在将雨水排入水体、湿地以及入渗盆地之前采取措施，以过滤径流中的沉积物与废物"；"确保土地利用与开发计划最大限度地避免水上航线与水体营养化"。

● 第 14 条第 2 款第 2 项(水质)要求，"某些土地利用可能向水体排放

---

① THE COMMONWEALTH OF AUSTRALIA AND THE GOVERNMENTS OF NEW SOUTH WALES, VICTORIA, QUEENSLAND, SOUTH AUSTRALIA, THE AUSTRALIAN CAPITAL TERRITORY AND THE NORTHERN TERRITORY. Intergovernmental Agreement On a National Water Initiative[EB/OL]. http://www.bom.gov.au/water/about/consultation/document/NWI_2004.pdf，2012-01-01.

② Task Force on COAG Water Reform，Sustainable Land and Water Resource Management Committe. Wastewater and Stormwater Management [S]. Canberra：Task Force on COAG Water Reform，1996：4.

③ VICTORIA DEPARTMENT OF PLANNING AND COMMUNITY DEVELOPMENT. Victoria Planning Provisions [EB/OL]. http://planningschemes.dpcd.vic.gov.au/VPPs/combinedPDFs/VPPs_All Clauses.pdf，2012-01-01.

受污径流，因此必须被适当定位、管理，以最小化径流排放，从而保护地表水与地下水资源”；“在无法通过雨水管理最小化开发对下游水质、流量影响的区域时（如土壤严重退化、地下水盐碱化、具岩土工程技术风险区域），必须阻止不相容的土地利用活动”。

● 第19条（基础设施）第3款（开发项目基础设施）第3项（雨水）要求，“削减建筑工地引发的雨水污染”；“确保雨水排入湿地、地下水不会带来有害影响”；“在项目开发中整合水敏性城市设计（Water-sensitive Urban Design，WSUD）技术”，以“保护水质、减少径流总量与峰值、最小化排水管网与基础设施成本”。

● 第44条（土地管理）第2款（盐度管理）第4项（方案报批要求）规定，报批方案必须提供以下信息：“当前与计划中的土地用途作用下的水平衡状况”、“通过场地勘察确定地下水高效补充区域与径流排放区域的位置、尺寸、土壤类型、土层深度、土壤入渗率”。

● 第55条（容纳住宅2幢以上的地块与居住用途的建筑物）第3款（场地布局与建筑物聚集）第4项（渗透目标）规定，场地与建筑物布局应“减少雨径增加对于排水管网的影响；有助于雨水就地入渗”；“至少20%的场地不应被非渗透性界面覆盖”。

● 第55条（居住区详细设计）中第7款（整合的水管理）第4项（城市径流管理目标）要求，住区应“最小化雨水径流增量、保护环境价值、避免城市径流对于接收水体物理特征的破坏”，并提供城市雨水系统的建设标准（Standard C25）。

此外，维多利亚州雨水委员会、环境保护局、墨尔本水务公司于1999年联合颁布《城市雨水最佳实践环境管理导则》（Urban Storm Water Best Practice Environmental Management Guidelines）。该导则为城市规划与设计人员提供了整合可持续雨水管理的框架，被作为“近年来澳大利亚开展可持续雨水管理导向下城市规划与设计的标志”①。

在建立标准方面，城镇政府同样扮演着重要角色。在州立标准的基础上，城镇政府根据当地水环境具体状况提出更具体的针对性要求，并为开发者与规划人员提供详细的工程做法。如，《西悉尼水敏性城市设计技术导则》（Water Sensitive Urban Technical Guidelines For Western Sydney

---

① JACQUELINE HOYER, WOLFGANG DICKHAUT, LUKAS KRONAWITTER, et al. Water Sensitive Urban Design[M]. Berlin jovis Verlag GmbH, 2011: 25.

2003)在水质方面对新建项目雨水管理提出量化标准(表 1-11)

表 1-11　西悉尼新建项目雨水管理量化目标

污染物/问题	雨水管理系统滞留任务
粗糙沉积物	80%平均年负荷,0.5 mm 以下
细小颗粒物	50%平均年负荷,0.1 mm 以下
总磷	45%平均年负荷
总氮	45%平均年负荷
垃圾	70%平均年负荷,5.0 mm 以上
烃类、汽车燃料、油脂	90%平均年负荷

(来源:URS AUSTRALIA. Water Sensitive Urban Design Technical Guidelines For Western Sydney [S]. Sydney:Catchment trust,2003:2-7)

1.6.1.2 国外可持续雨水管理的相关研究

根据研究对象,可持续雨水管理相关研究可分三类:基础理论研究、雨水处理技术研究、工作体系研究。其中,工作体系研究主要针对雨水管理的策略与工作方法问题,与本书直接相关。当前,欧美发达国家开发了多种标准化工作体系,如美国的 BMP 体系与 LID 体系、英国的 SUDS 体系、澳大利亚的 WSUD 体系、新西兰的 LIUDD 体系。根据雨水问题的解决思路,上述工作体系可分两类,其典型代表分别为 BMP 体系、LID 体系。

1. BMP 体系

雨水直排造成城市水体污染,"快速排放"又令"集中处理"难以实现,"反其道行之"自然成为改进常规雨水管理的一种选择。如前所述,20 世纪 70 年代早期,美国部分地方法规开始要求实施雨水滞留。这标志着项目开发需要履行解决城市雨水问题的义务、承担相应责任,雨水管理不再局限于排水系统建设。随着实践经验的积累,强调利用新技术对雨水实施"就地"与"分散化"处理的全新雨水管理策略——"最佳管理措施"(Best Management Practice,简称 BMP),被予以提出,并不断完善。

BMP 最早出现在《清洁水法案》(Clean Water Act 1977)中,特指"区域性污水处理规划计划与工业有毒污染物排放控制流程"①;1978 年,美国环境保护局在《联邦废水处理许可规章》中明确提出 BMP 概念,具体指

① Best management practice for water pollution[EB/OL]. http://en.wikipedia.org/wiki/Best_management practice_for_water_pollution,2012-01-22.

"工业废水处理的附属流程"[①];在《水质法案1987》(Water Quality Act 1987)中,针对雨水的BMP得以首次提出,特指"非点源污染管理展示计划"。目前,BMP的一般含义是,"为阻止或减少非点源所生成的污染物数量,使其满足水质目标要求所采取的最有效、最可行的措施或措施组合"[②]。

与常规雨水管理相比,BMP的主要目标更加侧重于控制雨径水质[③],其基本思路依然是"末端处理"[④];不同之处在于,BMP将雨水处理终端由公共的集中式大型处理设备(如雨水池、处理厂)转变为各开发场地内部的小型设施。可以说,在BMP策略指导下,雨水管理主要工作由"修建管道"转为"修建设备"。

近年来,在LID体系的影响下,广义的BMP亦开始关注"源头控制",雨水管理措施被分为两类:结构性管理措施(structural BMP)措施、非结构性管理措施(non-structural BMP)[⑤]。前者指"建造经过专门设计的设备以控制城市雨水径流水质与水量的活动"(如建设种植屋面、入渗沟渠、雨水花园等);后者指"在源头或接近源头的位置消减雨径及其污染物的生成与积聚以改进水质的建设活动"(如保留开放空间、保护自然系统、减少非渗透性区域等)。

为指导BMP实施,美国环境保护局与个别州(如明尼苏达、宾夕法尼亚、佛罗里达)被授权开发BMP工作体系、制定工作原则与技术规范、提供基本措施与工程做法。BMP体系多以手册形式发布,如国家层面的《控制来自市区的非点源污染国家管理措施》(National Management Measures to Control Nonpoint Source Pollution from Urban Areas)、地方层面的《宾夕法尼亚雨水管理最佳措施手册》(Pennsylvania Stormwater Best Management Practices Manual)。

---

① U. S. ENVIRONMENTAL PROTECTION AGENCY. Guidance for Developing Best Management Practices (BMP). [S]. Washington D. C. ,1993:1-3.

② VINCENT F. PELUSO, P. E. ANA MARSHALL. Best Management Practices For South Florida Urban Stormwater Management Systems[M]. West Palm Beach, South Florida Water Management District,2002:2.

③ Protecting Water Quality In Urban Areas[Z]. Minnesota: Minnesota Pollution Control Agency,2000(2):10-1.

④ 马震. 我国城市雨洪控制利用规划研究[D]. 北京:北京建筑工程学院,2010:4.

⑤ Pennsylvania Stormwater Best Management Practices Manual Chapter 5 [Z]. Pennsylvania, Department Of Environmental Protection,2006:1.

从某种程度上讲,BMP 是常规雨水管理向可持续雨水管理演化过程中的过渡产物。一方面,BMP 强调的“就地滞留”与“分散处理”是对常规雨水管理思路的颠覆;另一方面,BMP 基本思路依然是雨水的“末端处理”,雨水管理的重点始终在于处理设施建设。以宾夕法尼亚州为例,其 BMP 体系虽然大幅增加对非结构性措施的关注,但仍未将其作为解决雨水问题的首要措施,由此 BMP 体系中场地设计系统化工作途径始终处于缺失状态①。

2. LID 体系

城市雨水问题根源在于项目开发对场地自然水循环的扰动,片面依靠雨水的“末端处理”,单纯地通过控制雨径水量、水质不可能全面应对日益复杂的城市雨水问题。例如,美国 20 世纪 70 年代的 BMP 实践证明,在滞留设施作用下,虽然雨径在降水时能得到暂时滞蓄、汇入市政雨水管网和接收水体的时间得以延长、河流径流峰值得以调控,但是河流下游却可能长期处于高水位,河道侵蚀问题也难缓解②。另外,人工技术设施即使能有效移除污染物,但却无法修补开发所致的场地储水能力损失与自然排水路径破坏,无法赋予开发项目与自然场地相同的水文功能,更无法保护水资源免遭负面影响③。

针对 BMP 的种种不足,20 世纪 90 年代初,一种新颖的雨水管理概念——“低影响开发”(Low Impact Development,本文简称 LID)最先在美国马里兰州乔治王子县得到系统开发与应用。与 BMP 相比,LID 以“源头控制”代替“终端处理”思路,进而提出“修复自然水循环”目标,即通过对场地自然特征的充分保护与使用,将其与分散布置的小尺度雨水管理技术设施整合,最大限度地模拟自然水文功能④。按照 LID 策略,雨水管理基本

---

① Pennsylvania Stormwater Best Management Practices Manual Chapter 4 [Z]. Pennsylvania,Department Of Environmental Protection,2006:1-9.

② 张丹明.美国城市雨洪管理的演变及其对我国的启示[J].国际城市规划,2010,25(6):84.

③ PRINCE GEORGE'S COUNTY,MARYLAND,DEPARTMENT OF ENVIRONMENTAL RESOURCES,PROGRAMS AND PLANNING DIVISION. Low-Impact Development Design Strategies: An Integrated Design Approach. [EB/OL]. http://www.toolbase.org/PDF/DesignGuides/LIDstrategies.pdf,1999-06-30:1-5.

④ PUGET SOUND ACTION TEAM, WASHINGTON STATE UNIVERSITY PIERCE COUNTY EXTENSION. Low Impact Development: Technical Guidance Manual For Puget Sound[EB/OL]. http://www.psp.wa.gov/downloads/LID/LID_manual 2005.pdf,2005-01-30:11.

任务有二:“阻止雨径生成”、“缓解雨径影响”[①]。

为了实现“修复自然水循环”目标,LID策略引导下的可持续雨水管理工作不再仅限于技术设施修建,且更侧重于保护场地与控制开发。对于LID,场地自身才是控制雨径最重要、最有效的“设施”。因此,LID强调场地规划设计自始至终都应与雨水管理高度整合,以保持自然区域的水文功能[②]。场地设计必须合理组织水文功能,从而实现修复自然水文状况的目标,同时对河流稳定性、栖息地分布结构、基流与水质带来显著的积极影响[③]。

有资料表明[④],20世纪70年代初,美国加州戴维斯市乡村之家就尝试了通过开放空间与雨水滞留设施的整合,利用原有的场地条件进行雨水管理;80年代,欧洲城市开始将雨水管理技术设施分散布置于场地中,以减少外排雨径;90代初,随着LID体系的完整研发,建设活动不再仅被作为造成场地雨水问题的原因,还被视为解决雨水问题的关键。至此,常规雨水管理在真正意义上转变为可持续雨水管理。

目前为止,LID工作体系在美国(如马里兰州、密歇根州)与加拿大部分地区(如安大略州)得到深入研发,为可持续雨水管理导向下的城市与住区设计、雨水处理系统设计提供标准化工作途径,并为其他国家相关工作体系的建设构成深远影响。

例如,澳大利亚的“水敏性城市设计体系”(Water Sensitive Urban De-

---

① SOUTHEAST MICHIGAN COUNCIL OF GOVERNMENTS, INFORMATION CENTER. Low Impact Development Manual for Michigan: A Design Guide for Implementors and Reviewers. [EB/OL]. http://library.semcog.org/InmagicGenie/DocumentFolder/LIDManualWeb.pdf, 2008-12-30: 9.

② PUGET SOUND ACTION TEAM, WASHINGTON STATE UNIVERSITY PIERCE COUNTY EXTENSION. Low Impact Development: Technical Guidance Manual For Puget Sound [EB/OL]. http://www.psp.wa.gov/downloads/LID/LID_manual2005.pdf, 2005-01-30: 11.

③ PRINCE GEORGE'S COUNTY, MARYLAND, DEPARTMENT OF ENVIRONMENTAL RESOURCES, PROGRAMS AND PLANNING DIVISION. Low-Impact Development Design Strategies: An Integrated Design Approach [EB/OL]. http://www.toolbase.org/PDF/DesignGuides/LIDstrategies.pdf, 1999-06-30: 1-5.

④ PUGET SOUND ACTION TEAM, WASHINGTON STATE UNIVERSITY PIERCE COUNTY EXTENSION. Low Impact Development: Technical Guidance Manual For Puget Sound [EB/OL]. http://www.psp.wa.gov/downloads/LID/LID_manual2005.pdf, 2005-01-30: 1.

sign,WSUD),新西兰的"低影响城市设计与开发体系"(Low Impact Urban Design and Development,LIUDD)均借鉴了 LID 体系中的基本思想,如"通过合理的城市(场地)设计最大化利用自然"、"避免常规发展模式对生态系统负面影响"等[①]。从某种意义上讲,上述体系均可视为 LID 体系的衍生物。而英国的"可持续排水系统体系"(Sustainable Urban Drainage System,SUDS)在雨水管理哲学上与 BMP 体系更为接近。

随着 LID 与 BMP 体系的相互借鉴与自我完善,两种可持续雨水管理工作体系的区别日益变得不再像以往那样显著。

1.6.2 国内部分

1.6.2.1 我国可持续雨水管理的发展概况

1. 历程简述

我国城市当前的可持续雨水管理以"雨水利用"(又名雨洪利用)为基本策略,主要内容有三[②]:入渗利用(或称间接利用),以增加土壤含水量;收集后净化回用(或称直接利用),以替代自来水;先蓄存后排放,以削减雨径峰值。由于我国城市的"雨水利用"主要依靠技术设备而非开发项目自身解决雨水问题,因此其更接近于 BMP 概念。

a. 起步阶段

80 年代末期,我国首先在农村缺水地区开展雨水集蓄利用研究与应用,如甘肃"121 雨水集流工程"、内蒙古"集雨节水灌溉工程"、宁夏"小水窖工程"、陕西"甘露工程"[③]。

90 年代初期,我国大中城市的部分大型建筑物(如上海浦东国际机场航站楼)开始建设雨水收集系统以收集屋面雨水,但未采用处理与回用系统[④]。

90 年代中期,我国缺水地区局部建设了雨水利用系统,但缺乏标准化,如山东长岛县、大连獐子岛、舟山葫芦岛等地雨水集流利用工程[⑤]。其

---

① 吕放放.杭州城区雨洪控制利用及道路应用研究[D].北京:北京建筑工程学院,2010:20-21.

② GB 50400-2006,建筑与小区雨水利用工程技术规范[S],2007:63.

③ 刘宝山.城市小区雨水利用的研究[D].天津:天津大学,2008:2.

④ 游春丽.城市雨水利用可行性研究[D].西安:西安建筑科技大学,2006:15.

⑤ 刘琳琳.城市雨水资源化研究与应用[D].沈阳:沈阳农业大学,2006:13.

中，山东长岛县雨水管理成效显著。基于1995年出台的雨水利用地方性规定，即《长岛县集雨水工程管理办法》，该岛目前已可以实现在25 mm降雨中不出现径流，在100～200 mm降雨中径流基本不入海，地下水位逐渐回升(－3.07 m上升为－0.96 m)，蓄水量明显增加①。

b. 示范阶段

我国可持续雨水管理示范阶段的项目主要集中在首都北京。

20世纪末，随着北京市用水量不断增加，地下水过度开采的后果愈发严重②：北京市地下水储量仅1999年便减少近15亿 m^3；地下水水位下降2～3 m，以东郊为中心形成2000 km^2 的漏斗区，地面下沉等一系列地质灾害给该地区带来巨大威胁。在此背景下，1999年北京市政府资助启动了该市首批雨水利用项目。

2000年，北京市水利科学院与德国埃森大学合作启动了“北京城区雨洪控制与利用技术研究示范合作项目”(总投资6 000万元)③，该项目建设了包括双紫园小区、天秀花园小区、海淀公园在内的6个雨水利用示范工程与1个雨洪利用中心试验场，总面积60 hm^2。

2001年，国务院批准了含雨洪利用规划在内的“21世纪初期首都水资源可持续利用规划”。该规划要求雨水利用结合城市建设、绿化与生态建设，广泛采用透水铺装、绿地渗蓄、修建蓄水池等措施，在满足防洪要求的前提下，最大限度地进行就地截流利用或补给地下水。另外，规划要求2008年北京奥运会比赛场馆(区)设置雨水利用系统，目前其多年平均雨水综合利用率已超过80％④。

2003年3月，北京市规划委员会、北京市水利局联合发布了《关于加强建设工程用地内雨水资源利用的暂行规定》。明确要求：“凡在本市行政区域内，新建、改建、扩建工程均应进行雨水利用工程设计和建设”；“雨水利用工程设计和建设，以建设工程硬化后不增加建设区域内雨水径流量和

---

① 慧聪网. 山东：长岛依靠科技向海陆空要淡水[EB/OL]. http://info.water.hc360.com/2007/06/26113686212.shtml，2007-06-26.

② 刘洋. 北京城市雨水利用工程实效调研分析与对策研究[D]. 北京：北京建筑工程学院，2008：3.

③ 李俊奇，邝诺，刘洋，等. 北京城市雨水利用政策剖析与启示[J]. 中国给水排水，2008(12).

④ 奥运场馆雨洪回用系统每年可节水5万吨[EB/OL]. http://info.water.hc360.com/2007/08/16085288971.shtml，2007-08-16.

外排水总量为标准”[①]。

至 2011 年，北京城区已建成雨洪利用工程 688 处，成为雨水利用最为普及的国内城市之一。

c. 推广阶段

随着城市雨水问题日趋严重，在北京示范项目的带动下，21 世纪以来我国更多城市与地区开始实施雨水利用，以期为雨水管理提供新思路。

2006 年，深圳编制完成《深圳雨洪资源利用规划研究》，提出符合该市实际情况的雨洪资源利用近远期目标，并积极推进该市的雨洪资源利用。

2007 年，西安编制完成《西安市雨水利用规划》，为该市城市雨水利用工作的规范提供指导。

2008 年，上海政府发布《关于本市新建住宅节能省地发展的指导意见》，要求新建住宅区收集屋顶雨水利用，20％的小区杂用水来自雨水。

2009 年，《深圳市居住小区雨水综合利用规划指引》在全国范围内率先针对新建居住小区作出“实施雨水利用、绿地下凹处理、地面透水铺装使用”的强制性规定。

2010 年，南京针对新建小区规划提出强制性规定：“建筑面积 20000 m^2 以上的新建建筑物应当建立雨水收集利用系统”。

2. 政策法规

a. 关于雨水利用的政策、法规

2002 年，《中华人民共和国水法》开始施行。第二十四条明确指出，“在水资源短缺的地区，国家鼓励对雨水和微咸水的收集、开发、利用和对海水的利用、淡化”[②]。

在地方层面上，除前文中的北京、深圳、上海、南京等地，越来越多的地方职能部门针对城市雨水利用的推行提出规定，如：《无锡市关于加强新建建设工程城市雨水资源利用的暂行规定》(2008-08)、《镇江市新建建设工程城市雨水资源利用管理暂行规定》(2009-08)、《昆明城市雨水收集利用规定》(2009-09)、《淮北市雨水利用管理办法》(2010-08)。

b. 关于雨水利用的设计标准、规范

在我国，雨水利用技术方面的标准与规范主要如下。

---

① 关于加强建设工程用地内雨水资源利用的暂行规定[EB/OL]. http://www.lawlib.com/lawhtm/2003/74280.htm,2003-07-24.

② 中华人民共和国水法[Z],2002.

● 建设部发布的《绿色建筑评估标准》GB50378-2006(2006-06)提出关于雨水收集、渗透利用的量化指标,要求住宅与公共建筑均应采取合理的雨水利用方式。"住宅建筑中,非传统水源的利用率不低于10%,最好不低于30%;商场、办公类公共建筑中,非传统水源利用率不低于20%,旅馆类建筑则不低于15%"①。

● 建设部颁布的《建筑与小区雨水利用工程技术规范》GB50400-2006(2007-04)为民用建筑、工业建筑与小区雨水利用工程的规划设计、施工验收、管理维护提出技术指导,并对雨水收集回用、渗透排放、水质控制提出较详细的专业技术要求。

在我国,雨水利用水质方面的现行标准主要有:《地面水环境质量标准》GB 3838-2002、《城市污水再生利用　景观环境用水水质》GB/T18921-2002、《城市污水再生利用　地下水回灌水质》GB/T19772-2005、《城市污水再生利用　城市杂用水水质》GB/T18920-2002、《室外排水设计规范》GB50014-2006。

在地方层面上,推广雨水管理的城市亦根据自身自然条件与发展现状提出地方性雨水利用技术规范、水质控制标准,如《深圳市居住小区雨水综合利用规划指引》、《深圳市再生水、雨水利用水质规范》。

1.6.2.2 我国可持续雨水管理的相关研究

1. 历程与现状

20世纪80年代,我国现代意义上的雨水利用研究首先在农业领域得到开展。通过相关技术试验,雨水集蓄利用工程的可行性和可持续性得到论证,其成果为雨水集蓄利用的开展奠定了理论与技术基础。

在我国,系统的城市雨水利用研究则始于20世纪90年代后期。"1998年,北京市城市节约用水办公室和北京建筑工程学院启动了以雨水利用为对象的系列科研项目。通过该项目,城市雨水利用的各个方面(如雨水利用项目决策、雨水水质特征、雨水收集与截污措施、雨水处理与净化技术、雨水调蓄、雨水渗透、雨水利用系统设计、技术经济评价、工程验收、运行和维护)开始得到全面研究"②。2001年中德合作"北京城区雨洪控制

---

① 刘洋.北京城市雨水利用工程实效调研分析与对策研究[D].北京:北京建筑工程学院,2008:4.

② 刘洋.北京城市雨水利用工程实效调研分析与对策研究[D].北京:北京建筑工程学院,2008:3.

与利用技术研究示范项目”引进了大量国外先进技术，并首次尝试运用发达国家先进理论解决中国城市雨水问题。

此后，城市雨水利用研究在我国发达地区(如天津、上海、西安、深圳、武汉、沈阳、大连、哈尔滨)的开展更为广泛与深入。2003年，山东省水利科学研究院承担的“城市雨水利用模式及技术研究”项目着重探索各类城市、不同下垫面条件的城市雨水利用基本模式。2006年，北京市水利科学研究所承担的“城市雨水资源利用技术开发”项目探索了市区雨水利用技术体系的构建。

2009年12月，教育部批准依托北京建筑工程学院环境工程、市政工程与环境科学等学科建设“城市雨水系统与水环境省部共建教育部重点实验室”。这标志着我国相关研究开始从单纯的“雨水利用”向以应对多种雨洪问题、改善城市水循环、水环境生态系统的“雨洪控制利用”转化。当前，该重点实验室的主要研究方向有：城市雨水汇流特征及其对水环境影响的应机理研究、城市雨水径流污染控制理论与生态处置技术研究、城市雨水系统发展战略与优化模式研究、城市雨水资源化理论与技术、综合性系统设计原理与方法、规划设计评估模型工具研发、城市雨水系统的信息化管理、雨水管理政策与制度设计研究[①]。这也在很大程度上代表了我国可持续雨水管理研究的研究水平与前沿方向。

2. 不足与反思

a. 城市设计与住区设计相关研究滞后

完整的可持续雨水管理工作体系应同时为可持续雨水管理导向下的城市与住区设计、雨水处理系统设计提供系统化的工作途径(见章节1.6.1.2)。然而，考察相关研究不难发现，在我国当前，二者的发展水平完全不同。即，基于确定城市或住区设计方案，由环境工程、市政工程等专业人员开展的“雨水处理技术系统规划设计”及其相关研究较为普遍；而由建筑学、城市规划等专业人员开展“可持续雨水管理导向下的城市与住区设计”研究相对较少(详见附录一)。

上述现象的主要原因在于，我国当前可持续雨水管理的基本思路依然是“用灾”而非“消灾”，其主要目标依然是“雨水利用”，而非“修复自然水循环”。故，我国当前可持续雨水管理的策略更加接近于BMP，而非LID，其工

① 北京建筑工程学院科技处.城市雨水系统与水环境教育部重点实验室[EB/OL].http://kyc.bucea.edu.cn/w10016/articleView.do?articleId=567,2012-02-14.

作重心尚未从技术体系建设向场地保护与开发控制中心转移。

例如，作为我国目前推进可持续雨水管理的龙头，深圳市颁布了一系列雨水管理技术文件(如《深圳市雨洪利用系统布局规划》、《光明新区雨洪利用详细规划》、《深圳市居住小区雨水综合利用规划指引》)。据此，深圳住区层面雨水管理的主要工作在于，在雨洪利用规划指引下开展雨洪利用设施的设计与建设①；而住区设计与建设并未被明确要求承担相应责任，亦未获得相应技术规范与工作导则的引导。

b. 相关技术标准偏低

在我国，深圳雨水利用目标相对最为完善。《深圳市居住小区雨水综合利用规划指引》对新建小区雨水利用提出强制性要求(综合雨量径流系数不超过 0.4、或设置一定容积的调蓄设施，以避免设计重现期内建设区域外排径流峰值与总量的增加②)；2010 年《深圳市再生水、雨水利用水质规范》则在国内率先对于外排雨径的水质作出专门的具体规定。

但，实现上述雨水利用目标还不足以全面解决城市雨水问题(详见章节 5.5.5)。例如，《深圳市再生水、雨水利用水质规范》虽针对场地外排雨径的水质提出了要求，但其标准仍显著低于地表 V 类水标准。因此，符合该标准的雨水仍可能导致水体富营养化、并且其中的重金属污染物、农药残留几乎不受控制。

由于雨水污染物控制要求偏低，只要非渗透性地表总量得以控制，大规模地下储水设施、简单的入渗与水质处理设备得以配备，深圳市雨水利用目标即可实现。故，此类雨水管理方案与住区土地使用形态缺乏关联；住区方案几乎不会受到来自雨水管理的约束，亦无需针对雨水管理进行优化。这也是现阶段住区设计研究未曾跟进的重要原因。

发达国家实践经验证明，为了城市雨水问题的全面解决、实现可持续雨水管理目标，城市与住区设计必须得到有效引导与控制，方案必须得以针对性优化。然而，如前所言，目前我国该领域的研究较为欠乏，尚无法针对住区设计与可持续雨水管理的整合作出有效指导。因此，在该领域开展深入研究具必要性。

---

① 俞邵武，任心欣，胡爱兵．深圳市光明新区雨洪利用目标及实施方法探讨[J]．城市规划学刊，2010(7)：99.

② 俞露．推进低冲击开发理念的微观尺度应用[J]．山西建筑，2010(5)：159.

2 可持续雨水管理导向下住区设计的新任务

路易斯·康指出,空间与活动不可分割。1959 年,他在《形式与设计》中指出:空间不仅应容纳更应激发其所承载的人类活动,空间形式应决定于其所服务的活动本质[①]。换言之,空间设计的基本任务在于:充分满足其容纳活动的空间需求,以促使活动的实现。同理,当可持续雨水管理的范围由地下转为地上时,住区的物质形态就不仅应容纳更应促进可持续雨水管理的开展,住区形式应服务于可持续雨水管理。为了全面解决城市雨水问题,充分满足可持续雨水管理的空间需求以促使其目标实现,将成为住区设计的新任务。基于对可持续雨水管理的深入分析,把握其空间需求的内容与特点,住区设计的新任务将得到进一步明晰。

2.1 可持续雨水管理的具体目标

可持续雨水管理的总体目标是"修复自然水循环",只有将其分解为多个方面的具体目标形成目标体系,才具有实现的基础。本章节将以德国为例,通过整理相关政策法规,总结可持续雨水管理的具体工作目标。该项工作基于以下前提得以展开:第一,可持续雨水管理的总体目标已在世界范围内得到普遍认可;第二,关于可持续雨水管理,德国的相关法规相对更为完善、技术标准更为严格;第三,可持续雨水管理在德国已得到广泛实施,可持续雨水管理的具体目标在一定条件下可实现。

2.1.1 基本政策

2.1.1.1 欧洲层面

欧洲层面存在若干政策文件,每个政策文件均或直接或间接对可持续雨水管理措施的规划产生影响(表 2-01)。

---

① 刘姝宇,宋代风.埃德曼大厅的启示[J].华中建筑,2006(2):38.

表 2-01　与可持续雨水管理相关的欧洲层面政策文件

政策文件	主要内容
《地表水指令》(75/440/EWG,1975)	保护对饮用水质量影响重大的水体，如湖泊、河流、水库。
《地方废水处理指令》(91/271/EWG,1991)	地方废水(含雨水)的收集、处理与引导；环境保护导向下的措施除外；推动分散化雨水管理的实施。
《欧盟浴疗水体指令》(EG-Badegewässerrichtlinie 2006/7/EG)	提出浴疗水体质量监管与评价分级的规定、提出基于水质的水体管理与信息公布。
《饮用水指令》(Trinkwasserrichtlinie,1998)	提出使用水的质量要求。
《欧盟水框架指令》(Wasserrahmenrichtlinie 2000/60/EG)	该方针在水政策方面为各地方提出统一的管理框架，为欧洲国家提出水资源管理行动的基本前提。

(来源：GANTNER, KATHRIN. Nachhaltigkeit urbaner Regenwasserbewirtschaftungsmethoden[D]. TU Berlin,2002;KLAUS LANZ,STEFAN SCHEUER. Handbuch zur EU Wasserpolitik und im Zeichen der Wasser Rahmenrichtlinien [R]. Europäisches Umweltbüro,2003)

如前所述，2000 年 12 月 22 日生效的《欧盟水框架指令》是欧盟各成员国实施水资源管理的基本前提。《欧盟水框架指令》的各项要求已于 2002 年 6 月在德国《水资源法》(第 1b,25a-d,32c,33a,36-36b 条)中得到落实。从此，"措施规划(Maßnahmenprogrammen)"或"管理规划(Bewirtschaftungsplan)"的相关要求将在后续建设指导规划与其他规划计划阶段得以全面落实。

《指令》主要提出两个目标：第一，在水政策方面为欧洲各国提出统一的管理框架；通过编制"措施规划"或"管理规划"，提出一系列水资源管理行为。第二，至 2015 年，促使所有欧盟成员国领土中的水体(含溪、河、湖等地表水、近海水域、过度水体、地下水在内的所有水体)达到"更好的状态"这一目标，修复水体的生态功能。对此，地表水作为生存空间水体的功能应得以重点关注。

另外，《指令》为德国范围内的水体管理提出若干新任务。

1. 必须采取国内、国际协调的方法编制"措施规划"或"管理规划"。除水体管理领域以外，上述规划将涉及其他相关领域(如，自然保护、土地管理、渔业、航运业等)。

2. 针对地表水(生态、化学状态)、地下水(水量、化学状态)全面提出水体状况评价方法,提高污染物排放标准。

3. 指出应按照流域范围,而非行政边界组织管理。据此,2004 年 12 月政府内阁决议,在易北河、埃姆河、莱茵河、威悉河流域设立区域协作机构,以处理重要的水管理问题、展示任务、给出合适的解决方案。

4. 为来自其他政治领域或基于经济效益的适当措施选取提供可能。《指令》第 10 章提出,为了达到管理目标,经济工具将被作为重要工具。

5. 敦促公众参与。"管理规划"的编制应尽早地、持续地公布信息、听取意见。

6. 提出必要工作的任务及其法定期限(表 2-02)。

表 2-02 《欧盟水框架指令》提出的工作任务及其法定期限

期限	工作任务
2003 年底为止	《欧盟水框架指令》在国家法令中的落实
2004 年底为止	实施现状调查
2005 年 3 月为止	流域特征分析、人类活动对水体状态的影响核实,水资源利用的经济分析
2006 年 12 月始	公众意见收集
2008 年底为止	"措施规划"或"管理规划"编制
2009 年底为止	"措施规划"或"管理规划"公布、措施落实
2010—2012 年底	"管理规划"及其措施的落实与更新
2013—2015 年底	"管理规划"的检测与更新
2015 年底为止	地表水与地下水体质量达标

(来源:笔者自制。根据 Die EG-Wasserrahmenrichtlinie (EG-WRRL)[EB/OL]. http://www.umwelt.niedersachsen.de/portal/live.php? navigation_id=2300&article_id=8109&_psmand=10,2010-08-04)

2.1.1.2 国家层面

a.《水资源法》

2010 年修订的《水资源法》将"可持续的水体管理"作为实现水体管理目标的基本原则①。其第 6 条第 1 款将"保护水体免于负面改变","在地

① "作为自然资源的组成部分、人类的生存基础、动植物的生存空间以及可利用资源,水体将通过可持续的水体管理得以保护"。德国《水资源法》第 1 条。

表水体尽可能保证自然的、无污染的径流状态，尽量通过将水滞留在其发生地而避免雨洪及其负面影响”作为水体可持续管理的目标；第 2 款规定，“对于处于自然状态或接近自然状态的水体，应尽量维护使其保持该状态；如果不影响公众幸福，对于非自然状态的自然水体应尽可能恢复其接近自然的状态。”

《水资源法》将分散化雨水管理作为城市废水处理的主要方式。第 54 条第 1 段将“来自建设区域或硬质地面的雨水”定义为“废水”，并提出“废水去除包括废水收集、传输、处理、引导、入渗、(雨水般)喷洒等方式”。在第 55 条“废水去除的基础”中规定，“在不损害公众利益的情况下，家庭废水应通过分散化设备得以去除”；“如果不违背水法、其他公共法规或水管理要求，雨水应就地入渗、直接或通过管道(与污水分流)排入水体。”

《水资源法》为分散化雨水管理设备规划与运行提出强制性法律基础。首先，为了促进雨水入渗的普及，《水资源法》第 46 条第 2 段规定，如果符合相关规定，“通过无污染入渗将雨水导入地下水，将不再需要提供许可。”当然，州政府可自行规定需要获得许可的区域的条件。其次，第 57 条第 1 段对“废水导入水体”提出明确要求：“废水直接导入水体的许可仅在以下情况下予以颁发：(1)废水水量与有害物应尽量小；(2)符合关于水特征的要求以及其他法律要求；(3)在必要时，安装并运行废水设备或其他设施，以确保满足第 1、2 句的要求”。

b.《建造法典》

作为限制指导基地建设使用的根本大法，德国《建造法典》(Baugesetzbuch，BauGB)为可持续雨水管理系统的规划建设予以支持，且为可持续雨水管理设备的规划与敷设提供法律依据①。

首先，规划建设应避免对原有水资源的负面影响。《建造法典》第 1 条第 6 段编号 7 规定，在编制建设指导规划时，环境保护的众多要求及其对动植物、土地、水、大气、气候、大地景观、生物多样性的影响及其相互影响应得以关注。此外，第 1a 条指出，规划编制时应注意节约用地，并将土地硬化限制在必要的范围内。

其次，建设对水资源的干扰应在建设指导框架下得以适当补偿。根据《建造法典》第 1a 条第 2 段编号 2，规划建设应注意“避免与补偿对自然景

---

① BUNDESMINISTERIUM FÜR VERKEHR, BAU UND STADTENTWICKLUNG：Baugesetzbuch (BauGB)[S]，2006.

观的预期干扰”。根据德国《自然保护法》中“干预规章”的相关内容，可持续雨水管理措施属于自然景观干扰的补偿措施，对于修复自然水循环意义重大。例如，雨水入渗措施虽然可能使土地丧失某些自然功能，但却可实际降低土地硬化率，使城市区域地下水生成率日渐降低问题在一定程度上得到缓解；湿池、干池与人工湿地等雨水管理设备不但能够降低人工地表雨水的污染物含量，而且能够提高雨水蒸发率，并具备一定的生态价值。

再次，雨水管理措施法律依据的充分性使得其空间使用需求在规划阶段得以满足。第一，根据《建造法典》第 5 条，土地利用规划中涉及水资源的区域应得以标识，如，“未用于集中式废水去除的建设用地”(编号 1)、“供给设备、垃圾处理、废水去除的用地”(编号 4)、“水面、港口、水管理用地、防洪设备用地”(编号 7)。第二，根据《建造法典》第 9 条第 1 段编号 14、16，在建造规划中，出于城市设计原因，用于雨水滞留与入渗的用地应得以标识。同样，使用屋顶绿化、透水性铺装的区域应得以标识。

2.1.1.3 地方层面

a.《联邦州水法》

虽然德国各联邦州水法在雨水去除或合流制管理上存在差异，但是各州水法均提到雨水入渗的必要性，并在一定程度上鼓励雨水入渗与利用措施的普及。

例如，《柏林州水法》①(Berliner Wassergesetz)提出，只要可以避免地下水污染，雨水应当经有植被的地表下渗。小型废水处理设备无需提供建设许可。

根据《巴登州水法》②(Wassergesetz für Baden-Württemberg，WG)第 45b 条第 3 段，如果开销允许并且无害，则对于 2005 年 1 月以后的建设项目，基地中硬质地面或公共管网汇水面上的雨水应入渗或就近导入地表水体。详细规定详见环境与交通部于 1999 年颁布的《分散化雨水去除法令》③(Verordnung über die dezentrale Beseitigung von Niederschlagswasser)。为了推行分散化雨水管理系统，以下雨水入渗与利用设备的规划建

① Berliner Wassergesetz (BWG)[S]，2008.

② Wassergesetz für Baden-Württemberg (WG)[S]，2005.

③ Verordnung des Ministeriums für Umwelt und Verkehr über die dezentrale Beseitigung von Niederschlagswasser[S]，1999.

设无需提供建设许可：小型雨水利用设备，接收来自某些材料铺设的屋面、除工业企业区以外的功能区、次要道路、少于两车道的公路、人形道、自行车道等区域雨水的入渗设备。

b.《联邦州雨水入渗规章》

某些州专门编制雨水入渗规章，用以针对雨水入渗措施规划提出具体规定。例如，汉堡州《雨水入渗规章》[①]（Niederschlagswasserversickerungsverordnung）分别对居住用地中的雨水入渗设备许可免除条件[②]、雨水入渗的具体要求[③]、其他要求与例外情况[④]、标识义务[⑤]等问题提出具体规定。

c.《联邦州水体保护区规章》

为了确保水体保护区水体水质，地方关于水体保护区的规定均会针对雨水去除提出具体要求，其中主要涉及禁令、土地用途限制等内容。例如，汉堡州《水体保护区规章》（Wasserschutzgebietsverordnung）规定，“在水

---

① HAMBURGE SENAT. Verordnung über die erlaubnisfreie Versickerung von Niederschlagswasser auf Wohngrundstücken[S],2004.

② 以下条件的居住用地上的雨水入渗不必颁发许可：(1)在水体保护区域Ⅰ、Ⅱ以外的区域；(2)与排水设备相连的或者相连硬质区域小于 250 m^2 的；(3)根据第 2 条安装无害的雨水入渗设备，并遵守第 3 条规定。HAMBURGE SENAT. Verordnung über die erlaubnisfreie Versickerung von Niederschlagswasser auf Wohngrundstücken [S],2004：第 1 条.

③ “无害入渗的要求”。(1)雨水不得经由家居、农业、工业或其他使用使其特征遭到负面改变，不允许与其他废水或污染物混合；(2)必须确保：1)雨水入渗设备的建设与运行必须符合公认的技术规章；2)入渗设备不得穿透自然序列中的防水土壤层；3)地下入渗设备底面距地下水水平面最小垂直间距大于 1 m；4)来自院落、交通用地、停车场、金属或沥青屋面的雨水只能通过有植被的地表入渗；5)如果在水体保护区域Ⅲ不通过专用设备进行雨水入渗，则须经过至少 30 cm 厚的有植被的地表土层。HAMBURGE SENAT. Verordnung über die erlaubnisfreie Versickerung von Niederschlagswasser auf Wohngrundstücken[S],2004：第 2 条.

④ “其他要求或例外情况”。(1)在必要时，负责机构可针对个别地块或某些地区重新提出办理许可的义务，或者为无需办理许可的雨水入渗提出更严格的要求，以便不损害公众幸福/利益或避免负面影响；(2)如果雨水入渗不会引发地下水污染或水体特性改变，则负责机构可将个别案例规定为例外。HAMBURGE SENAT. Verordnung über die erlaubnisfreie Versickerung von Niederschlagswasser auf Wohngrundstücken[S],2004：第 3 条.

⑤ 无特殊情况，雨水引导系统必须得以标识。HAMBURGE SENAT. Verordnung über die erlaubnisfreie Versickerung von Niederschlagswasser auf Wohngrundstücken[S],2004：第 4 条.

体保护区中安装入渗设备时，不允许直接将雨水引入排水沟。为了保护地下水，入渗只能经由有植被的地表(表面入渗、凹地入渗等)进行入渗。”

d.《联邦州废水法》

由于德国《水资源法》将“来自建设区域或硬质地面的雨水”定义为“废水”，因此雨水去除问题在各联邦州废水法中均得以涉及。例如，虽然《汉堡州废水法》①(Hamburgisches Abwassergesetz)第6条与第9条第1段分别提出“强制连接”(建设地块必须与公共管道连接)与“强制使用”(建设地块的雨水应被引入公共管道)规定，但是分散式雨水管理思想的盛行使上述要求在以下情况下不必遵循：即“如果按照《水资源法》进行雨水入渗或将雨水导入地表水体，则可以不遵循‘强制连接’与‘强制使用’规定”(第9a条)。此外，该法第9条第4段规定，可以通过法律规章规定不允许将雨水导入管网的区域。

e.《联邦州建设规章》

联邦州也可在州建设规章中提出对关于基地雨水“强制连接”与“强制使用”的限制。例如，《柏林州建设规章》②(Bauordnung für Berlin, BauO BLn)规定，如果建造规划规定了雨水入渗或滞留措施，则雨水的“强制连接”规定受到限制、雨水管道“强制使用”得以废除。

另外，根据《汉堡州建设规章》③(Hamburgische Bauordnung, HBauO)第60至62条，基地排水设备的建设、改动、拆除均属于建设设备的一部分。地块排水设备的建设、改动、拆除均应由获得认证的企业负责开展。

2.1.2 指导方针

在德国，有关可持续雨水管理的主要指导方针如下。

可持续发展。《我们共同的未来》(1987)、《里约宣言》(1992)、《21世纪议程》(1992)以及后续无数文献使可持续发展指导方针在水资源管理方面得以具体化。“可持续发展”于1994年被写入《德国基本法》(Grundge-

① Hamburgisches Abwassergesetz (HmbAbwG)[S], 2001.

② SEBATSVERWALTUNG FüR STADTENTWICKLUNG BERLIN. Bauordnung für Berlin, BauO BLn[S], 2011.

③ Hamburgische Bauordnung, HBauO[S], 2009.

setz für die Bundesrepublik Deutschland，GG，地位相当于宪法）[1]。通过在城市规划根本大法《建设法典》（Baugesetzbuch，BauGB）中的引入，“可持续发展”成为德国城市规划的基本目标[2]。德国环保局公布的文件对“可持续发展”在水资源管理方面的具体意义进行详细讨论[3]。

环境保护。德国《基本法》第20a条将“保护自然的生存基础”作为政府职责之一。德国《自然保护法》（Bundesnaturschutzgesetz，BNatSchG）第1条详细界定了自然保护的目标，其中“地表水体与地下水体功能与效率的保护”、“防洪”被作为自然保护的重点目标。德国《水资源法》第5条提出，公民要在水质、水量、水资源工作效率等方面谨慎对待水体，并有义务采取防洪措施。

排水功能性要求。为了确保卫生的、无害的雨水径流管理，“避免基地与交通用地中的雨水泛滥、确保降雨时上述土地的照常使用”被作为“排水规划”（GEP）的传统目标。该规划目标在德国标准化学会制定的《室外排水系统标准》（Entwässerungssysteme außerhalb von Gebäuden，DIN-EN 752）中得以明确。

2.1.3 具体目标

德国学者埃瑟[4]指出，“指导方针的约束力取决于后续规划阶段的具体化：规划阶段越具体，则在规划中指导方针与具体措施的转化将越容易”。因此，可持续雨水管理的指导方针必须转化为若干具体目标，用以确保指导方针在规划实践中得以落实。

需要指出，除水质、地下水与地表水体的水量平衡等自然保护要素以

---

① 德国《基本法》第20a条规定，“政府有责任在由符合宪法的规章所限定的框架下、通过立法手段、按照法律法规、通过行驶执行权与裁判权，为了子孙后代保护自然的生存基础、保护动物”。

② “建设指导规划应保证可持续的城市建设，即为子孙后代负责，协调社会、经济与环境保护的要求，并保证为大众幸福服务的土地利用。它应为保护适合人类生存的环境、自然的生存基础作出贡献，并有责任进行气候保护，保护与发展城市形态、地方与大地景观。”BUNDESMINISTERIUM FÜR VERKEHR，BAU UND STADTENTWICKLUNG：Baugesetzbuch (BauGB). 2006，1(5).

③ Nachhaltige Wasserwirtschaft in Deutschland，Zusammenfassung und Diskussion [R]. Umweltbundesamte：Berlin，1999.

④ ESSER B. Leitbilder für Fliessgewässer als Orientierungshilfen bei wasserwirtschaftlichen Planungen[J]. Wasser & Boden，1997，49(4)：99.

外，群落生境、古木名木、物种保护等自然保护要素的维护也是可持续雨水管理的具体目标。但此处并不作为重点。

2.1.3.1 排水方面

出于尽可能全部将雨水导入受纳水体的想法，常规雨水管理的传统工作目标是“排水安全（Entwässerungssicherheit）”与“排水舒适（Entwässerungskomfort）”[①]。排水安全，即对在基地与交通空间中产生的雨水进行管理，以避免雨水泛滥等危害。排水舒适，即在降雨时确保住区与交通空间的利用不受限制。毋庸置疑，这两项传统任务仍被作为可持续雨水管理系统规划的基本目标。

为了确保排水系统的排水功能，传统的分流与合流式管道系统必须具备一定的蓄水能力。该任务主要通过为排水管道确定尺寸来实现。管道截面越大，排水系统的蓄水能力越强。

然而，如今的可持续雨水管理系统规划主要通过设备的蓄水能力与溢流装置来确保排水、维持住区的使用性。一方面，管道、滞留池、入渗与利用设备需具备一定的蓄水能力；另一方面，如果暴雨事件时降雨量超出设备蓄水能力，则多余雨水将通过设备中的溢流装置排放到毗邻管道系统、地表水体或自然地表。

2.1.3.2 水质方面

在德国，关于住区排水水质的发展目标已被明确。《欧盟水框架指令》将“更佳状态”被作为地下水与地表水水体的发展目标，其中地下水体水质涉及化学成分水平[②]、地表水体水质则同时涉及生态水平与化学成分水平[③]；德国联邦政府将水体质量第 II 等级标准作为水体保护的水质目标[④]。

---

① FRIEDHELM SIEKER, HEIKO SIEKER. Naturnahe Regenwasserbeeirtschaftung in Siedlungsgebieten: Grundlagen und Anwendungsbeispiele - Neue Entwicklungen [M]. 2. ,neu bearbeitete Auflage. Renningen - Malmsheim: expert Verlag, 2002: 171.

② EUROPÄISCHE PARLAMENT. Wasserrahmenrichtlinie2000/60/EG[S], 2000. Artikel 2, 20.

③ 同上，18.

④ BMU. pressemitteilung von Bundesumweltministerin Merkel Zum Tag des Wassers vom 21. 03. 1997. Bonn.

地表水水质

作为可持续雨水管理中去除雨水的重要途径之一，向地表水体中导入雨水的水质不能低于水体质量第 II 等级标准。因为，德国《水资源法》第 6 条将“尤其应保护水体质量免于负面改变”作为水体管理的基本原则。

实践中，对导入地表水体雨水水质的控制主要通过具体的水质标准参数来实现。在美国，国家卫生基金会(National Sanitation Foundation)将水质指数(Water Quality Index，WQI)作为水质等级标准，用以利用多种生物、化学、物理参数，使用 7 项原则评价水质。而在德国，腐生生物系统(Saprobiensystem)则被作为水质评价的唯一标准。腐生生物系统由 Kolkwitz 和 Marsoon 在 1909 年提出，建立在水质清洁度与生物体之间的联系之上：适应能力较弱的物种很快会对环境变化作出反应，于是可以推断出水体污染程度与氧气含量。因此，以腐生生物系统为水质标准本身已经囊括了水体的生态标准要求。虽然水质标准的唯一性存在一定好处，但其准确性也已经受到质疑。对此，联邦州水工作组(Bund/Länder-Arbeitsgemeinschaft Wasser，LAW)建议，除了腐生生物系统以外，水质评价标准还应加入化学参数(如，氧气饱和度、铵基、生物需氧量等)。Lammersen[①] 给出了与受损水体质量目标相关的参数选取方法。

地下水水质

作为可持续雨水管理中去除雨水的另一重要途径，通过入渗向地下水体中雨水的水质同样“应保护水体质量免于负面改变”，且“为公众供水维护与建设已有的或未来的水体利用可能性”。

实践中，充分利用种植土壤对下渗雨水的净化功能对地下水保护具有重要意义，这往往通过下位法规限制入渗方式与技术规范得以实现。汉堡州《雨水入渗规章》(Niederschlagswasserversickerungsverordnung)第 2 条第 2 段第 4 款规定，“来自院落、交通用地、停车场、金属或沥青屋面的雨水只能通过有植被的地表入渗”；第 5 款规定，“如果在水体保护区域Ⅲ不通过专用设备进行雨水入渗，则须经过至少 30 cm 厚的有植被的地表土层”。汉堡州《水体保护区规章》(Wasserschutzgebietsverordnung)规定，“在水体保护区中安装入渗设备时，不允许直接将雨水引入排水沟。为了保护地下水，入渗只能经由有植被的地表(表面入渗、凹地入渗等)进行入渗”。德

① LAMMERSEN R. Die Auswirkungen der Stadtentwässerung auf den Stoffhaushalt von Fliessgewässern[M]. Hannover：SUG-Verlag，1997.

国《ATV 工作手册》(ATV-Arbeitblatt ATV A138)要求,“沟渠入渗设备渠底与自然地下水水平面高度间距至少为 1 m”。

2.1.3.3 水量方面

在德国,关于住区排水水量的发展目标正逐步得以明确。为了应对地下水短缺的挑战,鼓励地下水自然补给(即雨水入渗),《欧盟水框架指令》将“地下水体的水量状态”作为地下水状态的考量标准之一。德国《水管理法》第 5 条第 4 句规定:“每一个人在采取可能影响水体的措施时,都应采取必要的谨慎态度,以便避免增加或加速径流”。第 6 条将“尽量通过将水滞留在其发生地而避免雨洪及其负面影响”作为水体管理的基本原则。第 46 条第 2 段规定,“只要根据第 23 条第 1 段的规定,通过无污染的入渗,将雨水导入地下水,不再需要提供许可”。某些联邦州的法律规章(如,萨尔州入渗规章)也已对水量作出具体规定。如今,很多示范项目已将雨水零排放甚至负增长作为开发目标,如斯图加特侯格拉本内克住区等。

根据德国《水资源法》要求,雨水管理措施的规划应计算对原有水量平衡的干扰或改变,以便促使规划后水量平衡中蒸发、入渗、地表径流部分不严重偏离自然状态。实践中,针对上述目标,有必要在新区规划或编制“排水规划”时设立关于水量平衡极值,如,规定地下水补给率目标、径流极值(L/S)或(径流贡献 L/(S ha))等。德国 ATV 工作组于 1999 年在《城市排水的水力学》中提出,通常应将区域径流贡献降至 10 L/(S ha)。柏林东北部地区 Panke 河流域新建区域的区域径流贡献被规定为 1 L/(S ha)。这对维护区域自然的径流贡献、减小城市建设对河下游的水力影响有很大推动作用。

需要补充说明的是,“由于每一块场地所需要补充的地下水的数量受多方面因素的影响(如受场地自然状况、已开发程度、降水事件)而不断变化,通常并不会制定通用的地下水补充标准,而是根据场地具体水文情况,通过控制雨径流量的方式来实现地下水的补充率”①。

---

① SOUTHEAST MICHIGAN COUNCIL OF GOVERNMENTS, INFORMATION CENTER. Low Impact Development Manual for Michigan: A Design Guide for Implementors and Reviewers. [EB/OL]. http://library.semcog.org/InmagicGenie/DocumentFolder/LIDManualWeb.pdf, 2008-12-30 :358.

2.1.3.4 降低流速

与常规雨水管理“尽快排出基地雨水”的出发点不同，可持续雨水管理的一个重要目标在于“维持雨径流速最小化”。该目标旨在，避免不必要的沉积物流入排水系统、减少居民点区域的雨水流出、避免潜在的洪水风险、避免水体堤岸侵蚀等。对此，德国《水资源法》第5条第4句明确规定，“每一个人在采取可能影响水体的措施时，都应采取必要的谨慎态度，以避免增加或加速径流”。

2.1.3.5 土壤保护

虽然雨水入渗能够避免土地封盖所致的水量平衡问题、提升地下水再生率、减少地表水污染，但是该方法将也不可避免地增加土壤中的污染物。雨水经地表土壤渗入地下时，土壤将在不同程度上截取雨水中的多种污染物。经过一系列物理、化学与生物过程，土壤将起到过滤器、缓冲器、变压器的作用。即使在未开发的自然状态下，土地也经常接受污染物（如空气污染、酸雨等）。当然，各种形式的土地利用（如农业、城市建设）将会加剧该问题。

《德国土地保护法》第1条指出了土地保护的宏观目标，即“应尽量减少对土地自然功能及其作为自然与文化历史档案功能的干预”。但实践中，该宏观目标常常难以转化为土地保护的具体目标。最大化地推动土地保护常常会迫使其他保护资源受到伤害。虽然“水体保护不应对土地保护造成负面影响”，但是在水体保护与土地保护目标之间难以得到权衡，折中办法也很难找到。

目前，雨水管理措施规划的土地保护目标仅存在定性要求，例如在特殊位置（如加油站、转运中心）禁止采用入渗措施、针对位于饮用水保护区内的基地提出特殊要求等。而土地或地下水导体的污染敏感性、关系到污染物留存的土壤物理特性则并未得以关注。上述缺失已经引起德国土地保护专业联合会（Bundes Verbangd Boden，BVB）的重视。目前，该联合会正在编制各种评价方法，以便客观从水合角度描述土壤的工作效率，或评价其作为过滤器、缓冲器、变压器的工作效率。

2.1.3.6 美学效果

如果雨水处理过程能够被可视化，景观造型将出现多种新的可能。因此，所有雨水管理技术设施的敷设必须尽量与开放空间形态相结合，以便加强雨水管理措施的社会吸引力①。

在住区设计中，雨水管理技术设施作为造型要素的可能性很多。例如，在集中绿地中敷设一定深度(10～20 cm)的地表入渗设备；沿道路建设狭长石铺水沟，以引导雨水；雨水滞留池可同时被用作景观水池；人行道与自行车道可铺设带有缝隙以下渗雨水的石材；如地形坡度较大，则可结合地形走势安排若干凹地——渗渠系统，形成人工瀑布(见章节 5.3)。

有鉴于美感无法得到量化，该目标的实现与否至今仍难以评价。

2.1.3.7 成本控制

系统规划与敷设的经济性则至关重要。这并非仅出于公共资源应尽量节约使用的考虑，更是由于水资源管理费用通常较为有限。实践中，不经济的解决方案通常会予以排除。

关于雨水管理系统经济性的考虑一方面须涉及投资成本、使用周期、运行成本，另一方面还应涉及其他经济因素，如推动政策、监督法规、在其他领域可能出现的后续开支(即社会开支)。而后者常常取决于地方性因素。例如，德国各地方为了鼓励雨水管理系统敷设与运行而针对合流与分流式雨水排放收取费用的价目表也不尽相同(表 2-03)。其中，在某些城市(如波恩、伍伯塔尔)，雨水排放费用已经超过污水排放费用。而在柏林，在 2000 年至 2006 年间，雨水排放费用涨幅(74.2%)也远超污水排放费用涨幅(27.7%)。可见，德国各地方政府对于分散化雨水管理的重视程度正在日益提升。

实践中，各种措施应在项目评估框架下进行比较。对此，德国联邦州水工作组提出的项目评价可行方法(如成本比较计算、成本—收益分析等)可作为参考。

概括起来，可持续雨水管理的内在目标在于水量、水质、水速，外在目标在于好用、好看、好建。

---

① FRIEDHEIM SIEKER, HEIKO SIEKER. Naturnahe Regenwasserbewirtschaftung in Siedlungsgebieten: Frundlagen und Anwendungsbeispiele - neue Entwicklung[M]. 2. neu bearb. Aufl.. Renningen - Malsheim: expert Verlag, 2002: 29.

表 2-03　部分德国城市排水收费表

城市	排水收费	
	雨水[Euro/(m² · a)](年份)	污水(Euro/m³)(年份)
克雷菲尔德	0.77(2000)	1.98(2000)
奥格斯堡	0.92(2000)	1.11(2000)
亚琛	0.93(2000)	2.03(2000)
法兰克福	0.93(2000)	2.83(2000)
杜塞尔多夫	0.94(2000)	2(2000)
科隆	1.08(2000)	1.2(2000)
柏林	0.88(2000),1.533(2006)	1.93(2000),2.465(2006)
慕尼黑	1.27(2000)	1.53(2000)
波恩	1.53(2000)	1.15(2000)
哈雷	1.65(2000)	2.77(2000)
伍伯塔尔	1.84(2000)	1.76(2000)
汉堡	2.16(2006)	2.58(2006)

(来源:KWON,KYUNG HO. Ein Entscheidungshilfesystem für die Planung dezentraler Regenwasserbewirtschaftungsmaßnahmen in Siedlungsgebieten Koreas[D]. Technischen Universität Berlin. 2009. Tab. 3-3;BEHÖRDE FüR STADTENTWICKLUNG UND UMWELT,HAMBURG. Dezentrale naturnahe Regenwasserbewirtschaftung:Ein Leitfaden für Planer,Architekten,Ingenieure und Bauunternehmer[M]. Friedberg:Werbeagentur Elke Reiser GmbH)

2.1.3.8 雨径汇集时间

雨径汇集时间(Tc)是一个理想化概念,即雨水从流域内最远点到达流域径流外排出口所需时间,用以反映某流域对于给定降水事件所作出的反映。虽然雨径汇集时间事实上随着降水事件的不同有所变化,但仍然被作为常数得以使用。随着场地内非渗透性界面的增加、排水路径的改变,超量雨水到达径流外排出口所需时间变短。

可持续雨水管理理论是以相对均值的地表状况、分散化布置雨水处理技术设施为前提。要对外排雨水径流的总量、峰值、频率进行有效管理,那么必须使雨水汇集时间保持在开发前的水平。因此,可持续雨水管理一个创新的重要目标是,保持整个场地内各独立地块中的雨水汇集时间应当大致相近且尽量被增长①。

图 1-07 展示了将雨水汇集时间保持在开发前水平的情况下的水文效果。其中，曲线 1 反映开发前的水文状况；曲线 5 反映了采用 LID 技术(减少非渗透性表面)的情况下的水文状况；曲线 6 反映了采用 LID 技术来将雨水汇集时间保持在开发前水平的情况下的水文状况。如图所示，通过有效控制 Tc，开发后的峰值时间才能与开发前的峰值时间保持一致，并进一步降低开发后的径流峰值。

2.2 可持续雨水管理的主要措施

2.2.1 基本任务

如前文所述，为实现"修复自然水循环"的目标，可持续雨水管理需完成两项基本任务，即"阻止雨径生成(防灾)"与"缓解雨径影响(消灾)"，并且遵循"先阻止，后缓解"(Prevent，Then mitigate)的顺序次第展开。具体而言，首先，将非结构性措施与场地设计相整合，以阻止雨水径流的生成，最小化雨水问题的生成；之后，一旦"阻止"被最大限度地实现，将结构性措施与场地设计相整合，缓解或维持可能发生的雨水问题②。

2.2.1.1 阻止雨径生成

超量降水或者说未参与降水量分配的降水形成地表雨水径流③。如前所述，一般自然条件下，地表雨水径流的流量约占总降水量的 10%。随

① PRINCE GEORGE'S COUNTY，MARYLAND，DEPARTMENT OF ENVIRONMENTAL RESOURCES，PROGRAMS AND PLANNING DIVISION. Low-Impact Development Design Strategies：An Integrated Design Approach. [EB/OL]. http://www.toolbase.org/PDF/DesignGuides/LIDstrategies.pdf，1999-06-30：3-19.

② SOUTHEAST MICHIGAN COUNCIL OF GOVERNMENTS，INFORMATION CENTER. Low Impact Development Manual for Michigan：A Design Guide for Implementors and Reviewers. [EB/OL]. http://library.semcog.org/InmagicGenie/DocumentFolder/LIDManualWeb.pdf，2008-12-30：9.

③ PRINCE GEORGE'S COUNTY，MARYLAND，DEPARTMENT OF ENVIRONMENTAL RESOURCES，PROGRAMS AND PLANNING DIVISION. Low-Impact Development Design Strategies：An Integrated Design Approach. [EB/OL]. http://www.toolbase.org/PDF/DesignGuides/LIDstrategies.pdf，1999-06-30：3-6.

着场地开发水平的提高，雨径流量在总降水量中的比例可以被提升至50%（见章节 1.1.2.1）。场地雨径流量特征的改变将导致场地外排径流在数量、频率、速度以及污染物负荷等方面的增加，从而引发洪水风险放大、河道侵蚀加速、地下水补充减少、水质恶化、河流的生态稳定性破坏等负面效应。因此，"阻止雨径生成"是直面雨水问题的根源采取的针对性措施，这一任务的成效对于可持续雨水管理目标的实现至关重要。

雨径特征的改变在于开发对于场地自然条件的破坏，因此，影响雨径生成的因素可以划分为两类，场地自然资源与人工构筑物（如道路、停车场、建筑物、构筑物）。由于具备人工构筑物即使通过技术改造亦难以获取的水文功能（如入渗、滞留），场地自然资源是消除雨径最为有效的"设施"。受自然条件（如地形、土壤、设备）的制约，场地内不同区域自然资源的水文功能并非一致。如果开发不可避免，在相同的框架条件下（如容积率），通过调整人工构筑物的布置，最大限度地利用保留区域自然资源的水文功能是最为现实的选择。由此，阻止雨径生成的任务可以被分解为"利用自然资源"与"控制开发影响"，通过适宜的场地设计得以完成。

2.2.1.2 缓解雨径影响

对于无法避免的雨水径流，应系统地构建分级化的"处理链"（treatment train）（雨水利用→雨水入渗→雨水排放）①，以模拟自然水循环的方式去除雨水，从而缓解雨径外排流量增长的种种弊端。当然，某些上述步骤的单独使用也可有效去除雨水，但"分级化的处理链"的完整构建将有利于加强可持续雨水管理的安全性与有效性。

1. 雨水利用

如果无法避免屋面雨水径流的生成，则雨水利用就成为下一项雨水管理策略，这既可节省饮用水，又可减少外排雨径。通过雨水利用，平均节约生活用水量可达 30～40 L/人每日，这相当于生活用水量（95 升/人每日）的 1/3，年均节约用水将达 10 000 L/人②。

---

① KOCH MICHAEL. Ökologische Stadtentwicklung：Innovative Konzepte für Städtebau，Verkehr und Infrastruktur [M]. Stuttgart：Kohlhammer，2001：80.

② SIEKER FRIEDHELM. Naturnahe Regenwasserbewirtschaftung in Siedlungsgebieten：Grundlagen und Anwendungsbeispiele - neue Entwicklung[M]. Renningen：expert-verlag，2002：65.

但是，与住区中的雨水利用相比，在大型公共建筑与工农业企业的规划建设中进行雨水利用更具价值①。针对机场、足球场饮用水大量用于灌溉、冲厕的情况，柏林奥林匹克体育场在2004年改建之后，屋面雨水全部得以利用(一半用于体育场灌溉，另一半渗入地下)。另外，雨水可在农业生产中作为牲畜棚厩清洁用水、在工业生产中作为冷却塔和具自动清洗设备的大型空调的过程用水。

住区中雨水利用的必要条件在于安装蓄水箱，雨水用途主要有三。

灌溉。利用雨水进行花园灌溉得到广泛推荐。雨水属于软水，很适合用于植物灌溉。很多植物吸收雨水的能力比吸收饮用水的能力强。毫无疑问，利用雨水进行花园灌溉也不会产生卫生问题。

冲厕。利用雨水冲厕引发传染病的可能性微乎其微。但，雨水利用设施中的雨水被倒吸回公共供水管网的问题，也应得到关注。这已成为德国饮用水污染的常见原因。

洗衣。虽然从节约饮用水角度而言利用雨水洗衣颇具价值，但是从卫生角度而言这却可能有害人体健康。原因有二：一方面，雨水收集不可避免地会混入动物粪便以及其他污染物；另一方面，室内蓄水池较高的环境温度将促进有机微生物滋生与已有细菌繁殖。因此，如果雨水用于洗衣，则有必要进行适当的净化处理。否则，这将对免疫系统不完善的人群带来不良影响。对于老人、小孩与病人来说，在家庭中利用雨水洗衣，会增加细菌感染的机会。即便如此，仍有支持利用雨水洗衣的学者，并正在进行积极探索。

2. 雨水入渗

如果雨径无法完全避免或利用，则可将雨水渗入地下。作为分散化雨水资源管理的重要方式，雨水入渗与蒸发的优势在于利用更为贴近自然的方式去除雨水。雨水渗入可减少地表雨水径流量，从而避免雨洪内涝；雨水渗入也有利于地下水补充；同时雨水渗入又将对规划建设带来的土地功能丧失构成补偿。

住区雨水入渗的主要途径在于在适当区域敷设入渗设备。按照敷设位置差异，雨水入渗设施可分为三类：地上入渗设施、地下入渗设施与混

---

① HARALD GINZKY, ULRICH HAGENDORF, CORINNA HORNEMANN, usw. Versickerung und Nutzung vonRegenwasser：Vorteile, Risiken, Anforderungen[M] Dessau：Umwelt Bundes Amt für Menschen und Umwelt，2005(4)：1.

合入渗设施。地上入渗设施包括渗透铺装、入渗凹地、种植沟渠、湿地等;地下入渗设施包括渗透管渠、渗透井;混合入渗设施包括凹地—渗渠系统等。

鉴于设备自身的空间需求及其对其他条件的特殊要求,雨水入渗对规划方案设计、开放空间形态设计的影响远远大于传统的管道引导方式。因此,在雨水入渗与其他功能要求之间可能出现土地用途上的冲突,对此,规划设计应予以妥善解决。如,在规划阶段应避免交通空间对入渗设施敷设空间的压缩。

3. 雨水排放

如果雨水无法完全入渗,则必须将剩余雨水疏导排除。这是传统雨水管理的首选方法,却是可持续雨水管理最后才不得不选取的方法。

雨水排放的主要途径有二:经地下管道引导排放;经地上开放沟渠(如,种植沟渠、渗透管渠、凹地—渗渠系统)引导排放。可持续雨水管理鼓励使用后者排放雨水。原因在于,除引导雨水之外,开放沟渠通常兼具雨水蒸发、过滤、下渗等功能,更加有利于自然水循环修复。

毋庸置疑,雨水排放须事先净化、截留。对此,一系列终端设施可得以采用,如湿池、人工湿地、干池、入渗盆地、过滤装置等。

比之"防灾","消灾"的成效同样取决于场地设计的成效。

2.2.2 非结构性措施(防灾)

2.2.2.1 保护性措施

1. 保护原生排水路径(Protect natural flow pathways)

可持续雨水管理的重要任务在于识别、保护、利用原生排水特征(如沟壑、低洼地、水体),以减少甚至消除人工排水系统的建设与使用需求,从而达到保护水体水质的目的(图 2-01)。

许多自然的未开发场地拥有可辨认的排水特征,它们能够有效地管理场地中生成的雨水。具体而言,原生排水特征倾向于降低径流流速,从而减少外排雨径峰值;通过过滤作用提高水质;使雨水通过入渗、蒸发、植物蒸腾得以去除。

因此,场地设计应尽量利用、改进原生排水路径,以减少甚至消除雨水排放对管网的依赖(图 2-02)。保护原生排水路径能够减少管道安装带来的场地扰动;在数量与频率上避免开发建设带来的雨径增加;能够通过位

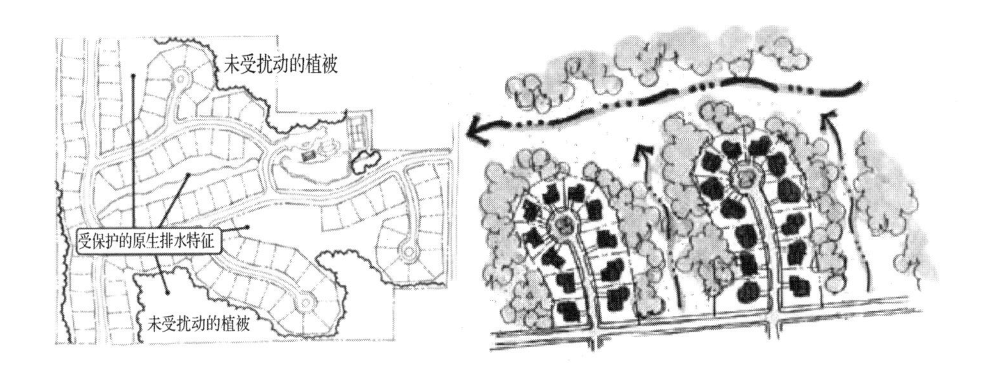

图 2-01　在场地设计中保护原生排水特征

（来源：AMEC EARTH AND ENVIRONMENTAL CENTER FOR WATERSHED PROTECTION，DEBO AND ASSOCIATES，JORDAN JONES AND GOULDING，ATLANTA REGIONAL COMMISSION. Georgia Stormwater Management Manual，Volume 2：Technical Handbook［EB/OL］. http://documents. atlantaregional. com/gastormwater/GSMMVol2. pdf，2001-08-31：Figure 1. 4. 2-29）

图 2-02　原生排水特征引导场地设计

（来源：SOUTHEAST MICHIGAN COUNCIL OF GOVERNMENTS，INFORMATION CENTER. Low Impact Development Manual for Michigan：A Design Guide for Implementors and Reviewers.［EB/OL］. http://library. semcog. org/InmagicGenie/DocumentFolder/LIDManualWeb. pdf，2008-12-30：P86）

于路径上游的流量控制措施，保护原生排水特征免受侵蚀、退化；能够为人类休憩提供开放空间、为野生动植物提供栖息地，提高场地美感与开发项目的市场价值；能够减少开发成本与维护费用（原因在于，原生排水特征通常能够几乎在不经维护的情况下有效工作很长时间）。

2. 保护沿岸缓冲区（Protect riparian buffer areas）

沿岸缓冲区对于维护水体在生物、化学、物理等方面的完整性至关重要。通过降低水温、稳定河岸、降低流速、过滤地表面状径流，沿岸缓冲区可有效滤除雨径中的污染物与颗粒物，从而保护水体水质。美国密歇根州环保局曾将沿岸缓冲区定义为“位于开发区域与地表水体之间的，表面进行人工种植或得以保护的区域”。

保护沿岸缓冲区对各类开发项目与土地用途均具重大意义。集束式开发、增加建设用地建设密度等措施均可增加开放空间的数量及其间的连接性，最大化发挥缓冲区的功能潜力（图 2-03）。

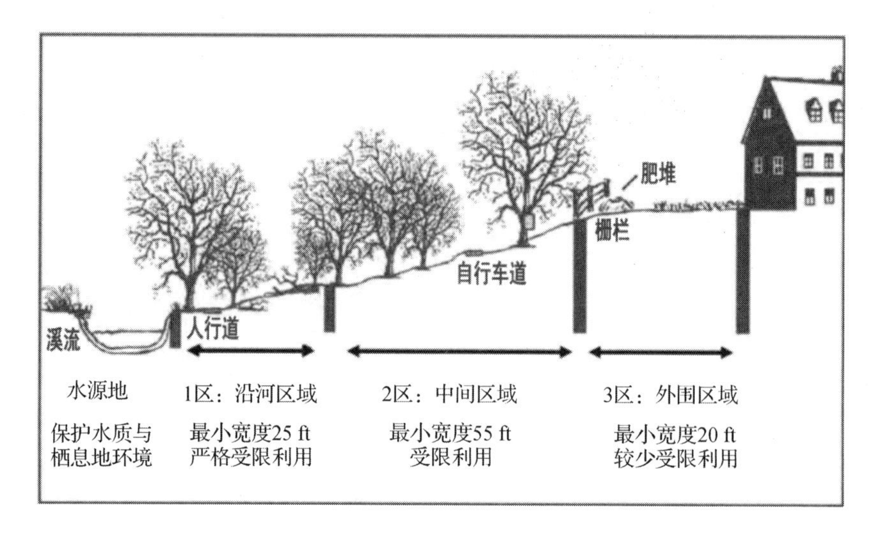

图 2-03　沿岸缓冲系统的组成

（来源：AMEC EARTH AND ENVIRONMENTAL CENTER FOR WATERSHED PROTECTION，DEBO AND ASSOCIATES，JORDAN JONES AND GOULDING，ATLANTA REGIONAL COMMISSION. Georgia Stormwater Management Manual，Volume 2：Technical Handbook[EB/OL]. http://documents. atlantaregional. com/gastormwater/GSMMVol2. pdf，2001-08-31：Figure 1. 4. 2-4. 经修改）

3. 保护敏感区（Protect sensitive areas）

保护敏感区与具特殊价值的场地特征，指在项目开发时确定、避让上述特征的过程。除沿岸缓冲区外，湿地、水生土壤、漫滩、陡坡、林地、重要栖息地等场地特征具备各种功能，当然也包括雨水管理功能。因此，开发活动应避免对上述敏感区的侵占、扰动、影响。

保护敏感区可在场地、社区等多个层面上开展。在场地设计时，首先应进行详细调查，编制自然资源清单；其次，自然资源应根据其功能价值进行权衡，以确定土地利用的优先权；再次，敏感区应尽量被划为非建设用地，亦不适合用于布置雨水管理设施；最后，应采取集束式开发等措施进行方案设计。如若多个开发项目均能保护敏感区，则最终可能促使大型保护区的形成（图 2-04）。

4. 最小化土壤压缩（Minimize soil compaction）

最小化土壤压缩，指保护场地内的原生土壤，避免开发，尤其是施工方面（例如重型设备、交通、材料堆积）对高渗透性土壤质量造成负面影响（例如，

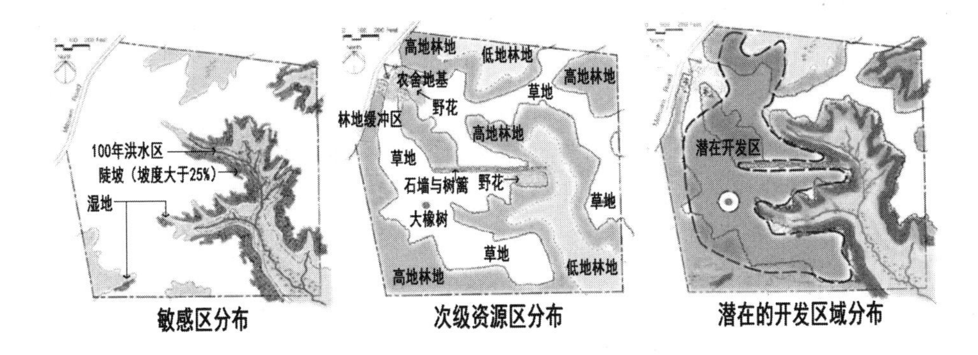

图 2-04 保护敏感区与特殊价值场地特征的避让

（来源：SOUTHEAST MICHIGAN COUNCIL OF GOVERNMENTS, INFORMATION CENTER. Low Impact Development Manual for Michigan: A Design Guide for Implementors and Reviewers. [EB/OL]. http://library. semcog. org/InmagicGenie/DocumentFolder/LIDManualWeb. pdf, 2008-12-30. Figure 6. 4）

车轮对于地面的最大压强不得超过 4 lb/in^2，图 2-05）①。

作为不可再生资源，原生土壤的形成须经历漫长周期。未经压缩的、健康的原生土壤不但支撑着复杂的生物群落，而且具多样的、有价值的雨水蓄积与净化功能。其中包括：对营养物质有效循环的促进作用、最小化径流与侵蚀、由大量孔隙提供的良好的存水能力、减少雨径峰值、通过吸收与过滤多余营养物质与颗粒物来保护地表水与地下水水质、提供健康的植物根系环境、为动植物与微生物创造栖息地、减少用于维护草坪与景观植物的资源等。

图 2-05 开发活动造成土壤压缩

（来源：SOUTHEAST MICHIGAN COUNCIL OF GOVERNMENTS, INFORMATION CENTEr. Low Impact Development Manual for Michigan: A Design Guide for Implementors and Reviewers. [EB/OL]. http://library. semcog. org/InmagicGenie/DocumentFolder/LIDManualWeb. pdf, 2008-12-30: P72）

---

① SOUTHEAST MICHIGAN COUNCIL OF GOVERNMENTS, INFORMATION CENTER. Low Impact Development Manual for Michigan: A Design Guide for Implementors and Reviewers. [EB/OL]. http://library. semcog. org/InmagicGenie/DocumentFolder/LIDManualWeb. pdf, 2008-12-30: 211.

过度压缩会破坏土壤中的孔隙结构，由此土壤的可渗透性、雨水蓄积与净化能力将严重减低。经压缩后，即使表面再次进行人工绿化，土壤的径流系数仍然将近似于非渗透性表面，在强降雨事件中尤为如此。有研究显示，开发活动所导致的土壤压缩会使其密度接近混凝土。

图 2-06 围护树木以最小化土壤压缩

（来源：SOUTHEAST MICHIGAN COUNCIL OF GOVERNMENTS, INFORMATION CENTER. Low Impact Development Manual for Michigan: A Design Guide for Implementors and Reviewers. [EB/OL]. http://library.semcog.org/InmagicGenie/DocumentFolder/LIDManualWeb.pdf,2008-12-30:P70）

最小化土壤压缩、减少场地扰动总量、减少场地清理、减少填方挖方不但有利于土壤的生态机能修复；而且能够减小雨水处理技术系统的尺寸与使用范围、明显减少景观种植（提高植被存活率、减少移植）与维护工作，从而节约成本（图 2-06）。

2.2.2.2 控制性措施

1. 集束式开发（Cluster development）

集束式开发又可理解为“以开放空间为导向的开发”，即将开发建设活动尽可能集中在小范围内，以最小化建设用地面积、最大化非建设用地面积。

通过使建设用地避开场地内的资源敏感区、特殊功能价值区域（如，高质量林地）、使用限制区（如，陡坡）、水敏区（如，沿河缓冲带、湿地、漫滩），集束式开发能够减少开发项目的基础设施建设数量，减少非渗透性区域与总扰动区域面积，从而降低开发后的区域雨水径流总量、峰值与非点源污染负荷。

如图 2-07 所示，在地块与房屋的数量保持不变的情况下，在减少每个地块的面积的同时（新地块的面积仅为常规开发模式下地块面积的 2/3），集束式开发能够令得到保护的开放空间大幅度增加。

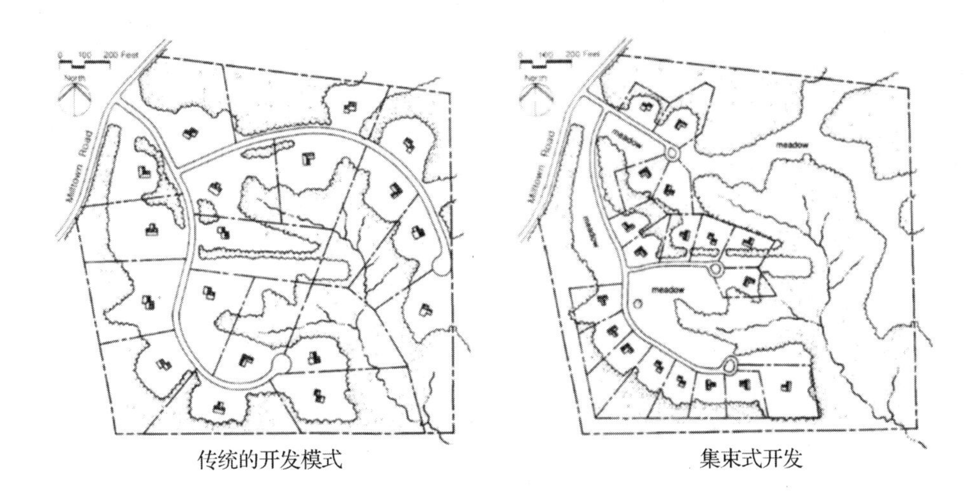

图 2-07　集束式开发与传统模式的对比

（来源：笔者自制。根据 RANDALL ARENDT. Growing Greener：Putting Conservation into Local plans and ordinances[M]. Washington，D. C. ：Natural Lands Trust，Inc. ，1997.）

2. 减少非渗透性表面(Reduce imperviousness)

增加地表非渗透性将会提高雨水的传输速度、增加径流量、增加大气污染物与汽车泄漏污染物沉积；而减少城市下垫面的非渗透性则对于雨水管理意义重大，如增加入渗、减少径流量、增加雨水汇集时间、减少非点源污染负荷以改进水质、降低雨水汇集、降低水温。另外，减少非渗透性表面对于提升整个区域的水文环境、栖息地机构、水质都至关重要。如果流域范围内非渗透表面以常规方式管理，那么即使非渗透表面比例仅占 10%～20%，也会促进河流退化。

减少非渗透性表面的具体措施主要涉及以下两方面。

在容积率不变的情况下，减小建筑密度、提高建筑高度。这就意味着，对于单位住宅面积而言，产生雨水径流的屋顶面积得以减少。对于不可避免的屋顶面积，应尽量采用种植屋面。

减少交通用地(街道、停车场)面积，以便减少流失雨水，减弱建设活动对水资源的干扰。对此，应注意以下几点：采取紧密的交通方式；压缩街道宽度；避免规划建设专用的私人机动交通道路；加强停车场、入户道路的地表渗透性能；加强人行道与自行车道路的地表渗透性能。

3. 最小化总扰动区域(Minimize total disturbed areas)

可持续雨水管理的重要任务在于最小化由构筑活动(如场地平整、填方挖方、移除原有植被、改变表层土壤)引发的场地扰动。最小化总扰动区域特别关注如何减少场地平整工作量、如何减少整体的场地扰动、如何尽可能保护原有本地植物群落与原生表层土壤。

减少场地平整工作量的方法主要在于,使场地设计匹配原有地形、地貌。如,道路走向应尽量匹配原有等高线。虽然直线型的场地划分方案有利于提高房屋建设数量,但是场地设计可适当采取曲线型方案以匹配自然景观。

减少整体的场地扰动的方法主要在于,在保障安全的情况下改变场地坡度的设计标准、灵活处理其他建设标准(如,缩小建筑间距、灵活提高高度设计标准等)。原因在于,常规建设标准可能增加场地平整工作量与土方工程量。

由于外来植物物种可能干扰区域水文能力,因此开发活动引入的外来植物必须得到妥善管理,以确保区域的水文能力。

当然,采取集束式开发、保护敏感性区域等措施也将有利于保护区域性资源,减少场地平整的工作量,减少开发项目长期运行所需的维护工作。

4. 雨水分离 (Stormwater Disconnection)

雨水分离的含义是将来自屋面、落水管、道路的雨水与常规雨水管网进行分离;通过径流的就地收集与管理,使雨径在其生成地就地消减(图 2-08)。该措施不仅能够有效避免建成区非渗透性表面(如屋面、道路、停车场)对雨径水质与水量造成负面影响,而且能够避免扩大排水管网的管径、增加滞留设备等传统方案所致的经济与生态方面的负面影响。因此,作为一种可减少雨径、提高水质的低成本的分散化方法,雨水分离或不完全的雨水分离已经成为目前建设区可持续雨水管理的重要措施。而在建成区,由于建筑密度高、非渗透性地面比例高,排水安全性又必须得以确保,因此不完全的雨水分离在此成为主要采取的措施(图 2-09)。

雨水分离的途径主要有三:增加入渗与蒸发、减少雨径体积、延长雨水汇集时间。

2.2.2.3 具体特性

非结构管理措施在控制雨径水量、水质以及其他方面的特性见表 2-04。

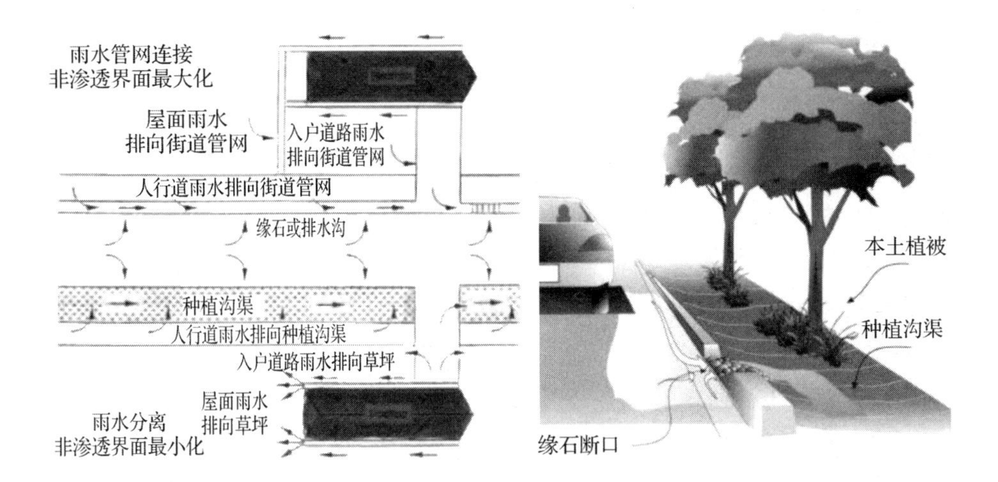

图 2-08 雨水分离与管网连接的对比

（来源：SOUTHEAST MICHIGAN COUNCIL OF GOVERNMENTS，INFORMATION CENTER. Low Impact Development Manual for Michigan：A Design Guide for Implementors and Reviewers.[EB/OL]. http://library. semcog. org/InmagicGenie/DocumentFolder/LIDManualWeb. pdf，2008-12-30：117）

图 2-09 允许路面雨水流入种植沟渠的缘石断口

（来源：PRINCE GEORGE'S COUNTY，MARYLAND. Low-Impact Development Design Strategies：An Integrated Design Approach[M]. Washington，D. C.：U. S. Environmental Protection Agency，2000）

表 2-04 适用于住区项目的非结构性管理措施水文功能比较

措施	水量控制			水质控制				成本	维护	冬季运行
	水量	地下水补充	峰值	固体悬浮物	总磷	氮	温度			
集束式开发	高	高	高	高	高	高	高	低	低/中	高
最小化土壤压缩	中/高	中/高	低/中	中/高	中/高	低	中/高	低/中	低	低/中
最小化总扰动区域	高	高	高	高	高	高	高	低	低	高
保护原生排水路径	低/中	低	中/高	低/中	低/中	低	低	低	低/中	低/中
沿岸缓冲区域	低/中	低/中	低/中	高	高	中	高	低/中	低	高
保护敏感区域	高	高	高	高	高	低	高	低/中	低/中	高
减少非渗透性表面	高	高	高	中	低	低	中	低	低	高
雨水分离	高	高	高	高	高	低/中	高	低	低	低

（来源：笔者自制。根据 SOUTHEAST MICHIGAN COUNCIL OF GOVERNMENTS，INFORMATION CENTER. Low Impact Development Manual for Michigan：A Design Guide for Implementors and Reviewers.[EB/OL]. http://library. semcog. org/InmagicGenie/DocumentFolder/LIDManualWeb. pdf，2008-12-30：61-115）

2.2.3 结构性措施(消灾)

针对雨径运动的三阶段(即生成、传输、排放),各种结构管理措施必须组成完整的可持续雨水管理处理链。为了完成“缓解雨径影响”的基本任务,需针对雨径运动的三阶段采取相应技术设施,即地块内部设施(lot level)、传输路径设施(conveyance)、终端处理设施(End of pipe),将其连接成一个整体,使雨径在最终外排之前在各环节均得到充分处理。具体而言,地块内部设施与传输路径设施的使用将减轻终端处理设施的负荷,有助于减小终端设备尺寸、减少设备敷设的空间需求。

各种结构管理措施在控制雨径水量、水质以及其他方面特性各异(表2-05)。以下将总结常用结构性措施的技术特点,讨论其水文功能。

表 2-05 适用于住区项目的结构性管理措施水文功能比较

措施	水量控制			水质控制				成本	维护	冬季运行
	水量	地下水补充	峰值	固体悬浮物	总磷	氮	温度			
生物滞留系统	中/高	中/高	中	高	中	中	高	中	中	中
植物过滤带	低	低	低	中/高	中/高	中/高	中/高	低	低/中	高
种植沟渠	低/中	低/中	低/中	中/高	中/高	中	中	低/中	低/中	中
渗透铺装	高	高	中/高	高	中/高	低	高	中	高	中
入渗盆地	高	高	高	高	中/高	中	高	低/中	低/中	中/高
渗透管渠	中	高	低/中	高	中/高	低/中	高	中	低/中	高
水平径流分布器	低	低	低	低	低	低	低	低	低	高
种植箱	低/中	中	中	中	低/中	低/中	高	中	中	中
种植屋面	中/高	低	中	中	中	中	高	高	中	中
蓄水池(箱)	高	低	低	中	中	中	中	低/高	中	中
人工湿地	低	低	高	高	中	中	低/中	高	低/中	中/高
湿池	低	低	高	高	中	中	低/中	高	低/中	中/高
沙池	低	低	低	高	中	中	低	中/高	高	中
地下滞留装置	低	低	高	N/A	N/A	N/A	N/A	高	中/高	中/高
干池	低	低	高	中	中	低	低	高	低/高	中/高
河岸缓冲区	低/中	低/中	低/中	中/高	中/高	中/高	中/高	低/中	低	高

(来源:笔者自制。根据 SOUTHEAST MICHIGAN COUNCIL OF GOVERNMENTS,INFORMATION CENTER. Low Impact Development Manual for Michigan: A Design Guide for Implementors and Reviewers. [EB/OL]. http://library.semcog.org/InmagicGenie/DocumentFolder/LIDManualWeb.pdf,2008-12-30. Table 7.1)

2.2.3.1 地块内部设施

地块内设施用以接收从天而降的雨水或接收来自地块内非透水面的雨径，或将处理后的雨水排入接收水体，或将其排入传输设施。地块内设施均具备一定的雨水蓄存功能，部分设施具备净化与下渗功能。

1. 种植屋面

种植屋面指铺以种植土或设置容器种植植物的建筑屋面和地下建筑顶板[①]。鉴于功能、建造技术与建造方式的差异，种植屋面可分为三种类型：简单式、半花园式、花园式（又作粗放型、半精细型、精细型，图 2-10）[②]。

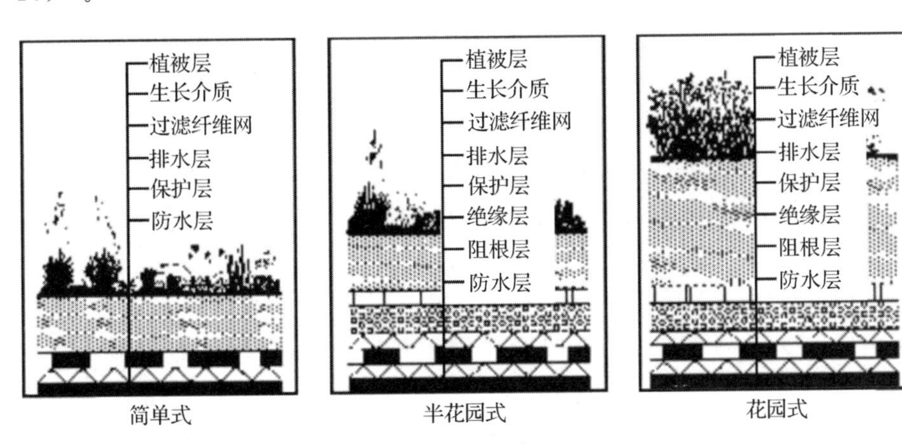

图 2-10 种植屋面剖面示意图

（来源：BUNDESVERBAND GARTEN-，LANDSCHAFTS- UND SPORTPLATZBAU E. V.. Regenwassermanagement - natürlich mit Dachbegrünung. [EB/OL]. http://www. gruen-daecher. de/downloads/6553/6559/6775/Dachbegruenung. pdf，1999-12-30）

除了减少城市非渗透性表面面积、提高空气质量、降低气温并提高湿度、延长建筑物屋顶使用寿命、节能等优点以外，种植屋面对于自然水循环修复具有重要意义。

（1）增加雨水滞留量。种植屋面的雨水滞留与延迟排放能力非常强，将明显有助于削减洪峰与滞后洪峰出现时间、减轻管道系统负担、涵养水

---

① JGJ155-2007，种植屋面工程技术规程[S]. 北京：中国建筑工业出版社，2007.

② 贾伟一. Sopranature——索普瑞玛种植屋面系统概述[J]. 中国建筑防水，2005(8)：7-10.

体。“不同地区绿色屋顶的降雨滞留率大约在60%～70%之间，平均值约为63%”①。一方面，雨水滞留功效在很大程度上取决于种植土层材料与厚度，即花园式种植屋面的雨水滞留效果通常最好；另一方面，雨水滞留功效与防排水保护板层敷设、屋顶坡度等因素有关。

(2)提高雨水净化率。各种类型的种植屋面均具备良好的雨水净化功能。种植屋面的种植土层可滤除污染物，起到雨水缓冲器与净化器作用；而植被层既可附着空气沉积物，植被根茎又可疏松种植土层土壤，提高后者分离污染物的功效。与普通平屋面相比，种植屋面可显著减少雨水中的镉96%、锌16%、铜99%、铷99%、氮97%②。因此，经种植屋面过滤的雨水可向地表水体直排。

(3)增加雨水蒸发量。市区硬质地面比例严重增高、水分蒸发量减少是造成城市热岛与干岛③的主要原因之一，因此种植屋面的普及将在很大程度上提高市区总蒸发量，显著改善市区空气质量与环境质量。1 m^2绿地在夏季一天中可蒸发0.5 L水，其年均可蒸发水量达700 L；因此，在寸土寸金的市区，种植屋面无疑是最为合理的环保手段之一。需要指出，种植屋面的蒸发效率与植被层厚度、植被类型、天气状况有关。夏季，花园式种植屋面可蒸发近100%的降水量；半花园式可蒸发70%的降水量；简单式可蒸发50%的降水量。由于光合作用相对较少，屋顶绿化的蒸发效率在冬季会明显降低。

作为重要的可持续雨水管理措施，种植屋面已在发达国家的住区建设中得以推广。在德国，很多地区的地方政府利用推动项目为进行屋顶绿化的私人建筑提供经济支持、颁布废水处理收费规章为进行屋顶绿化的房屋降低废水处理费用。例如，在波恩，如果采用种植屋面，且外排雨水径流量被降低50%以上，则屋面范围内土地的雨水排放费用将降低50%；基于巴登州建设规章的相关规定，埃斯林根市政府通过种植指令的颁布，明确针对新建区域与老城区的新建建筑提出屋顶绿化的义务与具体要求(含：屋面坡度、种植屋面类型、土壤层厚度、植被层厚度、植被种类、吸水能力

---

① 刘保莉.雨洪管理的低影响开发策略研究及在厦门岛实施的可行性分析[D].厦门：厦门大学，2009.

② KÖHLER MANFRED. Fassaden - und Dachbegrünung [M]. Stuttgart：Ulmer Verlag，1993.

③ “干岛”指市区相对空气湿度明显低于城郊的现象。

下限等)①。

2. 渗透铺装

渗透铺装指具备一定透水性能力的地表铺装,是传统非渗透性铺装的替代品。渗透铺装允许雨水径流通过坚硬表面渗入下层材料,经过短时滞留后,或渗入地下或排入管道②。由于不具备蓄水能力,因此为了提高入渗能力,通常占地面积较大。渗透铺装可分为四种类型(图 2-11)。

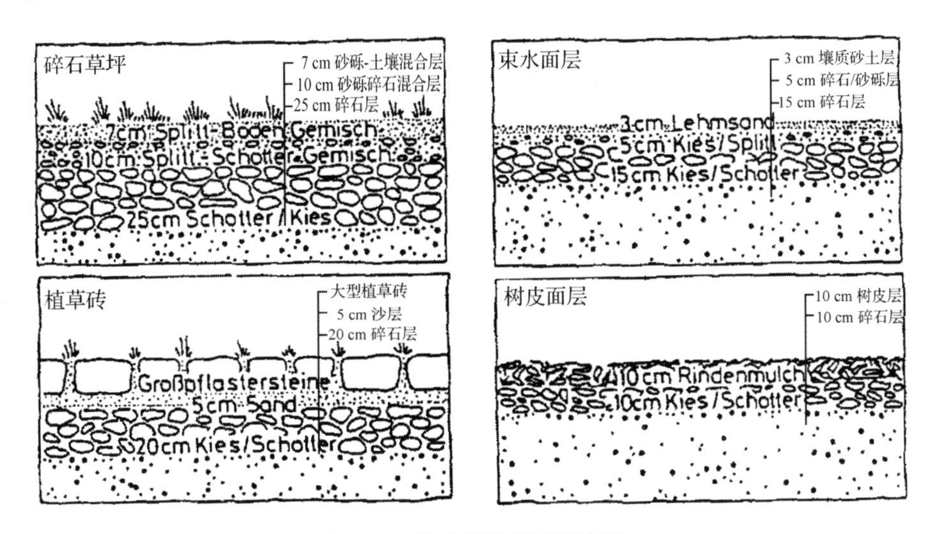

图 2-11　透水铺装剖面示意图

(来源:O. PAULSEN. Siedlungswasserwirtschaft B4[R]. Germany: Fachhochschule Hildesheim/Holzminden/Göttingen,2006:Bild 4.1)

(1)渗水沥青与透水混凝土。透水沥青允许整个承重层具备透水能力;透水混凝土则在非透水承重层上覆盖多空隙路面封层,雨水经空隙下渗,被引导至路肩。除具修复自然水循环功能以外,此类材料还将显著降低路面积水引发的水雾、溅水及眩光,提高行车安全性、降低交通噪声。适合用于集水区输沙量较低的道路与轻型交通道路,如小型停车场、低流量车道、住区与商业区内部道路。且,此类材料的霜冻、结露与沉积物阻塞等问题已被攻克。

① THOMAS HOFFMANN, WOLFGANG FABRY. Regenwassermanagement - natürlich mit Dachbegrünung[M]. Bad Honnef: Bundesverband Garten-, Landschafts- und Sportplatzbau e. V. (BGL),1999:32.

② URS. Water sensitive urban design technical guidelines for western Sydney[M] Catchment Trust,2003:3-9.

(2)束水面层。束水面层是由火成岩、砾石或者砂石组成的、不含沥青和其他接合剂的路面封层。适用于步行路、露天市场、体育场地以及临时场地等。

(3)水泥孔砖、塑胶网格与大接缝地砖(接缝面积30%~40%)。通常,材料空洞或接缝用以种植植被,以下渗雨水。鉴于承载能力的限制,此类铺装仅适用于次要交通场地,如停车场、车库、消防通道、步行路等。

(4)草坪。草坪非常适合雨水入渗,其原因在于:植物根部有效引导雨水下渗;植物茂盛的土地具备生物净化功能。

渗透铺装对于自然水循环修复的作用主要体现在四个方面。

- 增加雨水滞留量,以推迟径流峰值、降低径流流速。
- 增加雨水入渗量,以增加壤中流、提高地下水再生率、减少外排径流量。
- 提高雨水净化率。雨水经过下层沙砾层滤掉部分沉淀物与污染物,包括50%~80%的大中型沉积物、30%~50%的小型沉积物、30%~50%的油脂、可溶性营养物质与金属①。
- 增加雨水蒸发量。种植植被的透水铺装能够提高雨水蒸发总量。

3. 渗透井

渗透井是有针对性雨水入渗的一种方式,它能够穿透地表土层,使雨水在渗透能力较好的地下土层中进行入渗,主要用以应对地表土层渗透能力极差的问题②。渗透井有两种形式:预制塑料井、现场制作式渗透井③。一个渗透井主要由井身、透气井盖、溢流管组成(图2-12)。

渗透井对于自然水循环修复的作用主要体现在两个方面。

(1)增加雨水滞留量。渗透井井身能够蓄存雨水、减少雨水外排量。

(2)增加雨水入渗量。渗透井井身侧壁与底面多孔,用以雨水下渗;井腔由按颗粒大小分级的碎石包裹,以提高入渗能力。与其他入渗设备相比,渗透井的占地表面积与地下空间均非常小。

---

① WBM OCEANICS AUSTRALIA. Stormwater Treatment Framework and Stormwater Quality Improvement Device Guidelines - Exhibition Draft - Version 3,2003.

② Schachtversickerung [EB/OL]. http://www. dornbach. com/de/baulexikon/schachtversickerung. Html.

③ “鉴于施工方便、造价少等优点,预制塑料井在国外广泛使用;在我国,现场制作混凝土渗透井目前较为常用。”李小雪. 北京雨水人工渗蓄利用系统优化研究[D]. 北京建筑工程学院,2008:7.

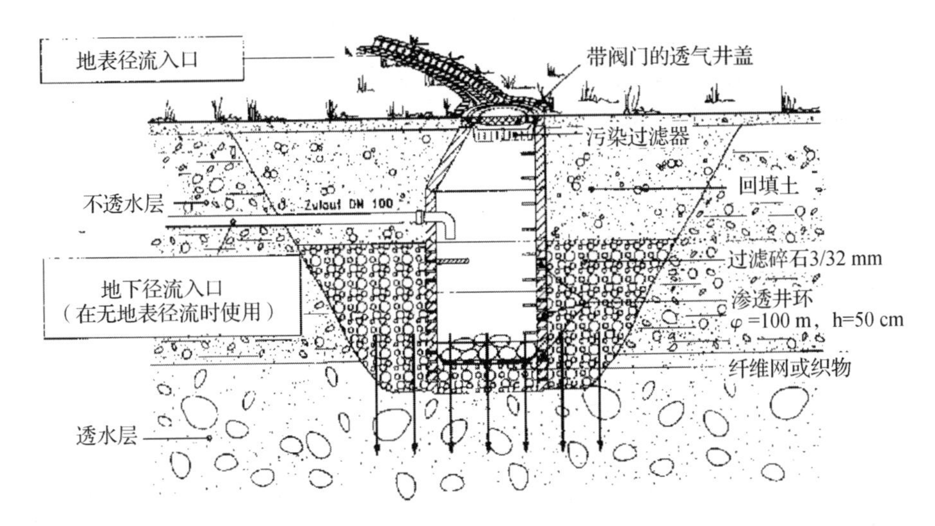

图 2-12　渗透井构造示意图

（来源：O. PAULSEN. Siedlungswasserwirtschaft B4［R］. Germany：Fachhochschule Hildesheim/Holzminden/Göttingen，2006：Bild 4.5）

需要指出，渗透井的雨水净化功能非常有限。为了提高净化能力、避免渗透井堵塞，一方面，可对渗透井构造做必要的改良。如，井底覆盖以0.5 m厚的净化层覆盖；透气井高于地表设置，以避免生物和其他杂质入侵；加装过滤网与沉淀捕捉器，以去除沉淀物、树叶、残渣等大颗粒污染物，但净化能力有限。另一方面，可考虑在渗透井前串联预处理装置。但净化装置通常较为昂贵，且须经常更换。

鉴于上述特性，渗透井适用于接收来自住宅、商业建筑屋顶以及其他污染程度较低汇水面的雨水。独立渗透井适合用于汇水面积较小的地块或独立建筑（如别墅）；在大型区域，渗透井则可与其他入渗措施进行串联，共同发挥作用。例如，多个成排或平行安置的渗透井可组成渗透走廊，上一个井的溢出雨水可作为下一个井的流入雨水，以加强独立渗透井的渗透能力、提高运行安全性；渗透井可与地下渗渠串联，以提高渗渠的雨水渗透能力、改善渗透井的雨水净化能力。

4. 蓄水池

种植植物的蓄水池用以接收建筑落水管排放的雨水。雨水在蓄水池中滞留，直至蒸发或入渗。

蓄水池对于自然水循环修复的作用主要体现在以下三个方面。

（1）增加雨水滞留量。对于渗透性较弱的土质，可串联蓄水桶，以提高雨水滞留量与利用率。

(2)增加雨水入渗量。可串联地下渗渠,以提高雨水渗透率。

(3)增加雨水蒸发量。蓄水池占地面积宜最大化,深度应尽可能小,以利雨水蒸发。

蓄水池适用于住区建设。但为了降低地下水土丘的潜在风险,蓄水池的规划敷设应注意以下问题:1)蓄水池应尽量避免位于排水管滤床之上,以避免滤床压缩所引发的地下水土丘问题;2)如有可能,应尽量加大蓄水池长宽比。对此,水文地质学家应及时开展土丘计算。

5. 蓄水箱

蓄水箱是用于收集来自屋面雨水的密封箱,蓄水箱密封用以防止进入杂物、影响水质[①]。该系统可分为重力与压力系统:蓄水箱位于地上,且不必安装水泵就能满足雨水使用要求的称为重力系统;蓄水箱位于地上或地下,但雨水使用需由水泵驱动的则称为压力系统。

蓄水箱对于自然水循环修复的作用主要体现在以下两个方面。

(1)增加雨水滞留量。鉴于一定的蓄存容量,蓄水箱通过雨水存储达到减少雨流排除量、降低洪峰流量、减小下游流速的目的。

(2)节约使用饮用水,以减少水源开采与污水排放。水箱收集雨水可用于替代饮用水,满足冲厕、洗衣、内部热水供应、浇花等需求。

蓄水箱普遍适用于在住区、商业区与工业区除石棉、铜、铅、煤焦油基屋面以外的建筑。在新建区域,蓄水箱设计与安装可纳入建筑设计整体考虑。蓄水箱可由多种材料制造而成,如镀锌铁、聚合物、混凝土等。

2.2.3.2 传输路径设施

传输设施用以接收来自地块内设施的雨径,经传输排入终端设施或经净化渗入地下。传输设施均具备雨水蓄存与下渗功能,部分具备净化功能。

1. 种植沟渠

种植沟渠指有植被覆盖的凹地,用以疏导与下渗来自不透水地表的雨

---

① URS. Water sensitive urban design technical guidelines for western Sydney[M]. Catchment Trust,2003:3-18.

径[①]。鉴于功能以技术特征差异，种植沟渠又可分为两种类型：干型、湿型[②]。事实上，湿型种植沟渠结合了干型种植沟渠系统与湿地系统的工作原理（图 2-13）。

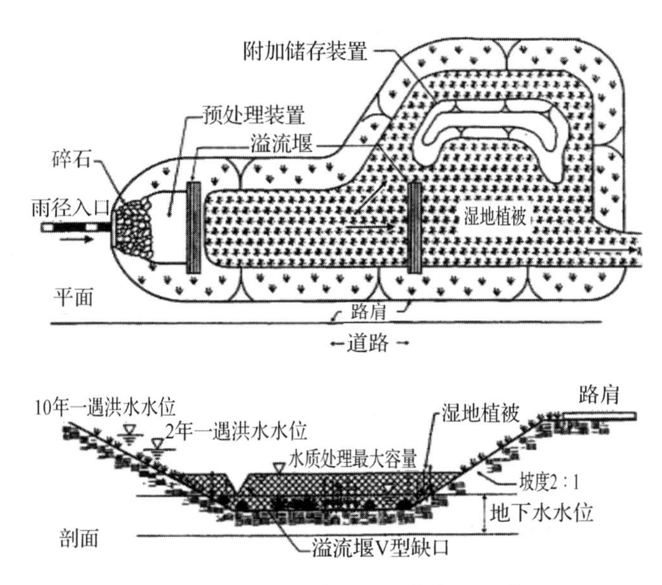

图 2-13　湿型种植沟渠平面与剖面示意图

（来源：MINISTRY OF THE ENVIRONMENT. Stormwater Management Planning and Design Manual[M]. Ontario：Canada，2003：Figure 4. 9）

种植沟渠对于自然水循环修复的作用主要体现在以下四个方面。

（1）增加雨水滞留量。湿型种植沟渠雨水滞留能力较强，宽度为 4～6 m，岸坝浅水区用于种植湿地植被。干型种植沟渠可暂时储存雨水，其用地面积由凹地深度与土壤渗水性决定，一般仅约为受水面积的 5%～10%。干型种植沟渠不宜过深（10～40 cm），以便缩短雨水排空周期（1～2 d）。否则，容易破坏表面绿化，增加表面沉积物，导致设备堵塞。

（2）提高雨水净化率。雨水净化功能主要来源于设备表面植被层的吸附能力与种植土层的过滤能力。干种植沟渠的污染物去除率最高，可有效

① URS. Water sensitive urban design technical guidelines for western Sydney[M] Catchment Trust，2003：3-3.

② MINISTRY OF THE ENVIRONMENT. Stormwater Management Planning and Design Manual[M]. Ontario：Canada，2003.

去除雨水径流中的悬浮固体(93%)①、总磷(56%)②、总氮(46%)③、有机污染物、铅、锌(30%～60%)④、铜、铝等金属离子(10%～50%)⑤以及油脂(10%～50%)⑥。

(3)增加雨水入渗量。干型种植沟渠入渗能力较强;湿型种植沟渠则适用于土壤渗透能力较弱或地下水位线较高的低洼地区。

(4)增加雨水蒸发量。沟渠中内地草、灌木与树木能吸收水分,植物蒸腾作用将加大种植沟渠的蒸发量。为了提高雨水蒸发率、同时增加入渗量与净化率,干型种植沟渠坡度普遍较小(1%～6%)。

干型种植沟渠适用于各种环境,或沿次级道路两边建设,或与绿化结合,设计变通性强,且节约成本;湿型种植沟渠则适用于大型开放空间、高速公路沿岸。干型、湿型种植沟渠也可组成联合系统,共同工作。另外,当交通用地打断种植沟渠时,可采用地下管道引导。

2. 渗透管渠

渗透管渠一种用于收集、传输、下渗雨水设备。该设施旨在,在渗水性能较差的地表土层与渗水性能较强的深层土壤间建立联系,使雨水在深层土壤中进行入渗。渗透管渠主要由配水管、渗渠、溢流管组成,可置于地表或地下(图 2-14)。配水管一般采用穿孔 LPVC 管,用以向渗渠中分配和传导雨水;配水管周边的渗渠则由 10～50 mm 直径砾石组成,以暂时蓄存雨水、逐渐渗入周边土层;渗渠由非织物包裹,以避免植物根部和细小物质的侵入;溢流管用以在雨量过多时排除系统负荷。

渗透管渠对于自然水循环修复的作用主要体现在以下两个方面。

(1)增加雨水滞留量,以调节径流、保护河道。通过配水管引导,雨水

---

① SINGHAL N, ELEFSINIOTIS T, WEERARATNE N, et al. Sediment Retention by Alternative Filtration Media Configurations in Stormwater Treatment[J]. Water Air Soil Pollution, 2008(187): 173-180.

② ARIA DELETIC, TIM D FLETCHER. Performance of grass filters used for stormwater treatment—a field and modelling study[J]. Journal of Hydrology, 2006(317): 261-275.

③ 同上.

④ JAMES HS, DAVIS AP. Water Quality Benefits of Grass Swales in Managing Highway Runoff[Z]. Proceedings of the Water Environment Federation, 2006.

⑤ URS. Water sensitive urban design technical guidelines for western Sydney[M] Catchment Trust, 2003. 3-3.

⑥ 同上.

能够较快地分散到整个渗渠中，因此渗透管渠具备较大的蓄水容量。

(2)增加雨水入渗量。与种植沟渠相比，雨水可在渗渠中的存储与入渗很少受到时间限制。另外，为了加强入渗，渗透管渠宜采用最小坡度(0.5%)。

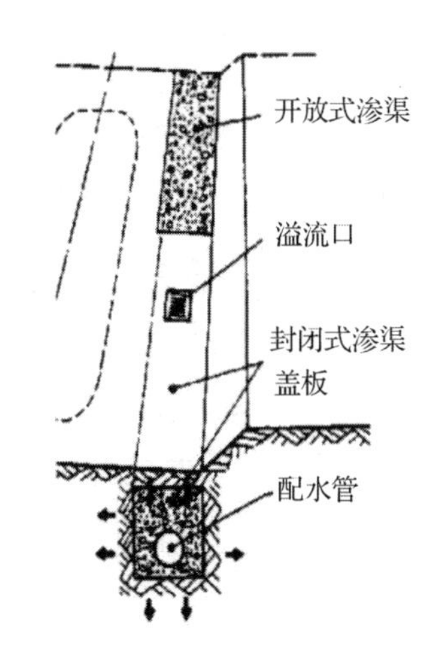

图 2-14 渗透管渠构造示意图

(来源：O. PAULSEN. Siedlungswasserwirtschaft B4 [R]. Germany：Fachhochschule Hildesheim/Holzminden/Göttingen，2006：Bild 4.3)

由于渗透管渠中的雨水下渗将不再经地表土壤过滤，因此设备自身的雨水净化能力十分有限。鉴于该设备较高的入渗能力与蓄存能力，渗渠与其他沉淀、过滤设施串联、共同工作的方式近年来较为常见。如，渗渠与种植植被的入渗凹地进行串联，构成“凹地—渗渠系统”(见章节2.2.3.2)；在渗渠底部敷设15～30 cm厚沙滤层以去除潜在污染物。

由于住区雨水污染物含量较低，设备管沟占地较少，因此渗透管渠普遍适用于城市住区。来自多个地块的雨水可共同使用该设备，但设备造价较高。在渗渠位置确认时，须进行地下水土丘计算，以确认渗渠不干扰污水管滤床。另外，为确保渗渠与渗管运行，需在建筑、基础设施、园艺基本建成后进行施工。

3. 凹地—渗渠系统

凹地—渗渠系统是一种混合式雨水入渗设备，由入渗凹地以及其下敷设的渗透管渠组成。通过两种设备的串联，该设备既弥补了渗透管渠雨水净化能力较弱的不足，又弥补了入渗凹地雨水蓄存量较小的缺陷(图2-15)。

凹地—渗渠系统对于自然水循环修复的作用主要体现在以下四个方面。

(1)增加雨水滞留量。凹地与渗渠的蓄存容量决定了该装置的雨水滞留能力。一方面，雨水能够在凹地中短期储存，逐渐渗入下层渗渠；多余雨水可经由凹地边缘配置的“凹地溢出口”直接流入渗渠。另一方面，渗渠中的雨水将通过入渗或经节流装置排出。

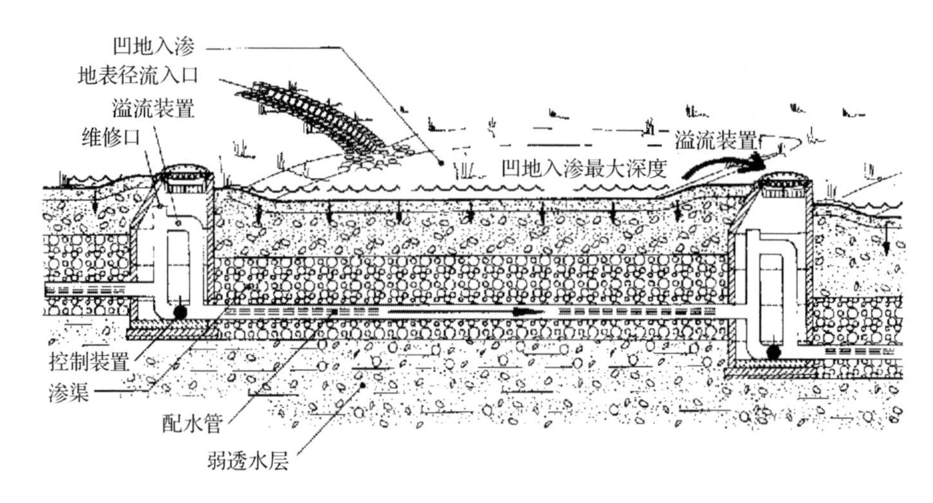

图 2-15　凹地—渗渠系统构造示意图

（来源：PAULSEN. Siedlungswasserwirtschaft B4［R］. Germany：Fachhochschule Hildesheim/Holzminden/Göttingen，2006：Bild 4.4）

(2)提高雨水净化率。凹地中 30 cm 厚土壤具有缓冲与吸附能力，能对下渗雨水进行过滤与净化，能够去除有机物和无机物。因此，经渗渠节流阀排除的雨水可直接导入地表水体。另外，导入凹地的雨水应当尽可能通过明渠或草地引导，以便进行初始净化。

(3)增加雨水入渗量。一方面，凹地与渗渠间的土壤必须具备一定的入渗能力(渗透系数 $kf>1\times10^{-5}$ m/s)，这将缩小凹地的排空周期，加快雨水向地下存储空间的转移速度；另一方面，渗渠具有非常强大的雨水入渗能力。因此，该设备在土地入渗性能极小的地区依然适用。

(4)增加雨水蒸发量。凹地内的滞留雨水可部分蒸发。

凹地—渗渠系统普遍适用于新建住区与改造项目。

凹地—渗渠系统由德国工程师发明，鉴于其强大的水循环修复能力，现已在德国全国得到推广与应用。近年来，该系统在其他发达国家也得到普遍认可和广泛应用，并得到持续升级。

2.2.3.3 终端处理设施

终端处理设施用以接收来自传输系统的雨径，并将处理后的雨水排入接收水体。终端设施均具备一定的雨水蓄存与净化功能，部分设施具备下渗功能。

1. 湿池

湿池(又作"滞留池")是一种用于滞留、净化雨水的人工水池[1]。湿池可有效用于水质、水量控制,侵蚀防治,并可减少敷设多个终端设施的必要。作为最常见的雨水管理终端设施,湿池较湿地系统占地面积更小、在不利条件下(如冬季、春季)操作更加可靠。通常,湿池由入水口、沉淀池、维修口、永久池、出水口、流出渠等部分组成(图 2-16)。

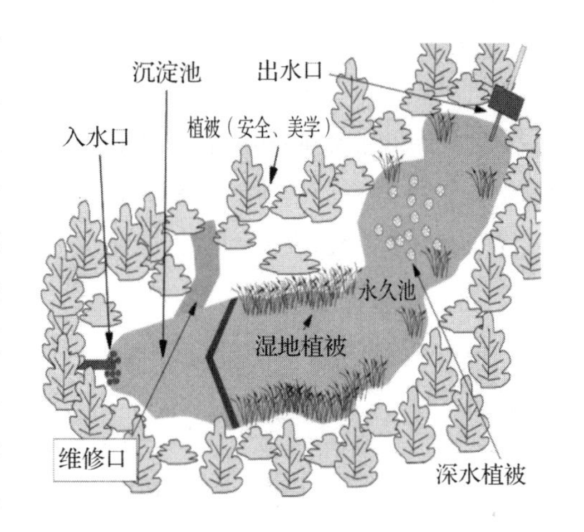

图 2-16 湿地系统示意图

(来源:MINISTRY OF THE ENVIRONMENT. Stormwater Management Planning and Design Manual[M]. Ontario:Canada,2003:Figure 4.17)

湿池对于自然水循环修复的作用主要体现在以下三个方面。

(1)增加雨水滞留量。一方面,沉淀池、永久池(尤其是后者)均具备一定的蓄存容量;另一方面,一定的水量才能确保湿池运行。如无其他水源(如高位地下水),一个湿池应至少承担来自 5 hm^2 汇水面的雨水净化工作,最好能承担来自 10 hm^2 汇水面的雨水净化工作。

(2)提高雨水净化率。第一,沉淀池能最大程度地沉降悬浮物、避免沉积物再悬浮、降低流出雨水阻塞风险。第二,永久池中植被种植,利用物理过滤与生物降解等功能降低雨水中的污染物含量。第三,通过加大湿池长宽比(宜不小于 3,最好为 4 或 5)、最大化雨水流入口与流出口间距,增加雨水净化路径。第四,在关键节点处采取特殊构造。如可采用"蛇形"迂回路径的低流量护道,以增加流入口与流出口距离;在出水口、入水口处采取特殊设计等。因此,湿池雨水净化功能的可靠性,流出渠出水可向地表水体直排。

(3)增加雨水蒸发量。通常,湿池中的雨水滞留时间应控制在 24 小时,在出水口可能发生堵塞的情况下,雨水滞留时间可降至最低 12 小时。这无疑也将提高雨水蒸发量。

---

① Rückhaltebecken[EB/OL]. http://de.wikipedia.org/wiki/Retentionsbecken, 2012-02-21.

湿池系统适用于新建住区。湿地系统的性能并不依赖土壤特性;湿池可与景观设计及相关休闲设施设计相结合,提高住区品质。因此,湿地系统选址时主要应考虑地形因素与整体空间布局需要。另外,注意利用植被、篱笆、坡度、其他基础设施等要素确保湿池区域的公共安全。

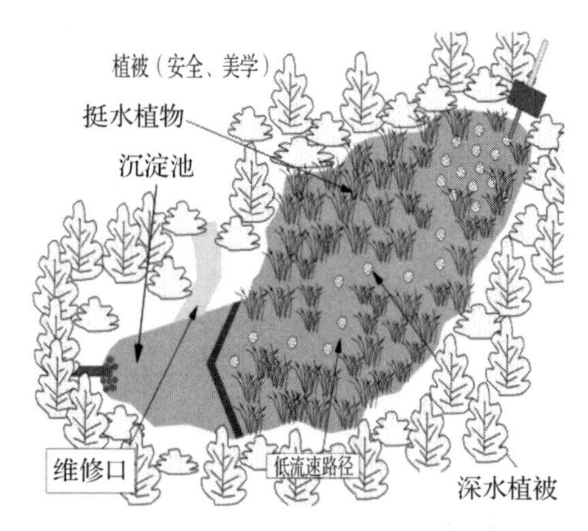

图 2-17 人工湿地系统示意图

(来源:MINISTRY OF THE ENVIRONMENT. Stormwater Management Planning and Design Manual[M]. Ontario:Canada,2003:Figure 4.26)

2. 人工湿地

人工湿地(又作"植物净化设施")是一种利用植物与微生物的协同作用、土壤的过滤功能进行废水净化的设施①。人工湿地可有效用于水质控制、侵蚀防治。但是鉴于设备蓄存深度的限制,水量控制能力受限。

人工湿地与湿池的主要区别在于浅水区(<0.5 m)与深水区(>0.5 m)面积比。在湿池中,浅水区面积最多占总面积的20%,水生植物集中在永久池边缘浅水区;而在人工湿地中,浅水区通常占总面积的70%以上;在两类设备的结合体"湿池—湿地混合系统"中,深水区至少占50%。人工湿地与湿池组成基本相同(图 2-17)。主要差异在于,人工湿地永久池的平均深度较浅(150~300 mm),永久池进水区与出水区深度较大(大于1 m)。

关于设备对自然环境的影响、对自然水循环修复的作用、使用范围与注意事项等内容,人工湿地与湿池基本相同,此处不再赘述。

3. 湿池—湿地混合系统

湿池—湿地混合系统是将湿池与人工湿地进行简单串联的混合系统②。湿池在冬、春两季性能受限的问题能够得以缓解,同时人工湿地的

① Pflanzenkläranlage[EB/OL]. http://de.wikipedia.org/wiki/Pflanzenkläranlage, 2012-02-21.

② MINISTRY OF THE ENVIRONMENT. Stormwater Management Planning and Design Manual[M]. Ontario:Canada,2003:4-77.

生态降解功能也能够在夏季得以加强。

混合系统对于自然水循环修复的作用与湿池基本相同，此处不再赘述。

由于混合系统能够提供更大的设计灵活性和多样化的景观要素，因此在新建住区开放空间系统的设计中，混合系统能够为休憩、美学、生态目标的实现提供更多机会。

4. 干池

干池（又作“干式滞留池”）是一种用于水质控制、防洪与侵蚀防治的人工水池。通常，干池由入水口、沉淀池、维修口、低流量路径、出水口、流出渠等部分组成（图 2-18）。

关于设备对自然环境的影响、对自然水循环修复的作用、使用范围与注意事项等内容，干池与湿池基本相同，此处不再赘述。

5. 入渗盆地

入渗盆地是在高渗透性土地上建设的地上入渗设备。入渗盆地中的雨水，或通过盆地中的土壤直接下渗，以补充地下水；或由盆地下敷设的地下渗透管渠系统收集，以继续蓄存下渗或排入地表水体。与入渗凹地相比，入渗盆地的深度更大。通常，入渗盆地由入水口、预处理设备、分水层（Level spreader）、盆地、溢流装置等部分组成（图 2-19）。

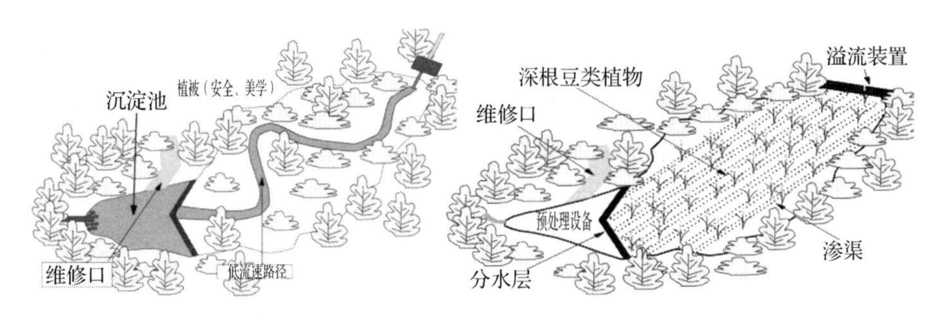

图 2-18　干池系统示意图

（来源：MINISTRY OF THE ENVIRONMENT. Stormwater Management Planning and Design Manual[M]. Ontario:Canada,2003:Figure 4.29）

图 2-19　入渗盆地示意图

（来源：MINISTRY OF THE ENVIRONMENT. Stormwater Management Planning and Design Manual[M]. Ontario:Canada,2003:Figure 4.30）

入渗盆地对于自然水循环修复的作用主要体现在以下四个方面。

(1)增加雨水滞留量。但是，鉴于设备深度的限制（最大值 0.6 m），以溢流装置的溢流作用，入渗盆地的雨水滞留能力较为有限。

(2)提高雨水净化率。一方面，为了去除雨水中容易阻塞入渗盆地的固体物质，应串联预处理设备以净化雨水。汇水面大的设备可串联干池、湿池或人工湿地；汇水面小的设备可串联植物过滤带、种植沟渠、油/砂分离器等。另一方面，入渗盆地生物性能活跃的地表将首先为雨水提供净化功能。

(3)增加雨水入渗量。如果入渗盆地土壤渗透性一般，则应敷设渗透管渠，以提高设备的雨水入渗量。

(4)增加雨水蒸发量。入渗盆地中的滞留雨水可部分蒸发。

鉴于雨水水质差别，入渗盆地适用于大型住区项目，不适用于商业或工业用地。作为有植被的水池生境，入渗盆地可与景观设计相结合。但，设备阻塞问题难以解决，且易引发地下水污染。另外，规划设计须进行地下水土丘计算，以确保入渗盆地不干扰污水管道滤床。

6. 过滤装置

过滤装置是置于地表或作为地下雨水管道系统组成部分置于地下，用以控制雨水径流水质的雨水管理设备。雨水首先经过须定期维护的预处理装置(沉淀池、植物过滤带、种植沟渠或油/砂分离器等)，以降低过滤装置堵塞的风险；此后，经初步净化的雨水流入，在过滤装置中得到过滤；经过滤的雨水由渗透管渠收集，排入地表水体。由于，过滤装置外侧均为非渗透性衬里或混凝土结构，用以防止杂质进入或阻塞设备、防止过滤雨水渗入地下，因此该设备对水量控制并无实际意义。

通常，过滤装置适合用于不大于 5 hm^2 的小型雨水排放区，如住区项目、土壤硬质率极高的停车场、商业与工业项目、高密度住区、路桥项目等。此类设备既可适合用于高蒸发量、径流量不足的区域，又可用于土壤渗透率极高而无法敷设人工湿地的区域。且，该设备安装简单，成本低廉，但须经常检修、维护。目前，过滤装置已在美国的部分地区得以广泛应用，并取得成功①。

过滤装置主要包含两大类：沙池、生物滞留系统。当然，由其他介质(如铁屑)组成的过滤器也已有成功案例，但此处不做重点。

---

① METROPOLITAN WASHINGTON COUNCIL OF GOVERNMENTS. Analysis of Urban BMP Performance and Longevity[M],1992.

a. 沙池

沙要将沙、沙砾、泥煤、有机物作为过滤介质，径流穿过介质得以过滤、净化。主要包括以下类型：地表沙池、地下沙池、周边式沙池、有机物过滤器（图 2-20）。其中，地表与地下沙池最为常用；周边式沙池主要环绕停车场敷设；有机物过滤器即在沙池中加入泥煤层或其他有机物，以加强营养物质与痕量金属的去除能力，可设计成地表或地下设备。

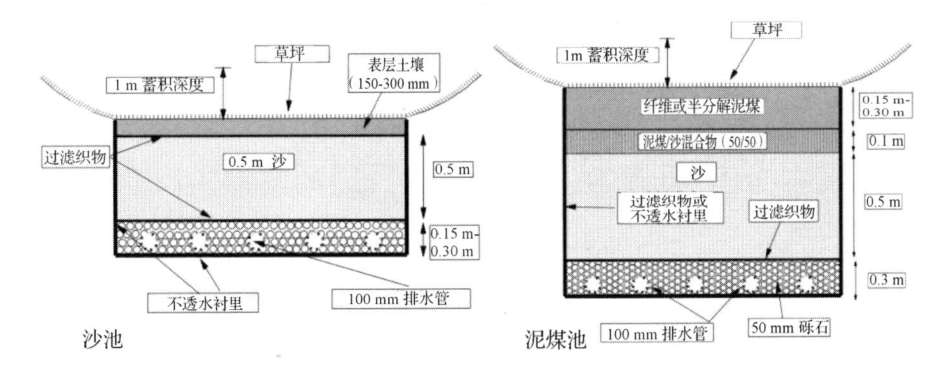

图 2-20　沙池剖面示意图

（来源：MINISTRY OF THE ENVIRONMENT. Stormwater Management Planning and Design Manual[M]. Ontario：Canada，2003：Figure 4. 33，4. 34）

沙池对于自然水循环修复的作用主要体现在以下两个方面。

（1）提高雨水净化率。在多数地表沙池中，表面草地与 0. 5 m 厚的过滤层可有效滤除污染物。在其他形式的沙池中，过滤层更厚。由此，沙池可滤除大中颗粒沉淀物（50％～80％）、小颗粒沉淀物（30％～50％）、油脂（30％～50％）、营养物质颗粒沉淀物（30％～50％）、金属（30％～50％）①。

（2）增加雨水滞留量，以推迟径流峰值、降低流速。在多数地表沙池中，设备表面存在一定的蓄存深度。但为了避免沙层被压实，蓄存深度最大为 1 m。在其他形式的沙池中，沉淀池提供一定的蓄水容量。

沙池可大可小：小型设备（地下的混凝土箱）可用于地块内；大型设备最多可接收来自 4 hm^2 汇水面的雨水，可与景观设计结合。

b. 生物滞留系统

生物滞留系统（又作“雨水花园”）是一种建在相对低洼地势的雨水净

---

① URS. Water sensitive urban design technical guidelines for western Sydney[M] Catchment Trust，2003：3-7.

化设备。雨水径流在生物滞留系统中，经由植物、微生物、土壤的一系列生物、化学、物理过程实现雨水净化（图 2-21）。最初由美国马里兰州圣乔治王子县环境资源部提出、开发，目前在美国、新西兰等地推崇采纳。

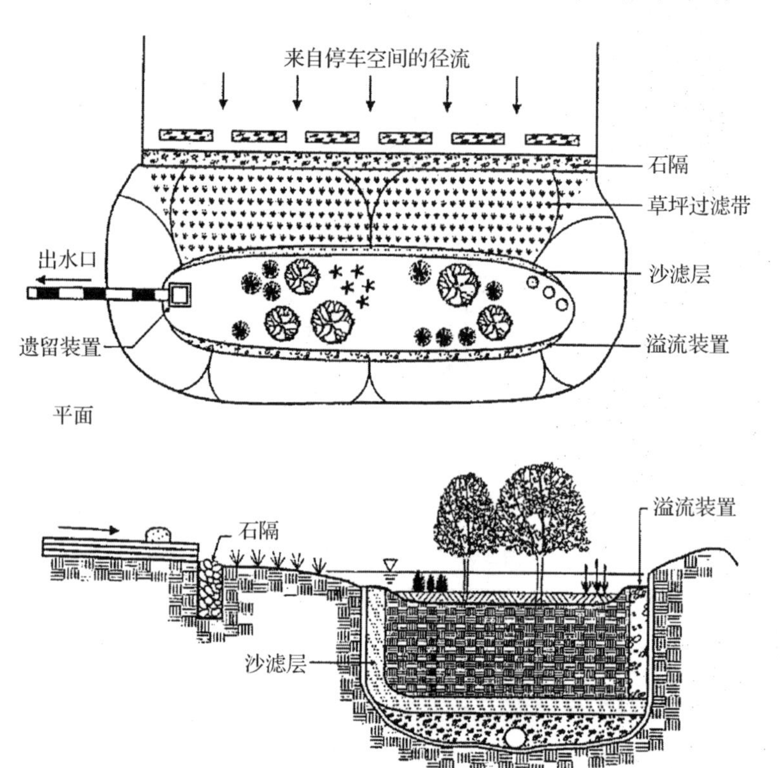

图 2-21　生物滞留系统示意图

（来源：MINISTRY OF THE ENVIRONMENT. Stormwater Management Planning and Design Manual[M]. Ontario：Canada，2003：Figure 4. 37）

生物滞留系统对于自然水循环修复的作用主要体现在以下三个方面。

（1）提高雨水净化率，提高地表水体质量。该设备可处理径流中的大部分污染物：植被层与种植土层（厚度通常为 1.0～1.2 m）可滤除大颗粒沉淀物（80%～100%）、中颗粒沉淀物（50%～80%）、小颗粒沉淀物（30%～50%）、油脂（30%～50%）、营养物质（30%～50%）、金属（30%～50%）①。

（2）增加雨水滞留量，以推迟径流峰值、降低径流流速，利于侵蚀防治。

① URS. Water sensitive urban design technical guidelines for western Sydney[M] Catchment Trust，2003：3-9.

美国马里兰州大学实验数据表明，该设备的洪峰滞留率可达 50%～60%①；另有数据显示，该设备可平均滞洪、减洪 85%②。这归功于生物滞留系统的雨水蓄存容量。但为了保护表层植被，表面最大蓄存深度为 0.15 m。

(3)增加雨水蒸发量。表面水分蒸发与植物蒸腾均加大了设备的雨水蒸发量。

在住区设计中，生物滞留系统便于与景观设计结合，美化环境。设备表面可用于种植乔木、灌木、草皮，为鸟类、动植物提供栖息地，也可铺设人行道。生物滞留系统可大可小：小型设备可作为住区的种植箱，此时汇水面不宜大于 0.1 hm^2；大型设备可与街道绿化甚至开放空间设计结合。

2.3 可持续雨水管理的空间需求

2.3.1 非结构性措施的空间需求

与排水系统不同，非结构性措施所针对的对象，不论是人工构筑物还是场地自然要素，绝大多数位于地表之上。非结构性措施对于外部空间自然而然具有使用需求。一方面，由于以最大限度地减少人工构筑物以及建造活动所使用的空间为目标，控制性措施对于空间的要求主要集中在数量方面；另一方面，由于场地内的环境敏感区、排水路径、保护土壤区、沿岸缓冲区均位于特定范围内，保护性措施对于其所使用的空间在数量、位置、形状、界面等多个方面均有特定要求，并且需求的具体内容随场地的自然条件而变。

非结构性措施，不论是控制性措施还是保护性措施，如果空间使用需求不能在数量上得到满足，最直接的后果是非渗透性表面与受扰动区域的扩张，进而引发雨水径流增加。需要强调的是，仅仅在数量上满足非结构性措施的空间使用需求并不足以确保其获取最佳的雨水管理效果。如图 2-22、图 2-23、图 2-24 所示，只要空间使用需求在位置、形状、边界状态任一方面尚未获得满足，非结构性措施管理雨水的效果就存在提高的空间。

---

① DAVIS AP，SHOKOUHIAN M，SHARMA H，et al. Water Quality Improvement through Bioretention Media：Nitrogen and Phosphorus Removal[J]. Water Environment Research，2006(78)：284-293.

② 刘保莉. 雨洪管理的低影响开发策略研究及在厦门岛实施的可行性分析[D]. 厦门：厦门大学，2009：20.

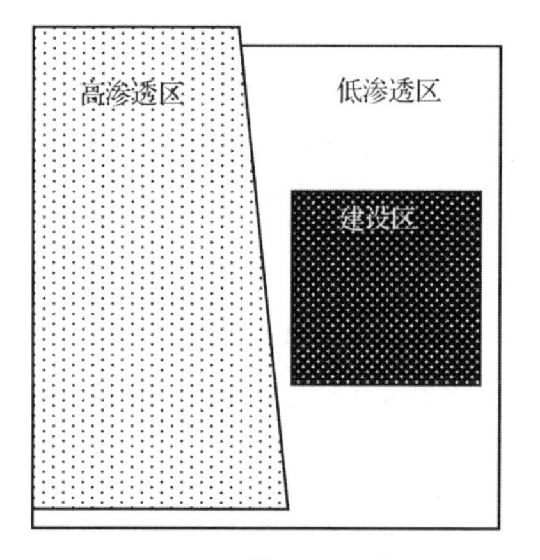

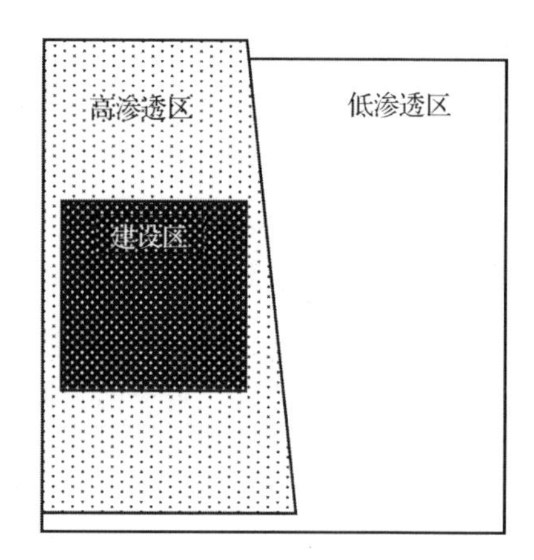

图 2-22 建设区位置差异对场地雨水入渗功能的影响

（来源：笔者自制）

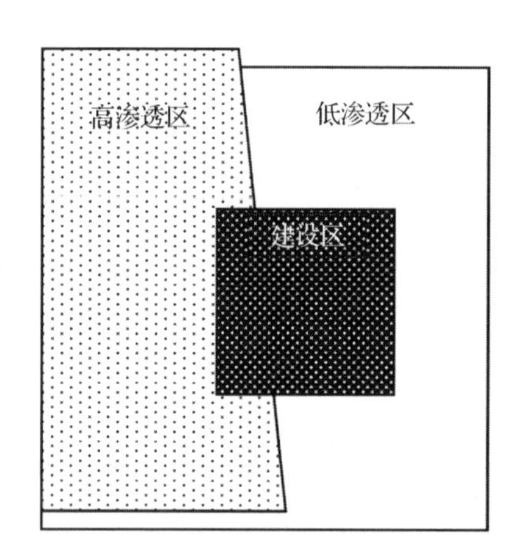

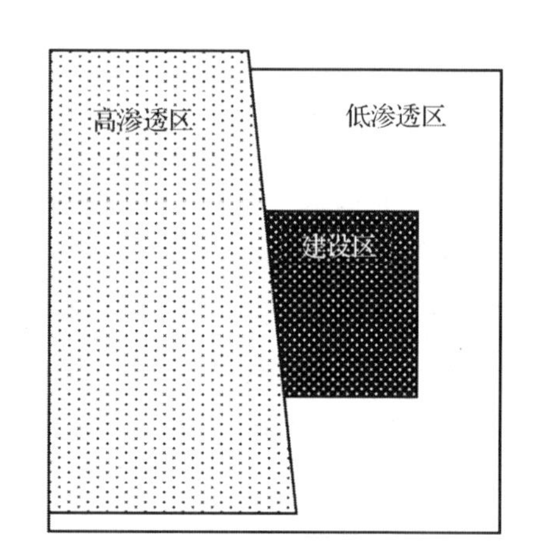

图 2-23 建设区边界形状差异对场地雨水入渗功能的影响

（来源：笔者自制）

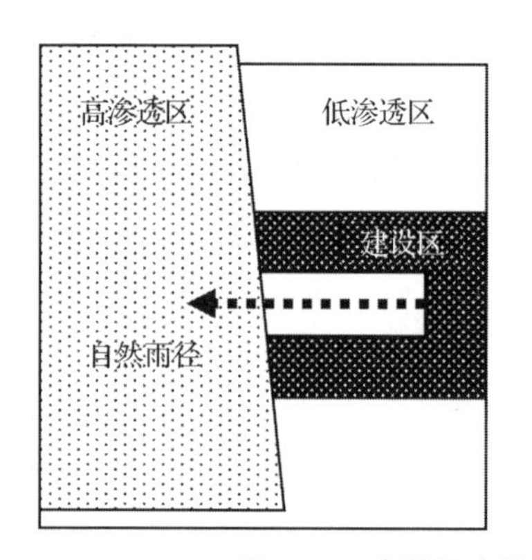

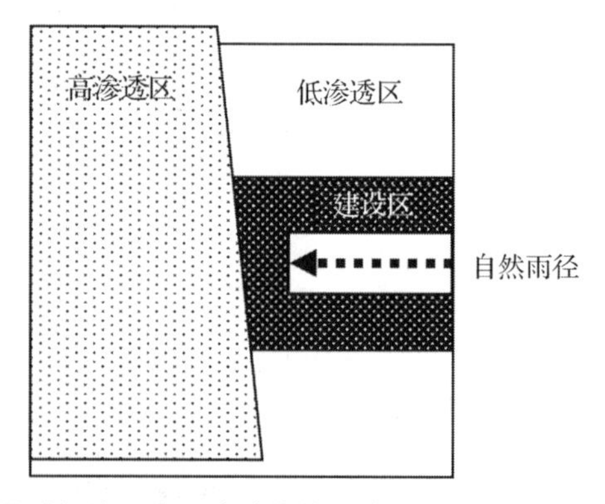

图 2-24 建设区边界状态差异对场地雨水入渗功能的影响

（来源：笔者自制）

如果非结构性措施的管理效果未能实现最大化，雨径的增量及其负面效应将由结构性措施承担。这不仅意味着雨水管理技术系统建设与运行成本的增加，某些情况下，技术设备（尤其是需要使用保护区域的终端设施）甚至将因此丧失敷设条件，进而导致最佳处理链崩溃，转而采取折中的处理链，可持续雨水管理的目标将只能部分地得到实现（见章节 5.5）。

因此，为了最大化地消除雨水径流的生成、减轻雨水管理技术系统的工作负荷，非结构性措施的空间使用需求应获得充分满足。

2.3.2 结构性措施的空间需求

地块内部设施通常并不需要使用开发场地，而更多的是利用建筑物的屋面（如种植屋面）、内部空间（如储水箱）或地下空间（如渗透井）。但传输路径设施与终端处理设施却要使用一定的地表空间。一方面，不同的地表条件具有不同的雨水功能，技术设施应选择最适宜的位置进行敷设；另一方面，场地设计方案在决定非结构性措施成效的同时，也决定了一定降雨条件下，结构性措施所要承担的雨水负荷。因此，为实现指定的雨水管理目标，结构性设施的选型、定量乃至定位，既受场地自然条件的制约，也受场地设计方案的制约，结构性措施的空间需求在事实上成为以上两个变量的函数（图 2-25）。

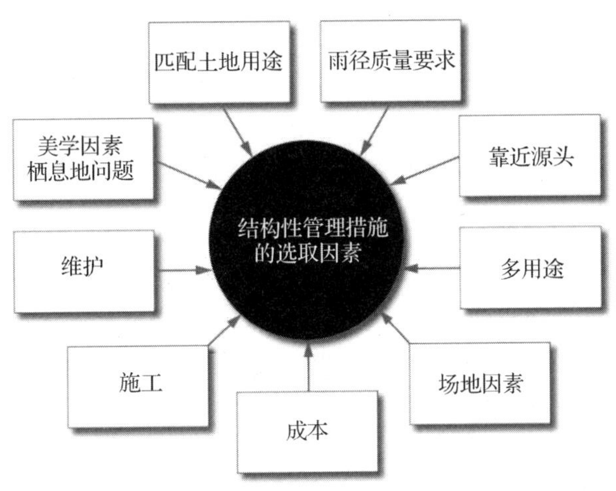

图 2-25　结构性管理措施的选取因素

（来源：SOUTHEAST MICHIGAN COUNCIL OF GOVERNMENTS, INFORMATION CENTER. Low Impact Development Manual for Michigan：A Design Guide for Implementors and Reviewers. [EB/OL]. http://library. semcog. org/InmagicGenie/DocumentFolder/LIDManualWeb. pdf，2008-12-30. 124）

2.3.2.1 设备选型

场地的物理条件是雨水管理技术系统设计与设备选型的关键因素。在设计前必须调查、评价的物理特征包括：地形坡度、土壤类型与渗透率、基岩深度（确保液压潜力）、地下水位深度（避免地下水污染）、汇水面面积与使用功能。有些物理特征对某些技术措施的使用提出限制；有些物理特征则提出特殊的设计要求（表 2-06）。下面以土壤类型、汇水面使用功能为例，说明该特征对系统设计与设备选型的制约及其对雨水管理系统空间使用需求的影响。

表 2-06　场地物理特征对技术设施的制约性

技术措施	地形坡度	土壤渗透率	基岩距设备底端	地下水位距设备底端	汇水面面积
种植屋面	—	—	—	—	—
渗透铺装	≤5%	≥60 mm/h	>1 m	>1 m	—
渗透井	—	≥15 mm/h	>1 m	>1 m	<0.5 ha
蓄水池	<2%	≥15 mm/h	>1 m	>1 m	<0.5 ha
蓄水箱	—	—	—	—	—
种植沟渠	≤5%	—	—	—	<2 ha
渗透管渠 凹地—渗渠系统	—	≥15 mm/h	>1 m	>1 m	<2 ha
湿池 人工湿地 湿池—湿地系统 干池	—	—	—	—	>5 ha
入渗盆地	—	≥60 mm/h	>1 m	>1 m	<5 ha
过滤装置	—	—	—	>0.5 m	<2 ha

（来源：笔者自制。根据 URS. Water sensitive urban design technical guidelines for western Sydney[M] Catchment Trust，2003：Table 4.1；FRIEDHELM SIEKER，HEIKO SIEKER. Naturnahe Regenwasserbeeirtschaftung in Siedlungsgebieten：Grundlagen und Anwendungsbeispiele - Neue Entwicklungen[M]. 2.，neu bearbeitete Auflage. Renningen - Malmsheim：expert Verlag，2002）

土壤类型对雨水入渗设施的使用效果影响重大，因此规划区域土地类型分析是选取最适当雨水管理措施的主要依据。沙、细沙、黏土的成分比例决定了土壤透水能力。渗透系数还可用于预测入渗雨水水量，以避免蓄积周期过长所致危害。另外，虽然雨水全部入渗是最高目标，但是通常所需地表面积过大。因此，在下层土渗透率不佳时(如细沙、黏土等)，应敷设具一定蓄水能力的排水系统；如若仍不能完全执行，则应敷设节流装置，以便将雨水有节制地导入地表水体(见章节 5.3)。

汇水面使用功能决定雨径水质；鉴于地下水保护的目标，雨水受污染程度越低，入渗设备选取的多样性越高。来自居住区非金属屋面、自行车道、步行道、院落的雨水较为洁净。而对于来自金属屋面、休憩集会的开放空间、存在污染的工业区、交通干道的雨水则须在入渗之前进行净化处理。需注意，依赖植被进行过滤、疏导下渗的设备均须受光养护，不应由建筑物遮挡(如种植沟渠、生物滞留系统)。

2.3.2.2 设备定量

为了确保设备运行的安全性(避免雨水泛滥)、避免设备过大造成的成本浪费，雨水管理设备的容量及其空间使用需求量必须进行计算与评估。通常，应尽量减少雨水系统的空间使用需求量，以便节省建设用地、形成紧凑的用地结构。

不同雨水管理系统的空间使用需求差异很大，从汇水面的 0%到 50%以上不等。其空间使用需求取决于以下几个因素。

第一，雨水管理系统位置对其空间使用需求数量影响严重。集中式雨水管理方式的雨水管理系统可利用住区单元边缘区域，这不会引发与其他规划要求的空间使用冲突。同时，边缘区域的价值可由此得以提升。此时须妥善处理雨径的引导方式、引导设备的位置及其与城市设计的融合。

第二，各种类型雨水管理设备的空间使用数量各异。表面入渗设备的空间使用需求最大；凹地—渗渠系统次之；由于可敷设于地下，因此雨水管道、渗透井与雨水利用的地面空间需求很小；种植屋面措施的敷设则不需要额外占用土地。

第三，实践中，雨水管理系统的空间使用需求量与当地降水强度有很大关联。

2.3.2.3 设备定位

除系统设计以外，雨水管理设备的定位还应关注以下因素。

第一，地下水位高度影响着雨水管理设备的敷设位置，对于入渗设备的影响尤为明显。

为了确保下渗雨水水质，入渗设备与地下水之间必须保持安全距离。

如间距过小，则只能采用深度较浅的引导要素，使雨水先经种植地表净化再渗入地下。另外，入渗设备通常不适用于具备下列土壤与地形条件的地区[①]：土壤渗透率过大或过小（如疏松砂体、重黏土）；地形坡度>5%；基岩深度，裸露岩层或覆土层薄；潜在的盐度危险区；非工程填料或土质污染区。

第二，场地自然资源分布状况影响着雨水管理设备的敷设位置。通常，设备应避开自然资源分布区域，以最小化对场地及区域生态系统、原生态排水功能及其效率的干扰。如，除特殊情况以外，终端设施应位于漫滩范围以外；多用途设备则必须置于最高水位线以上。

第三，设备与建筑物的间距影响着雨水管理设备的敷设位置。为了使下渗雨水不致伤害毗邻建筑物基础，某些国家对入渗设备与建筑物间距作出规定。加拿大安大略州《雨水管理规划与设计手册》规定，蓄水池距建筑物至少 4 m。德国技术规范《ATV 工作手册 A138》规定，如果土壤渗透系数小于 10～4 m/s，则雨水入渗设施与地下建筑物间距宜大于 6 m。如若土壤渗透性很好，且无地下建筑物，则最小间距可减小至 3 m[②]。另外，间距与设备埋深比例亦作出规定。

需要指出，在密集建设区域，在设备与建筑物之间满足间距要求是对规划师提出挑战。例如，连排住宅区地块宽度通常 6～7 m，在此只能敷设共用系统；而在稍大的基地中，为满足必要的间距要求，同时避免对使用功能的限制，设备只能临基地红线敷设。

2.3.3 空间需求带来设计新任务

2.3.3.1 新任务的特性

如本章开篇所述，充分满足活动的空间使用需求以促使活动目标的实现是住区设计的一项基本任务。当可持续雨水管理提出新的空间使用需求，住区设计的新任务便随之出现。由于住区既是雨水问题的生成者，也

---

① URS. Water sensitive urban design technical guidelines for western Sydney[M] Catchment Trust，2003：3-11.

② KAISER MATHIAS. Voraussetzungen，Strategien und Ziele der Forschungskooperation mit Kommunen in：Friedrichs Jürgen，Hollaender Kirsten. Stadtökologische Forschungen：Theorien und Anwendungen[M]. Berlin：Analytica，1999.

是雨水问题的解决者，可持续雨水管理对其所使用的空间不仅在数量、位置、形状、界面等多个方面具有特定要求，而且空间使用要求的具体内容随场地的自然条件与设计方案而改变。住区是雨水问题的生成者也是雨水问题的解决者，因此，除了个别特殊情况外，如住区非渗透性地表覆盖率不足10%，或住区各处土壤的渗透性极高，可持续雨水管理的空间使用需求难以在设计之初被一次性明确。

从芦原义信的《外部空间设计》到扬·盖尔的《交往与空间》，研究空间设计的一种常见思路是探求空间形态与活动间相互作用的一般规律，并将其转化为对于空间在数量、界面、结构方面的要求，进而通过数字、模式等方式为设计工作提供某种标准化操作规程。与类型学研究相似，该思路的成立需要一个必要前提，即空间的普遍形式对于某种活动的表现具有重要影响。但就可持续雨水管理而言，对这一前提需要重新思考。

通过调整人工构筑物的布局，如调整道路组织（坡度、形状），地块与建筑物的位置，令人工构筑物与场地完美匹配，使其避让场地内具有雨水价值的区域，最小化场地内的挖方与填方工作，是住区满足可持续雨水管理的空间使用需求的基本途径。然而，可持续雨水管理的空间需求是场地自然条件与场地设计方案两个变量的函数。因此，脱离场地具体条件寻找空间形态与可持续雨水管理活动的作用的普遍规律有失妥当。

首先，空间的具体形态（而非一般形态）对于住区的雨水功能发挥决定作用。如图2-22所示，即便两个住区方案的空间模式完全一致，但是只要开发区域在场地内的位置不同，雨水管理的效果就可能大相径庭。其次，如此虽然可能总结出若干布局的原则（如避让各类需要保留的区域），但是原则并不足以保证空间需求的“充分”满足。以避让沿岸缓冲带为例，如果仅仅掌握一般性的避让原则，使用确定退红线距离的方法控制建设区域的范围，由于场地内的土壤并非总是均质，仅此一点便足以令该方法很难保证退让出的空间具有最佳雨水功能。

因此，片面地依靠空间形态的组织原则可以在一定程度上引导住区设计工作，但并不足以指导新任务取得成功。从这一问题出发，本书开始从关注设计的“工具”转变为关注工作自身，从探求空间的理想形态转变为探求让空间形态更为理想的过程。

2.3.3.2 欧盟实践经验

《欧盟水框架指令》指出，“人们认识到为水所保留的空间不可能被无休止的压缩而不产生任何后果。基于这一认识，在空间规划中必须考虑水流因素。这样便促进了空间规划理念的改变，即由水资源管理为空间规划服务转变为由水资源管理来描述空间规划的可能”①。

如前文所述，空间需求的充分满足是可持续雨水管理实现自身目标、全面解决雨水问题的必要条件。在将可持续发展原则纳入宪法的前提下，可持续雨水管理的空间使用权在一些发达国家获得了有力保证。

1994 年，“可持续发展原则”被纳入《德国基本法》(Grundgesetz fuer die Bund- esrepublik Deutschland，GG)。作为事实上的德国宪法，《德国基本法》第 20 条规定，“政府有责任在由符合基本法规章所限定的框架下、通过立法手段、按照法律法规、通过行驶执行权与裁判权，为子孙后代以及动物保护自然的生存基础”。

以宪法为基础，德国《建设法典》(Baugesetzbuch，BauGB)将实现“可持续发展”设置为德国城市规划与设计的基本目标。在德国，住区设计(尤其是构筑物布置、开放空间形态的确定)属于编制建设指导规划(B-plan)的范畴。《建设法典》第 1 条第 5 款规定，“建设指导规划应为子孙后代负责，保证可持续的城市建设，协调社会、经济与环境保护的要求，并确保为那些服务于公众福利的活动提供充分的用地。它应为保护适合人类生存环境、自然生存基础作出贡献，并有责任进行气候保护，保护与发展城市形态、地方与大地景观。”

“参与规划的城市公共机构(包括雨水管理方面的责任部门)被法律要求并赋予权力在其工作范畴内对规划方案提出意见，其内容包括：对规划对象加以说明、为权衡或后续规划工作提出专业意见、提供法律基础等。如果综合规划方案与专项规划无法取得一致，则公共机构有权对综合规划方案提出反对意见、明确使用的法律基础、指出改进方法。上述意见将对城镇政府、开发单位产生法律约束力。此外，公共机构可在方案公示中检测其意见是否得以关注；如有必要，则可再次提出反对意见。”

在这样的法律环境中，原则上，住区设计方案报批时，如果方案由于为实现其他领域的目标而无法充分满足雨水管理的空间使用需求、并最终导致雨水管理的目标无法实现，一经证实，住区设计方案就必须依据专业部门的意见被修改至满足雨水管理的使用需求为止，否则将无法通

---

① 马丁·格里菲斯编著. 水利部国际经济技术合作交流中心组织编译. 欧盟水框架指令手册[M]. 北京：中国水利水电出版社，2008：227.

过审核。

欧盟的实践经验证明,本章开篇所提出的可持续雨水管理导向下住区设计的新任务是必要的。并且,在一定的外部条件下,该任务是可以付诸实施的。

2.4 小结

为全面解决城市雨水问题,可持续雨水管理需采取多项措施来完成两个基本任务——“阻止雨径生成”与“缓解雨径影响”,以实现多方面的高标准目标。常规雨水管理最为主要的措施是建设排水系统,其对场地外部空间的使用需求较少。与之相比,可持续雨水管理采取的各项措施需要合理使用开发项目全部的地表空间。

为了最大化地利用场地的自然水文功能,大多数可持续雨水管理措施对其所要使用空间在数量、位置、边界等方面均存在特定要求,并且随场地自然条件,方案具体形态等因素的差异等改变。如果某项雨水管理措施的空间需求不能够在数量、位置、边界等方面得到全面的满足,就需要建设更多人工设备对其受损的能力进行弥补。由此引发的风险是,要么成本大幅度增加,要么雨水管理目标无法实现,抑或二者兼有。空间需求的充分满足由此成为实现可持续雨水管理目标实现的一项必要条件。

住区设计方案是以住区为对象进行思维创造的成果,是住区开发建设的直接依据。一方面,住区设计方案决定雨水径流的生成状况,进而决定雨水问题的预防程度;另一方面,通过决定技术设备空间需求的满足程度,住区设计方案进一步限定其消解雨水问题的能力。因此,比之常规雨水管理,可持续雨水管理对于住区的空间分配状况与物质形态具有特定诉求,确保方案对可持续雨水管理措施特定且可变的空间需求的充分满足成为住区设计的全新任务。

3 优化设计程序与做法的必要性

3.1 程序与做法决定新任务成败

3.1.1 程序与做法决定产品质量

3.1.1.1 关于住区设计新任务实质的思考

如前所述，住区设计的新任务是确保住区设计方案充分满足可持续雨水管理的空间使用需求。在给定降水事件中雨水问题的严重状况、可持续雨水管理空间使用需求的满足程度与住区形态息息相关，而与其他属性（如市场价格、文化意义、构筑物用途）无明显关联。因此，限定人工构筑物（如建筑物、道路、停车场、构筑物等）与开放空间形态（如位置、大小、形状、界面状态）是住区设计方案满足可持续雨水管理空间使用需求的主要方式。进而，住区设计新任务被转化为："确保住区形态对可持续雨水管理空间使用需求的充分满足。"

现代质量管理理论中，"质量"被定义为"固有属性对需求的满足程度"①。其中，"固有属性"是"在某事或某物中本来就有的、特别是那些永久的属性"；而，"形态是感官能感觉到的设计对象的表象，是限定空间的因素，并通过空间组合的方式使某种功能成为可能"②：因此，物质形态毫无疑问是住区的固有属性。那么，"住区形态对可持续雨水管理空间使用需求的满足程度"即"住区在可持续雨水管理方面的质量"。由于"充分满足"明确限定了可持续雨水管理空间使用需求的满足程度，因此住区设计新任

---

① ISO 9000:2005(E), Quality management systems —Fundamentals and vocabulary [S]. 3rd ed. Geneva: ISO copyright office, 2005: 7-11.

② J·Joedicke 著. 冯纪忠，杨公侠译. 建筑设计方法论[M]. 武汉：华中工学院出版社，1983: 1.

务的实质可被理解为确保其产品(即设计方案)的质量水平。

3.1.1.2 程序与做法是影响质量的关键因素

住区设计是以设计方案为产品的生产活动,住区设计新任务的实质是确保产品在水文方面的质量水平。在此基础上,有必要运用质量管理理论的研究成果分析影响住区设计新任务成败的关键因素。

在现代质量管理理论中,产品生产的实施依据是由"程序(Process)、做法(Procedure)、资源(Resource)与组织结构(Organizational Sturcture)等四方面内容构成的若干有机系统"①。其中,程序(亦作过程、进程)指"一组将输入转化为输出的相互关联或相互作用的活动",做法(亦作操作规定、流程)指"实施程序或活动的具体方法",组织结构指"人员的职责、权限和相互关系的安排"②。换言之,"程序"限定了工作的基本步骤及其相互关系;"做法"则限定了程序中各基本步骤的具体实施方式。

"程序与做法是决定产品质量的关键因素"由质量管理大师威廉·戴明(William E. Deming)通过经典的红珠实验证实。"在寻求质量改进时,影响成败的关键因素如下:94%来自系统、6%来自特殊原因。从业人员再怎样努力或技术再怎样高明,都不足以弥补系统本身的损失……在系统维持不变的情况下,生产单位的产出水平及其变异可预测……产品质量的浮动来自系统本身……没有任何证据显示哪一位工人比其他工人更高明,其工作绩效完全被工作的程序与做法左右"③。

以"程序与做法是决定产品质量的关键因素"为大前提,以"住区设计新任务的实质是确保产品质量"为小前提,可演绎出以下结论:"住区设计的程序与做法是决定住区设计新任务成败的关键因素"。

3.1.2 从工作性质角度进行分析

为了完成可持续雨水管理赋予的新任务,住区设计中的针对性工作不仅要探索方案形态的可能性,更要确保方案的功能性。通过对工作内容的

---

① ISO 8402:1994(E),Quality management and quality assurance—Vocabulary[S]. Geneva:ISO copyright office,1994(3):6.

② ISO 9000:2005(E),Quality management systems —Fundamentals and vocabulary[S]. 3rd ed. Geneva:ISO copyright office,2005:7-11.

③ W. EDWARDS DEMING. The New Economics:for Industry,Government,Education[M]. Cambridge,Massachusetts:Massachusetts Institute of technology,1994:33.

性质进行分析，可获得与上节相同的结论。

比尔·希利尔(Bill Hillier)指出设计工作的内容。“在建造过程中，设计工作一方面要寻找与创造各种问题的解决方案，另一方面还要对于建成后的运行情况进行预测……设计在本质上是一个创造可能方案、根据设计目标选择、修改与再创造方案的循环过程……设计工作可被划分为两个基本阶段：生产阶段(generative phase)与预测阶段(predictive phase)。在生产阶段，设计的任务是创造可能的设计方案。在预测阶段，设计的任务转化为预计方案将如何运行来满足设计目标”①。

理论上，对于任意地块与设计方案，其雨水问题的严重程度、可持续雨水管理的空间使用需求及其满足程度均能得以准确评价、量化表达。彼得·罗(Peter G. Rowe)指出：如果一类题目被列为“已知一组元素集合 P，在 P 中找出具某种特定属性的子集 S”②，那么此类题目被认为是“良好界定的问题”，即目标明确的问题。“而在建筑与城市设计中，此类问题还将纳入空间计划问题(space-planning problem)，从中将规定一系列建筑空间，连同基地整合在一起，并表达出一些对各空间邻接状态的要求”③。

在此基础上，住区设计针对新任务的工作可得到公式化表达：“获取 P，并找到一套最佳组合——子集 S”(其中，集合 P 代表住区构成要素(建筑物、道路、停车场、构筑物、开放空间)所有可能的组合方式，从 $S1$、$S2$ 到 Sn；子集 A 代表所有能满足可持续雨水管理空间使用需求的构成要素组合方式，$A(Si,Sj)$。故，在性质上，针对新任务的工作内容可被视为由理性思维支配的“解题”过程。

依据一般学习经验，方法正确是“解题”成功的必要条件。笛卡尔指出④，“方法就是一些易于应用的确实可靠的规则”。乔伊迪克(J. Joedicke)指出，“所谓设计方法是指设计中系统化、合理的进行方式”⑤。将这一概念与章节 3.1.1.2 中程序与做法的概念进行比较，可以发现，通常意义上的设计方法可以被理解为设计程序与做法的集合。

① BILL HILLIER. Space is the machine: A configurational theory of architecture [M]. 1st ed. Cambridge: Cambridge University Press, 1996: 60-61.

② 彼得·罗著. 张宇译. 设计思考[M]. 天津：天津大学出版社，2008：44.

③ 同上，45.

④ 高国希. 理性分析的主体性哲学方法论[J]. 文史哲，1988(3)：85.

⑤ J·Joedicke 著. 冯纪忠，杨公侠译. 建筑设计方法论[M]. 武汉：华中工学院出版社，1983：1.

因此，分析工作性质可知，“合理的程序与做法是完成新任务的必要条件”。

3.2 常规设计程序的相对局限性

3.2.1 常规设计程序的主要特征

3.2.1.1 标准化程度较低

为了判断设计方案对可持续雨水管理的空间使用需求的满足程度，开发场地内的构筑物、开放空间需被明确定形、定量、定位。根据《城市规划编制办法实施细则》与《建筑工程设计文件编制深度规定》，能够精确表达开发场地内构筑物、开放空间形态的总平面属于建筑设计方案或修建性详细规划阶段的场地设计成果。

我国现行法律法规与技术规范（从国家性的《城市规划编制办法》、《城市规划编制办法实施细则》到地方性修建性详细规划编制技术规定）虽对修建性详细规划与建筑设计方案的内容与技术深度提出明确要求，但对方案编制的工作程序及其做法（尤其是设计工作的程序与做法）并未作具体规定。同样，用于引导可持续雨水管理导向下住区设计针对性工作的系统化设计程序及其做法尚未得到标准化。

《建筑工程设计文件编制深度规定》①规定了雨水管理的工作内容。在方案设计阶段，给水排水专业设计工作的主要内容为：通过设计说明确定排水体制与雨水的排放出路、估算雨水量、确定重现期参数。在初步设计阶段，给排水专业设计工作的主要内容为：通过设计说明简介现有排水条件、确定设计采用的排水制度、说明雨水排水采用的相关公式与重现期、计算雨水排水量，并在建筑室外给水排水总平面图中绘制排水管道与雨水利用系统构筑物的位置。

依据上述规定，在方案设计阶段，给水排水专业既未被授权在场地设计比选方案之前提出雨水管理的空间使用需求、也未被授权在场地设计比选方案中进行评估与优选或对优选方案提出修正意见。因此，即使在北京、深圳等已开展雨水利用的城市，鉴于规划设计目标的有限性、设计标准

① 建筑工程设计文件编制深度规定[S].北京：中国计划出版社，2009：4-21.

较低，方案设计基本无需针对雨水管理进行优化。在此情况下，如未见特殊问题，方案设计的排水问题基本上仍由建筑专业负责解决。

总之，鉴于通用性系统化设计程序与做法的缺失，我国现阶段的住区设计(尤其是场地设计)将在设计人员基于自身经验的个体化程序指导下完成。

3.2.1.2 个体化程序为主

表 3-01　设计的基本活动——布莱恩·劳森模型

基本活动	具体内容
阐明	发现与陈述问题、理解与研究问题
进步	获取解决问题的思路，发展设计方案
评价	依据标准进行判断，选择具有相对优势的方案
表现	以文字、图形或实物等方式表达工作成果
思考	对模型的运行情况进行检测

(来源：笔者自制。根据 BRYAN LAWSON，How designers Think [M] London：Architectural Press，2005：292-299)

表 3-02　设计的基本活动——黎志涛先生的模型

基本活动	具体内容
输入	有目标地收集资料(外部条件、内部条件、设计法规、实例资料)
处理	分析、判断、推理综合原始资料
构造	提出初始概念，提出多个最佳方案解
评价	选择最有发展前途的方案进行深化工作
输出	以文字、图形或实物等方式表达成果

(来源：笔者自制。根据 建筑设计方法入门[M]. 北京：中国建筑工业出版社，1996)

“个体化程序”并非指代个人使用的程序，而是与“系统化程序”相对的指称。个体化意味着非系统化、混乱的秩序。这种“混乱”源自“设计”工作的特点以及个人能力的有限性。与“系统化程序”不同，个体化设计程序的具体步骤在数量上与关系上是不确定的，也可被认为是“灵活的、可变的、多样的”。

关于个人经验指导下的设计活动，布莱恩·劳森(Bryan Lawson)指出①，“设计是种极其复杂的现象，难以通过简单的图表展示……设计带有高度的个人色彩，也是一个多维的过程”。为了包容个体化程序的丰富变化，国内外学者运用“设计模型”来描述个体化设计程序。

设计模型将设计工作由若干必要活动组成(如表 3-01、表 3-02)。虽然设计模型的基本活动内容不尽相同，但对基本活动之间关系的限定却基本一致：各项活动并不一定遵循某种固定顺序依次进行，每项活动中止后可随机进行其他任意活动，且活动之间并不存在必要的“输入—输出”(input-output)②关系。

例如，黎志涛先生指出，“从设计宏观的过程来看，设计模型的五个部分按线性状态运行……在实际的设计工作中，这五个部分又往往不是线性关系，而是任意两个部分都存在随机性的双向运行。从而形成一个非线性的复杂系统。其运行线路我们无法预知，有时一个信息输入后有可能进入任何一部分，而输入本身也往往受其他部分的控制。总之，各部分之间都处于动态平衡之中(图 3-01)”。③

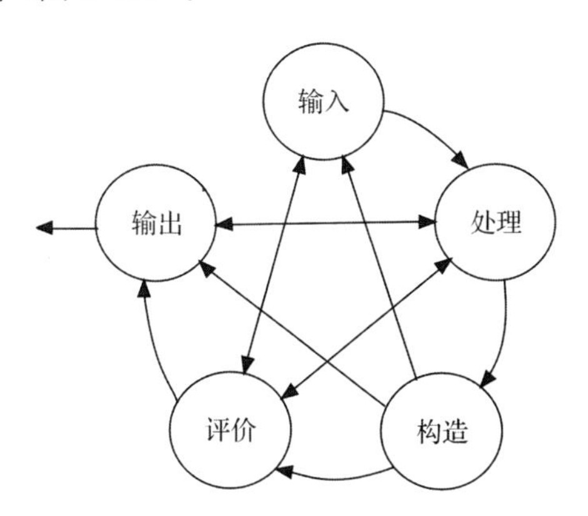

图 3-01　黎志涛先生的设计模型

(来源：黎志涛. 建筑设计方法入门[M]. 北京：中国建筑工业出版社，1996. 图 1-3)

① BRYAN LAWSON，How designers Think [M] London：Architectural Press，2005：289.

② “输入—输出”关系的含义是指，前一个活动的工作成果直接成为下一个活动的加工对象。

③ 黎志涛. 建筑设计方法入门[M]. 北京：中国建筑工业出版社，1996：5.

3.2.2 常规设计程序的相对不足

依据现代质量管理理论，程序与做法处于稳定状态时的实际加工能力，即其稳定生产合格产品的能力，被称为工序能力①(Process Capacity)。工序能力的强弱主要表现在两方面：产品质量能否保持稳定；产品质量水平能否达标。由于存在若干固有缺陷，个体化程序难具足够的工序能力以引导可持续雨水管理导向下的住区设计。

3.2.2.1 固有缺陷

1. 难以保持方案质量稳定

一方面，设计程序的差异将带来产品质量的差异。在标准化设计程序缺失的情况下，设计人员采用的个体化程序因人而异。鉴于个体化设计程序“灵活、可变、多样”的特点，由不同设计者提出的设计方案难具稳定质量。

对此，黎志涛先生指出，“在实际的设计过程中为什么会出现有些建筑师的方案设计上路快，设计水平高，表现出设计能力强；而有些建筑师的方案设计周期长，设计水平低，表现出设计能力弱呢？这是因为两者对设计模型的掌握存在差别，前者因为设计经验丰富，动手操作熟练，设计技能高明等有利条件使得设计模型运行速度快，运行路线短捷……大大提高了设计效率和质量。而后者由于与前者相反的原因，致使设计模型运行速度缓慢、运行路线紊乱，导致设计效率低下”②。

另一方面，个体化设计程序难以保持稳定生产，无法保证工序能力稳定。即，如果设计人员采用个体化设计程序开展设计，那么同一个体也无法确保每次提出设计方案的质量相同。

在质量管理学中，处于稳定生产状态的程序应具以下条件③：程序各步骤的原材料(即上一个步骤的半成品)按照标准要求供应；程序各步骤按固定的作业标准实施；各步骤完成后，其产品检测按标准进行。

根据以上标准可做出以下判断：个体化设计程序不具有稳定生产的条件。鉴于之前与之后步骤的不确定性，各步骤接受与输出的半成品在内容

① 伍爱.质量管理学[M].广州：暨南大学出版社，1996：131.

② 黎志涛.建筑设计方法入门[M].北京：中国建筑工业出版社，1996：6.

③ 伍爱.质量管理学[M].广州：暨南大学出版社，1996：131.

上是不确定的，更无法按标准供应；鉴于各步骤具体加工对象的不确定性，各步骤无法确定固定的作业方法与标准；鉴于各步骤后续工序的不确定性，各步骤半成品的检测标准难以得到制定与实施。

另外，各步骤前后工序的不确定性亦使各步骤责任难以界定。在个体化设计程序中，各步骤的工作内容得以限定；各步骤的秩序与相互作用并未得以限定。那么，当产品质量无法达标时，各步骤均有条件将责任推卸给其他步骤。由此，协同工作的效率与质量均将失去控制。

2. 难以全面解决设计问题

a. 个人工作倾向"抓大放小"

布莱恩·劳森指出"设计是一个发现问题与解决问题的过程"①。当设计工作待解决问题的复杂程度超越个体信息处理能力时，个体就必须依据问题的重要程度编排问题处理的优先次序；由此，在有限时间内，某些"次要"问题将在某种程度上得到忽略。

根据唐纳德·松(Donald Schön)②等人的研究，个人在实施"发现与陈述问题、理解与研究问题"这一工作步骤时，取景(framing)是一项必备的重要技巧——"在某一时期，或某一阶段内，使用某种特定方式对设计的形势进行有选择的观察。选择的焦点可为思考过程提供组织方式或前进方向，这样设计就可将某些问题暂时先搁置起来，而去处理繁琐复杂的对象与不可避免的矛盾，创造与利用取景框这一技巧对设计的展开方式起到了决定性作用"。

取景(framing)具必要性的原因在于，现代建筑设计与城市规划有待处理问题的复杂性。对此，阿尔瓦·阿尔托关于自身设计程序的陈述提供例证(见章节 3.3.2.2)。取景具合理性的原因在于，其逻辑符合帕累托法则(Pareto principle)。即，在任何特定群体中，重要的因子通常只占少数，而不重要的因子则占多数，因此只要能控制具重要性的少数因子即能控制全局。

b. 可持续雨水管理要求"十全十美"

然而，设计者通常根据主观标准评判问题的"重要性"。正如布莱恩·劳森的评论，"在松所有著作中有一缺陷，他未能明确指出'取景框'的具体

---

① BRYAN LAWSON. How designers Think [M] London: Architectural Press, 2005:117.

② 同上，292.

定义"[①]。

鉴于可持续雨水管理有待解决雨水问题的多样化，住区设计有待解决的空间问题日益复杂。"根据可持续发展原则，所有方面的问题应得到平衡的考虑，一个方面问题的解决不能以他方问题的缺损为代价"[②]。以此为标准，可持续雨水管理各项具体任务（从控制外排径流水量、降低径流流速，到保护土地、控制成本）的空间使用需求均应得到正确对待，没有哪个问题可被判定为其他问题更为"重要"或"次要"。进而，可持续雨水管理的多方空间需求均应获得充分满足，不可依据个人判断有所偏废。因此，"抓大放小"的个人化工作方法难应对可持续雨水管理导向下的住区设计新任务。

3.2.2.2 能力有限

1. 常规程序确保质量的前提

虽然常规设计程序具固有缺陷，但是依据现实设计经验，合格的住区设计方案能够同时确保多方空间使用需求（如日照、消防、噪声）的充分满足。那么，可持续雨水管理导向下的住区设计为何须对常规设计程序进行优化呢？

如果分解"确保设计方案充分满足某项空间需求"这一宏观任务，则其至少包含以下具体任务："明确空间需求"、"采取措施"、"检查需求的满足程度"。事实上，当前的住区设计程序主要能够承担"采取措施"、"检查需求满足程度"两项任务。

通常，在住区设计伊始，明确空间需求的任务已通过各领域专项研究得以完成。同时，专项研究成果还将为"采取措施"提供作业标准，为"检查需求的满足程度"提供检测依据。例如，对于"高层建筑之间的防火间距为13米"这一空间需求，其确定依据为"综合考虑满足消防扑救需要和防止火势向邻近建筑蔓延以及节约用地等几个因素，并参照已建高层民用建筑防火间距现状确定"[③]。又如，对于"中小学建筑中，各类教室外窗与相对

---

① BRYAN LAWSON. How designers Think [M] London: Architectural Press, 2005:292.

② SWISS FEDERAL COUNCIL. Sustainable Development Strategy: Guidelines and Action Plan 2008-2011[Z],2008:8.

③ GB 50045-95,高层民用建筑设计防火规范[S],2005:77.

教学用房或室外运动场地边缘间的距离不应小于 25 m”这一空间需求，其确定依据为“在开窗情况下，教室内朗读和歌唱声传至室外 1 m 处的噪声级约 80 dB；上体育课时，体育场地边缘处噪声级约 70 dB～75 dB，根据测定和对声音在空气中自然衰减的计算，教室窗与校园内噪声源的距离为 25 m 时，教室内的噪声不超过 50 dB”①。

不论设计任务的具体内容如何变化，在空间需求得以明确的情况下，常规设计程序所接受的原材料（即某一方面的空间使用需求）能够按照标准要求供应；程序能够按照某种固定的作业标准实施；其产品的检测亦可按照标准进行。因此，以“事先开展的专项研究能够提出固定的、简要的空间需求转换原则”为前提，设计工作的任务得到简化，常规程序将具备“确保工作状态稳定的条件”，其固有缺陷将不会影响设计方案对常规设计要素空间需求的满足程度。

2. 新任务特性对前提的改变

可持续雨水管理具体措施对于其占用地面空间在定形、定量、定位、定性等方面具特定需求。住区设计方案与雨水处理系统设计方案既决定雨水问题的严重程度，又决定雨水问题的解决能力。因此，可持续雨水管理的空间使用需求受场地自然条件、场地设计方案、雨水处理系统设计方案等多变量影响（见章节 2.3.2），而无法通过固定的、简化的原则得以确定。

以“保护沿河缓冲带”为例，同一项目不同设计方案将导致缓冲带承担雨水负荷的差异。即便不考虑其他影响因素（如土壤、地形、缓冲带内的技术设施），缓冲带的范围（即“保护沿岸缓冲带”的空间使用需求）也无法在设计伊始仅通过场地调查就以某种简化规则（如确定退让距离）的形式得以确认（案例见章节 5.2）。

因此，“明确空间需求”、“采取措施”、“检测需求的满足程度”以及其他“确保空间需求被充分满足”等具体工作需得到多次重复开展。事实上，可持续雨水管理导向下住区设计的工作任务较常规住区设计复杂得多。由于缺乏能够匹配新增任务的相应步骤；确保产品质量的前提（即“空间需求在设计伊始得到明确”）难以成立；因此，常规设计程序的固有缺陷将无法规避，可持续雨水管理导向下住区设计新任务的成功完成将难以确保。（具体案例见章节 5.5）

---

① GB 50099 - 2011，中小学校设计规范[S]，2012：70.

3.3 设计程序系统化的历史经验

3.3.1 设计程序系统化

亚当·斯密在《国富论》中指出，"在任何工艺中，分工只要能够被推行，就能引起劳动生产力的相应增加"①。也就是说，如果生产活动的复杂性被提升并超越某种程度，分工协作将成为突破个人能力瓶颈的必然选择。为了实现分工，在生产活动分解为更基本活动时，必须为其建立时间与空间秩序，以实现生产程序的系统化。

19世纪末20世纪初，随着弗雷德里克·温斯洛·泰罗(Frederick Winslow Taylor)的科学管理理论体系的建立，做法的系统化与标准化开始成为生产力提高的重要途径。然而，人们仍然认为，与一般性生产活动不同，"设计，特别是寻求技术问题的新的解决方法，是只有天才的设计师才能完成的创造性的活动"②。因此，产品的设计工作仍主要由个人化的、直观的传统方法引导。

20世纪中叶，"工业产品在很多方面达到相当高的完善程度，以至于用传统的、直观的工作方法想使产品得到改进需花费极多时间。因此，人们必然越来越多地采用系统的工作方法"③。随着认知科学对于设计行为研究的深入，设计工作与其他生产活动的相似性得以确认，即设计工作同样由一些基本步骤(或"行为的不连续阶段形态"④)组成。设计行为的去神秘化使设计程序与做法的系统化成为可能。

20世纪60年代，设计方法运动(Design Methodology Movement)相继在德国、日本、英国等发达国家兴起，这标志着设计在经历了直觉设计阶段、经验设计阶段、中间试验设计阶段之后，开始进入现代设计阶段⑤。同期，面对新材料、新技术、新问题、新需求的不断涌现，研究者开始对建筑设

---

① ADAM SMITH. An Inquiry Into The Nature And Causes Of The Wealth Of Nations[M]. [S. l.]: The Pennsylvania State University, 2005: 12.

② R·柯勒著. 党志良，田世亭，唐静，等译. 机械设计方法学[M]. 北京：科学出版社，1990: III.

③ 同上，1.

④ 彼得·罗著. 张宇译. 设计思考[M]. 天津：天津大学出版社，2008: 51.

⑤ 朱文坚，梁丽. 机械设计方法学[M]. 广州：华南理工大学出版社，1997: 1.

计与城市规划的程序与做法展开广泛与深入研究。

可持续雨水管理的空间使用需求受每块场地的气象、水文、地质、地形乃至设计方案形态等多方面因素制约。对于同一项目,可持续雨水管理的空间使用需求也是一个变量而非某个常数。那么,即便是最简单的场地调查工作,设计人员也需具多学科专业知识、相应专业技能。可以说,为了充分满足可持续雨水管理的空间使用需求,住区设计工作将被高度复杂化,其工作负荷将远超个人能力。因此,针对愈发精细的设计分工,设计程序的系统化势在必行。

3.3.2 发展历程与反思

3.3.2.1 发展历程概述

1. 建筑设计领域

20 世纪 60 年代起,建筑设计专业人员开始采用各种方式研究设计程序。该时期,基于个人实践经验,逻辑推测成为早期研究者的主要研究方法;对设计师工作的观测,或设计师对其设计程序的陈述等方法也得以采用;有些研究人员则将设计师置入实验室中,并在相对客观、严格的实验条件下观察其设计过程。布莱恩·劳森指出,虽方法各异,但研究者的目标却基本一致,即希望找到一条清晰、准确的"路线"来描述(建筑)设计程序——"寻找路线行为的背后存在着一种共识,即设计是由一系列独特且可识别的行为组成,这些行为发生的次序可以被预测,并符合某种逻辑"①。

早期的系统化设计程序多为线性结构,如 1965 年英国皇家建筑师协会(RIBA)在《建筑实践与管理手册》(Architectural Practice and Management Handbook)中提出的设计程序(图 3-02)、1969 年汤姆·马库斯(Tom Markus)和汤姆·马弗尔(Tom Marver)提出的设计程序(图 3-03)。由于缺陷显著,使用简单线

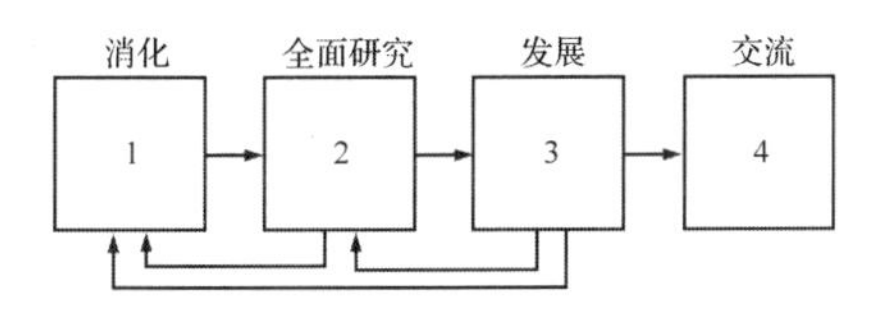

图 3-02 英国皇家建筑师协会提出的设计程序(1965)

(来源:BRYAN LAWSON, How designers Think[M]. London:Architectural Press,2005:Figure 3.1)

① BRYAN LAWSON. How Designers Think[M]. London:Elsevier Ltd,2005:33.

性结构的设计程序遭受诸多质疑，以至于某些学者认为系统化设计程序并无存在的可能（见章节 3.3.2.2）。20 世纪 70 年代，具反馈环结构的设计程序开始取代线性结构的设计程序，如德国学者马瑟（Maser）提出的城市规划与建筑设计通用程序（图 3-04）。反馈机制的引入令系统化的设计程序初具目的性，使线性结构的缺陷得到根本弥补，从而设计程序的系统化能够继续深入。

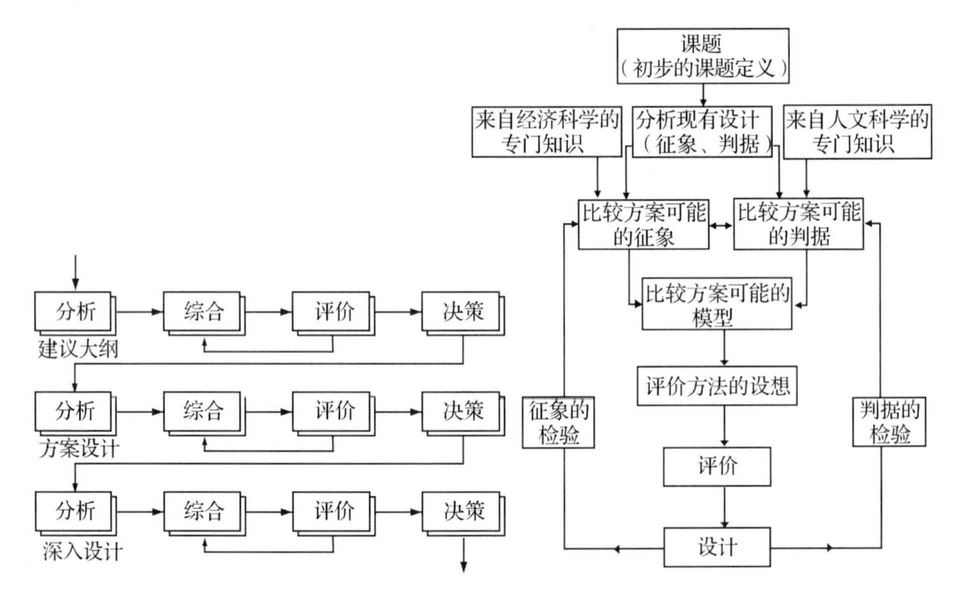

图 3-03　马库斯与马弗尔提出的设计程序（1969）

（来源：BRYAN LAWSON，How designers Think[M]. London：Architectural Press，2005：Figure 3.2）

图 3-04　马瑟的规划与设计程序（20 世纪 70 年代）

（来源：J・JOEDICKE 著. 冯纪忠，杨公侠译. 建筑设计方法论[M]. 武汉：华中工学院出版社，1983. 图 6. 经修改）

当前，一方面，在发达国家，设计程序的系统化与优化已发展为建筑学科的一个新兴专业。例如，德国斯图加特大学现代建筑设计基础研究所（Institut für Grundlagen der Planung in der Architektur，IGP）即以其为研究重点——"通过分析、发展和应用科学方法与理论，优化与支持实践中的规划与设计程序，并研究所有规划与设计涉及的工作步骤（包括问题界定、规划前期、解决方案的发展与评估、设计成果的评估）"①。另一方面，如章

① Universität Stuttgart - Institut für Grundlagen der Planung [EB/OL]. http://www.igp.uni-stuttgart.de，2012-08-30.

节 1.6.1.2 所述，针对可持续雨水管理导向下的规划与建筑设计工作，若干发达国家已开发出含系统化设计程序与做法的工作体系，如美国的LID体系、澳大利亚的WSUD体系。其中，部分工作体系（含设计程序与做法）已实现商品化，其价值已获得市场的广泛认可。例如，澳大利亚米尔迪拉市（Mildura）的水敏性城市设计工作体系是美国帕森斯·布林克霍夫公司的产品；西悉尼（Westen Sydney）的水敏性城市设计工作体系则是美国优斯咨询公司（URS，笔者按：该公司为美国500强）的产品。

在实践中，系统化程序对于可持续雨水管理导向下城市规划与建筑设计的决定性作用得到不断认可。正如《法兰克福规划区雨水管理实施概念》所说，该"工作组的首要目标在于为法兰克福市亟待解决的雨水问题找到适用的解决方案，而最为重要的问题则在于程序开发"①。

与之相比，在我国，建筑设计的程序、方法的相关研究仍处于起步阶段。20世纪70年代末，冯纪忠先生与杨公侠先生引入德国学者乔伊迪克著的《建筑设计方法论》。90年代，张钦楠先生通过《建筑设计方法学》进一步引述国外设计方法学理论，介绍了国外有关建筑设计方法学的主要学派及其成果。其他相关著作，如庄惟敏先生的《建筑策划导论》、余卓群先生的《建筑创作理论》、黎志涛先生的《建筑设计方法》、沈福煦先生的《建筑方案设计》、张伶伶先生与李存东先生的《建筑创作思维过程与表达》均试图较深入地探讨建筑设计方法。

相对一般性建筑设计程序研究，关于可持续雨水管理导向下城市与住区设计的程序与做法，相关研究则有待深入开展。

2. 城市规划领域

1915年，作为现代城市研究与区域规划的理论先驱，英国生物学家与社会学家帕特里克·格迪斯（Patrick Geddes）在《进化中的城市》中首次提出系统化的城市规划程序，即"调查—分析—规划（SAP）"②，并强调"在制

---

① STADT FRANKFURT AM MAIN. Konzeption zur Umsetzung der Regenwasserbewirtschaftung (RWB) in Erschließungsgebieten der Stadt Frankfurt am Main[EB/OL]. http://www.umweltfrankfurt.de/V2/fileadmin/Redakteur_Dateien/05_gca_dossiers_english/09_waste_water_treatment_frankfurt_annex_03.pdf,2005-08-30.

② GEDDES PATRICK. Cities in Evolution: An Introduction to the Town Planning Movement and the Study of Civics[M]. London: Williams,1915.

定规划之前展开调查的重要性”①。该成果被视为20世纪60年代“程序理论”的先导。

SAP模型在规划实践中暴露出三个主要缺陷②。第一,缺乏“计划”步骤。如未事先设定其原因与目的,“调查”乃至整个规划工作的开展将缺乏必要性支撑。因此,从逻辑上讲,有必要在“调查”之前进行“计划”,以定义其问题或目标。第二,缺乏“评估”。鉴于一个问题解决方案的多样性,应根据问题框架条件及方案效果进行权衡选取。第三,缺乏“实施”与“跟踪调查”。简单的线性结构意味着“反馈”的缺失,该程序因而不具备合目的性。

二战之后,芝加哥大学的“规划教育与研究计划”(Program in Education and Research in Planning)对于规划理论走向产生重要影响。在经济学家哈维·佩洛夫(Harvey Perioff)的推动下,该计划尝试限定与系统化那些与规划实践紧密相关的知识的核心内容,通过整合各社会学科(尤其是经济学)理念,促成一般化规划模型。1955年,美国学者爱德华·班菲尔德(Edward C. Banfield)提出的理性规划模型(rational planning model)包括五个步骤③:1)确定目标;2)设计行动安排;3)影响评估与比较;4)选择;5)实施。比之SPA模型,早期的理性规划模型更为完善;但鉴于线性结构的属性,其固有缺陷依然难免。

1973年,安德烈亚斯·法卢迪(Andreas Faludi)④在其著作《规划理论》中,将规划理论分为:强调实物研究的“实质性理论”(Substantial Theory)、强调程序研究的“程序性理论”(Procedural Theory);并认为,“程序性理论才是实实在在的规划理论,规划理论是或应该是程序性理论”。当然,该论断招致诸多批评。法卢迪在论证程序之于规划意义的同时,对理性规划模型的结构作出重要修正——增加反馈环(图3-05)。该模型的进步之处在于,新结构中任何阶段工作均可经反馈环返回至此前的任何阶段,规划方案可根据反馈得到修正,规划程序由此具有合目的性。其退步之处则在于,步骤的任意跳跃意味着秩序的弱化,程序的系统化程度

---

① 尼格尔·泰勒著.李白玉,陈贞译.1945年后西方城市规划理论的流变[M].北京:中国建筑工业出版社,2006:60.

② 同上,64.

③ BOSHI PEZA SEYED. The National AICP Examination Preparation Course Guidebook 2000[M]. Washington DC:Inst. Cert. Planners,2000:6.

④ ANDREAS FALUDI. A. Planning Theory[M]. Oxford:Pergamon Press,1973.

得以降低，此类模型也许更匹配个体的工作习惯，但却不利于团队的分工协作。

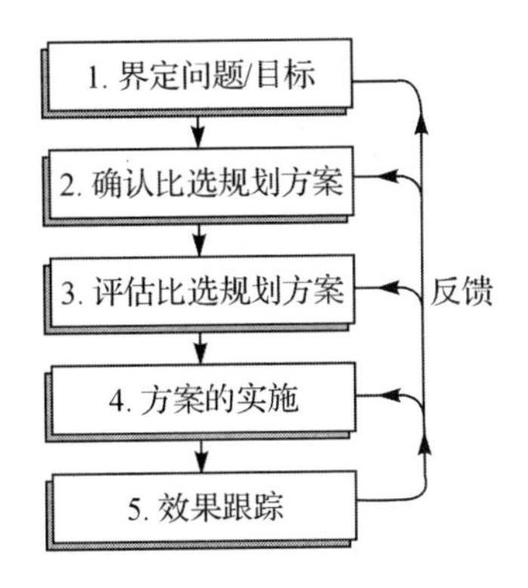

图 3-05　法卢迪的理性规划模型(1973)

（来源：尼格尔·泰勒著．李白玉，陈贞译．1945 年后西方城市规划理论的流变[M]．北京：中国建筑工业出版社，2006．图 4.2）

1986 年，西林斯(Sillince J)①在《规划理论》中关于理性规划程序的解释则又将法卢迪的模型向前推进一大步。他强调，在问题或目标得到界定之后，应通过问题与目标分解，将宏大目标或大问题化解为若干具体目标或小问题，以详细界定目标、分析问题。此后，理性模型得到不断细化(图 3-06)。目前，鉴于其难以克服的结构性缺陷，理性模型在若干发达国家(如德国、瑞士)已被 PDCA 模型代替，后者被作为搭建规划程序的基本框架(见章节 4.1.1.2)。

3.3.2.2 质疑及其反思

1. 主要质疑

在建筑与规划领域，系统化设计程序遭受的质疑主要集中在以下几点。

a. 设计程序能否被系统化？

程序系统化的一项基本任务是在步骤间建立秩序。如果步骤 a 的工作成果是步骤 b 的加工对象，则步骤 a 必须位于步骤 b 之前，这是在工作步骤间建立秩序的逻辑基础。

设计工作的终极目标是解决问题。如果设计方案自身存在引发新问

① SILLINCE J. A Theory of Planning[M]. Aldershot: Gower, 1986.

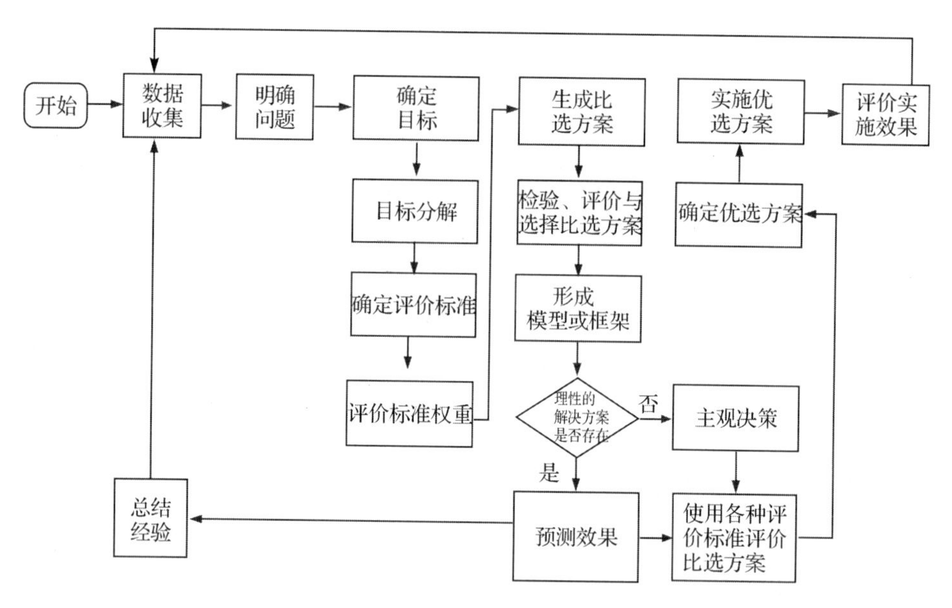

图 3-06 理性规划模型的发展

（来源：Rational planning model.［EB/OL］. file://localhost/D:/Themen/Leitbilder/Regenwasserbewirtschaft/fuer%20david/LID%20-%20 副本/Rational%20planning%20model%20-%20Wikipedia. mht，2012-08-30. 经修改）

题的可能，那么设计问题无法在初始阶段得到全面描述。那么，从表面上看，鉴于“定义问题”与“构思答案”之间互为因果的关系，设计工作在各步骤间往复跳跃似乎不可避免，设计工作各步骤间的顺序自然难以建立。

布莱恩·劳森指出，“提出设计程序路线图的困难之一就是永远不能确定问题的所有方面在何时出现。很明显，在没有进行一些方案的尝试之前，期望看到设计问题的许多方面是不可能的。在设计中，除非某个方案已经成型，否则很难知道哪些问题相关，哪些信息有用……设计问题不一定位于方案之前，而设计任务的制定看起来则应是一个持续过程”①。因此，“在设计中，方案不只是问题的逻辑结果，所以也就没有一套可保证结果的设计流程”。

b. 系统化程序是否有效？

严格地讲，设计程序与做法并非设计工作本身，而是引导设计工作开展的依据，是关于设计工作开展方式的规定。个人开展设计工作所使用的

① BRYAN LAWSON, How designers Think［M］. London, Architectural Press, 2005:120.

程序与做法通常以工作习惯的形式存在。事实上，无数优秀的建筑物、住区乃至城市均源自未使用系统化设计程序的情况。如果系统化的程序与个人(尤其是优秀设计人员)工作习惯存在差异，那么其有效性将遭受质疑。

例如，约翰·佩吉(John Page)认为，“在大部分设计实践中，当你创造了这个，发现了那个，最后加以综合的时候，你会意识到忘记分析了一些东西，你必须回到前面一步，再次创造一个修改过的综合方案修改，循环往复”。[①] 又如，罗伯特·文丘里认为，“我们有句话叫本末倒置，你不一定非得从总体向局部前进，很多时候，你从一开始就会进行细部设计”。[②] 显然，这些优秀设计师的工作习惯与60年代线性结构的标准化设计程序大相径庭。

如果用与个人工作习惯的匹配程度作为判断设计程序有效性的依据，不难得出结论，“设计程序合理化不能也不应妨碍个人的创作活力，代之以一种僵化的、固定的、单一的工作程序。应当承认，至今为止不少有关设计方法学的著作往往存在此类问题。对于工程设计，这种固定程序或许可行，但肯定不适用于建筑设计。后者需要的是一种灵活的、可变的、多样化的工作程序，一言以蔽之，是一种个人化的程序”[③]。

布莱恩·劳森更直接提出：“这些路线图主要来源于对设计的思考而非实践的观察，并且以逻辑性和系统性为特征。这种方法有非常危险的一面，因为方法论的作者并不一定是出色的设计师。我们有理由推断，最好的设计师可能会花费更多时间在设计上而不是论述方法上。如果这些得到证实，那么我们的关注点应是设计师在实践中怎样完成任务，而非设计方法论学者关于设计程序的思考。”[④]

c. 系统化程序能否实施?

系统化设计程序遭受质疑的一个重要方面来自实施问题，即“经济人假设”。首先，建筑设计与城市规划所要解决的问题不是单一、明确或绝对的，而是多元、模糊和相对的。某些情况下，如未尝试性地提出解决途径，

---

① BRYAN LAWSON, How designers Think[M]. London, Architectural Press, 2005:38.

② 同上，39.

③ 张钦楠.建筑设计方法学[M].西安：陕西科学技术出版社，1994:137.

④ BRYAN LAWSON, How designers Think[M] London: Architectural Press, 2005:40.

关于问题本身的进一步了解便无法获得。其次，人是感性动物，存在理性缺陷，其行为往往会受个人偏好、性格特征等非理性因素影响。再次，人处理信息的能力有限。个人既不可能全面获取各方面信息，也不可能掌握各个方面的知识与技能。因此，个人不可能发现所有问题，更不可能提出各方面的解决方案。系统化设计程序的实施因此被认为极具难度。

布鲁斯·史蒂夫特(Bruce Stiftel)在评价理性规划模型时指出，“理性模型由于简明易懂而不证自明，也由于其所需要的资源和专业知识是如此之多而难以实现”[①]。同样，查尔斯·林德布洛姆(Charles Lindblom)指出，“城市综合规划过多的数据与过高的综合分析水平，远远超出一名规划师的领悟能力”。如果理性规划模型被认为难以实施，那么所有比理性规划模型更为复杂的系统化设计程序似乎更难具实际应用价值。

事实上，随着设计工作的日益复杂，即便最简单的设计程序也难以得到有效执行。布莱恩·劳森指出，“在估计问题的难易程度和计算可行性方案所花费的时间上，设计者如果抱有过分乐观的态度，结果往往会是无法达到要求的细致程度……事实上，对于占有庞大篇幅的集中信息，设计者通常并不能指出这些信息对于最终方案的实际效果。这是一个危险的信号，相比解决问题来说，收集信息并不是一种内在需要”[②]。

阿尔瓦·阿尔托指出[③]，“建筑与规划涉及无数因素且往往相互矛盾，这就构成了极其沉重的负担……所有这些构成了一团复杂的情节，不可能用理性或机械的方法去解开”。面对这种情形，阿尔托选择，“让任务以及无数各不相同的要求深入无意识，将这一大堆问题暂时忘却，开始用一种类似抽象艺术的方法进行工作，只是凭直觉而不是用分析综合方法去作图”。

2. 反思质疑

简单的线性结构决定了早期系统化设计程序的先天缺陷，这为系统化设计程序的可行性、有效性、实用性等质疑提供了所谓的“事实依据”。然而，随着系统化设计程序的发展，设计程序的结构得到完善，相关质疑也将

---

① BOSHI PEZA SEYED. The National AICP Examination Preparation Course Guidebook 2000[M]. Washington D. C. :Inst. Cert. Planners,2000:6.

② BRYAN LAWSON, How designers Think[M]. London: Architectural Press, 2005:55.

③ 张钦楠. 建筑设计方法学[M]. 西安:陕西科学技术出版社,1994:139.

得到回应。

a. 设计程序系统化的可能性

(1)关于设计程序无序性的辩驳

布莱恩·劳森提出,“如果没有尝试性地提出解决途径,对问题本身便无法进一步了解……提出设计过程图的困难之一就是永远不能确定问题的所有方面何时出现”。

表面上看,“定义问题”与“构思答案”似乎互为因果,这将导致设计程序的无序性。但是,此类质疑必备一前提——即,各工作阶段在被重复开展时,工作对象与任务需保持一致。事实上,上述前提无法成立。例如,如果设计工作始自“定义问题”,那么第一次执行“定义问题”时,其对象是场地现状;而在“构思答案”(即提出尝试性的解决方案)之后,第二次执行“定义问题”时,其对象则是设计方案而非场地自身。因此,两次执行“定义问题”并非同一步骤的简单重复,“定义问题”与“构思答案”也并非互为因果,否则就犯了偷换概念的错误。

故,设计程序的无序性(即“往复跳跃”之说)难以成立。换言之,在设计工作步骤之间建立秩序,未必存在逻辑障碍。

(2)“反馈”对系统化设计程序的重要意义

关于目的性行为研究的重要结论是,“人的随意活动中的一个极端重要因素就是控制工程师们所谓的反馈作用”[①]。反馈机制对技术系统与生物系统意义重大,使它们表现出自动调节与控制功能。

对于系统化设计程序,反馈机制的重要意义也得到逐步认识。早期的系统化设计程序无法形成反馈,程序无法在“构思答案”之后应对“答案”引发的新问题。20世纪60年代,查尔斯·林德布洛姆在《决策过程》[②]中提出“渐进主义模型”,强调目标与方案之间的相互调适:不是一劳永逸,要注意反馈调节、要在试探与摸索中前进。基于该思想,在20世纪70年代,法卢迪、马瑟等人提出具反馈环结构的规划设计程序。如今,在应用PDCA循环模型(详见第四章)搭建的设计程序中,设计任务的制定的确成为“一个持续的过程”。但是,设计任务的持续开展并未如布莱恩·劳森断言,成为确定工作秩序不可逾越的障碍。

① 魏宏森,曾国屏.系统论[M].北京:清华大学出版社,1995:301.

② 查尔斯·林德布洛姆著.竺乾威,胡君芳译.决策过程[M].上海:上海译文出版社,1988.

可以说，反馈机制使系统化设计程序的建立成为可能。

b. 系统化设计程序的有效性

设计程序可分为两类：个人化程序、系统化程序。

(1)个人化程序的弊端

随着设计工作日趋复杂，个人无法在有限时间内完成全部工作。阿尔瓦·阿尔托的自述表明，设计师在面对复杂问题时，将采取简化问题的方法。但这将导致，“一个要素，在某些人中被忽略，被某些人重视”。这显然不能满足可持续发展对于住区设计全方位、高水平的质量要求。正如章节3.2.2.1指出，没有哪个问题比其他问题更“重要”或“次要”。针对文丘里的思路，从某个局部出发获得的整体方案难以确保其水文方面的质量水平。

从某种程度上讲，个人化程序更适合于进行艺术创作。“艺术的本质在于其原创性。它不必过多考虑功能上或生活上的效果。它运用抽象思维仅仅是为了产生前所未有的可能性。”①

而，如前所述(章节3.1.2)，为了完成可持续雨水管理赋予的新任务，住区设计的针对性工作不仅要探索方案形态的可能性，更要确保最终方案形态的功能性。住区内每块非渗透性表面(尤其是水平表面)的形态均影响到雨水问题的生成及其严重程度，每块保留地表的形态都影响到雨水问题的解决能力。一个能够充分满足可持续雨水管理空间使用需求的住区设计方案必然是某种逻辑结果。当住区取代排水管网成为实施可持续雨水管理的“精密仪器”，住区设计就开始不同于艺术创作。因此，可持续雨水管理导向下住区设计的针对性工作更接近工程设计，而非艺术创作，无法由个人化程序引导。

(2)统化程序用以指导团队协作

“系统化方法并非进行设计的唯一合理途径，如果应用得法的话，它是帮助建筑师开展设计的方式之一……方法属于手段，手段与辅助手段都用以发挥某种作用；但是起什么作用则不取决于手段本身，而取决于目标……在讨论方法的有效性之前，必须先问这些方法可用在什么

① BILL HILLIER. Space is the machine：A configurational theory of architecture [M]. 1st ed. Cambridge：Cambridge University Press，1996：67.

地方。”[①]

在复杂条件下，系统化的程序与做法将用以指导团队协作，而非个人工作。虽然系统化程序与个人工作习惯的差异使其有效性受到质疑，但是此类观点明显忽略了一个基本事实(即设计方法运动的历史背景)：设计程序的系统化已成为实现设计分工与自动化、解决复杂质量问题、实现产品全方位质量提升的客观需求。如果团队依据完善的程序实施协同工作，约翰·佩吉所谓的“忘记要点”的情况就很难发生，基本活动间不必要的随机反复也可被避免。

因此，协作式的团队设计工作程序不应简单地模仿个人工作习惯；是否与个人工作习惯相匹配更不适宜作为评判系统化设计程序优劣的标尺。

c. 系统化设计程序的可行性

(1)基础之一：专业分工

通过经典案例“扣针制造”[②]，亚当·斯密指出，“分工只要能够被推行，就能引起劳动生产力的相应增加”[③]。随着设计工作的日趋复杂、各方要求的日益多样化与严格化，各专业人员分别开展场地评估、方案评估成为一种自然选择。可以说，设计中的专业分工成为实施系统化设计程序的必要基础。

(2)基础之二：团队协作

系统化设计程序的实施对于个人极具难度，对于团队则至少在理论上并非不可实现。实施团体协作将使生产能力(包括处理信息的能力)得到几何级数增长，且个人的理性缺陷将被克服。作为整体，一个组织结构良好的团队可被认为无限接近于“经济人”[④]。团队可掌握多方面知识与技能，可发现更多问题，可提出各方面的解决方案。事实上，当前发达国家在

---

① J·Joedicke 著. 冯纪忠，杨公侠译. 建筑设计方法论[M]. 武汉：华中工学院出版社，1983：1. 经简化.

② 扣针的生产程序包含 18 个步骤，如果各步骤分别由一个工人专门负责，或者个别工人负责 2～3 个步骤，那么 10 人团队可每天生产 48 000 枚扣针，人均生产 4 800 枚扣针。“如果他们各自独立工作，不专习一种特殊业务，那么，他们不论是谁，绝对不能一日制造 20 枚针，说不定一天连一枚针也制造不出来。他们不但不能制出今日由适当分工合作而制成的数量 1/240，就连该数量的 1/4 800 恐怕也制造不出来。”

③ ADAM SMITH. An Inquiry Into The Nature And Causes Of The Wealth Of Nations[M]. Pennsylvania：The Pennsylvania State University，2005：12.

④ 经济人，指代完全依靠理性思维、完全不受感性支配的理性决策者。鉴于生活的复杂性与人性的弱点，现实中，个人很难作为经济人作出百分之百的理性决策。

开展可持续雨水管理导向下的城市规划与建筑设计时，一方面侧重于开发针对性的设计程序与做法，另一方面则侧重于开发与之匹配的组织结构。通过协作规划(Cooperative Planning)、整合设计(Integrated Design)等规划设计模式，系统化程序已得到实施贯彻。

3.4 小结

基于现代质量管理理论对住区设计针对性工作性质的分析，住区设计新任务的实质被解读为“确保住区在可持续雨水管理方面的质量”，设计的工作途径(即设计的程序与做法)成为决定新任务成败的关键因素，且设计程序的改进有助于方案质量的提升。同时，对建筑与规划领域设计程序系统化的历史反思也对以上论点形成支撑。

鉴于标准性、系统化设计程序与做法的缺失，我国现阶段住区设计需在个人化设计程序的引导下得以开展。鉴于其难具“保持工序能力稳定性”的固有缺陷，个人化程序要确保某方面的空间需求需具特定前提(即空间需求在设计伊始已在某种程度上得到确定)。

作为场地自然条件与方案具体形态的函数，可持续雨水管理的空间需求无法在设计工作伊始得以完整确定。对可持续雨水的空间需求及其满足程度进行持续判断成为住区设计工作的新增部分。对此，常规设计程序缺乏相应步骤以容纳此类工作。因此，有必要专门提出系统化设计程序以引导可持续雨水管理导向下的住区设计。

4 住区设计程序与做法的优化建议

4.1 设计程序的优化建议

4.1.1 一般原则

4.1.1.1 调整设计程序结构

仅运用系统理论的基本概念,就足以揭示设计程序结构调整的必要性。

系统是相互作用的多个元素的复合体,这是现代系统研究开创者贝朗塔菲(L. von. Bertalanffy)对系统的定义。"该定义包含两个逻辑义项:如果一个对象集合中至少有两个可区分的对象,所有对象按照可辨认的特有方式相互联系,就称该集合为一个系统。集合中包含的对象称为系统的组分,最小(即不需再细分的组分)被称为系统的元素或要素……系统科学以以下基本命题为前提:系统是一切事物的存在方式之一,因而可利用系统观点来考察、运用系统方法描述"①。那么,"程序"可表述为:以"将输入转化为输出的基本活动"为组分的系统。

结构是"组分与组分之间关联方式的总和,是所有元素关联起来形成统一整体的特有方式"②,它是系统研究最为关心的内容。结构不仅包含组分的时空分布形式,而且包含组分之间的联系方式与组织秩序。需要指出,"现代意义上的结构概念,并非仅指时空分布形式,更为重要的是强调要素的相互联系、相互作用……如果系统的结构发生改变,那么系统也将发生质变"③。

---

① 许国志,顾基发,车宏安.系统科学[M] 上海:上海科技教育出版社,2000:17.

② 同上,18.

③ 魏宏森,曾国屏.系统论[M].北京:清华大学出版社,1995:289.

系统的功能是指“系统与外部环境相互联系和相互作用中表现出来的性质、能力与功效，是系统内部相对稳定的联系方式、组织秩序以及时空形式的外在表现形式”①。根据系统论的结构功能相关律，结构对于功能具决定性意义②：结构是系统功能的基础；系统功能依赖于结构。

系统结构的优化与其功能的改进密切相关。在系统结构合理的情况下，系统才具有良好功能。常规设计程序功能方面的相对局限性源自其结构的固有缺陷，而设计程序的优化亦应始于结构优化。因此，为了确保可持续雨水管理导向下住区设计新任务的成功落实，设计程序的结构（即，其基本步骤、步骤间的时空秩序、步骤间的相互关系）必须得到重新设置。

4.1.1.2 应用 PDCA 循环模型

1950 年，威廉·E·戴明（William Edwards Deming）提出“PDCA 循环模型”（译作“戴明环”，Deming Circle）的早期版本，用以描述质量管理所应遵循的科学程序。经过半个世纪的实践与完善，“PDCA 循环模型”已被广泛用于各种工作程序的构建③。如前所述，住区设计可被视为以设计方案为产品的生产活动；在可持续雨水管理的导向下，住区设计新任务的实质是确保设计方案在雨水管理方面的质量水平（详见章节 3.1.1.1）。因此，比之此前的规划模型，使用目前广受认可的、最为先进的“PDCA 循环模型”构建设计程序，更具合理性。具体而言，优化设计程序的结构应符合以下原则。

1. 四项基本工作

“PDCA”一词由四个英文单词“Plan（计划）”、“Do（执行）”、“Check（检查）”、“Action（处理）”的首字母组成。顾名思义，使用“PDCA 循环模型”搭建的设计程序通常由四项基本工作组成④。

● 计划（Plan）：适应用户要求，以获得社会、经济、环境等方面的成效为目标。通过调查研究、制定技术经济指标，设计质量目标，确定达标措施与方法。

---

① 魏宏森，曾国屏．系统论[M]．北京：清华大学出版社，1995：290.

② 许国志，顾基发，车宏安．系统科学[M] 上海：上海科技教育出版社，2000：17.

③ ISO 90012008（E），Quality management systems-Requirements[S]. Geneva：ISO copyright office，2008：vii.

④ 李晓春．质量管理学[M]．北京：北京邮电大学出版社，2008：155-156.

● 执行(Do):按照既定计划与措施开展实施活动,以实现产品质量。

● 检查(Check):对照计划,检查执行情况与成效,及时发现、总结计划在实施过程中的经验与问题。

● 处理(Action):根据检查结果采取针对性措施,以巩固成绩、吸取教训。

“PDCA循环模型”的四项基本工作又可被分为以下八个步骤[①]。其中,前4步属于“计划”(P)阶段;第5步属于“执行”(D)阶段;第6步属于“检查”(C)阶段;第7、8步属于“处理”(A)阶段。

(1)调查研究,分析现状,找出存在的质量问题;

(2)分析产生质量问题的原因或影响因素,逐一分析影响因素;

(3)找出影响质量的主要因素,并从中着手解决质量问题;

(4)针对影响质量的主要因素,制定明确、具体的行动计划或具体措施;

(5)按照既定计划执行;

(6)根据计划要求,检查实际执行结果;

(7)根据检查结果总结经验教训,修正原有制度、标准、计划;

(8)提出此次循环尚未解决的遗留问题,将其转入下一次“PDCA循环”。

物质形态是住区设计方案满足可持续雨水管理空间使用需求的唯一“媒介”。因此,为了完成住区设计的新任务、确保住区的水文功能,以形态创造为核心的住区设计必备以下内容。

● 形态构成是将“设计对象打碎成要素进行重新组合”[②]的过程;缺乏明确的边界条件,形态的可能性将近乎无限,且无法确保其水文功能达标。

● 住区形态选取是一个持续的“评价、决策”过程;此过程须具备明确标准,否则方案优选将失去依据。

● 优选方案的形态无法确保水文功能足够完善;对此,明确的修正意见应得以提出,否则功能偏差将无法得到纠正。

在工作内容的设置上,“PDCA循环模型”既强调引导、又强调评估、更强调修正。与个人化设计程序相比,使用“PDCA循环模型”搭建的系统化设计程序具足够“空间”,以纳入用以确定、评估可持续雨水管理空间使用需求的专业化研究与设计工作,可更充分地提供形态生成的必备内容,从而促进可持续雨水管理导向下住区设计的系统化、科学化发展。

---

① 伍爱.质量管理学[M].广州:暨南大学出版社,1996:20-22.

② 同济大学建筑系建筑设计基础教研室.建筑形态设计基础[M].北京:中国建筑工业出版社,1998:9.

2. 循环多次运行

布莱恩·劳森对设计程序系统化可行性的质疑主要原因在于:设计方案本身存在引发新问题的可能(见章节 3.3.2.2)。就可持续雨水管理而言,住区既是雨水问题的来源,又是雨水问题的缓解装置。因此,虽然设计方案以解决预期雨水问题为目标,但是其他雨水问题仍在所难免。

如果设计程序采用线性结构,并简单地将设计工作划分为计划、执行、检查、处理四步,并依次执行;那么即使"处理"步骤能确保优选方案向"计划"步骤所提出的初始目标修正,优选方案可能引发的新问题却可能无法得到解决。

"PDCA 循环模型"之所以强调"循环",就在于不仅要求设计程序包含 PDCA 四项基本工作,而且要求 PDCA 四项基本工作得到反复执行。因此,使用"PDCA 循环模型"搭建的设计程序将包含多套 PDCA 的组合,如 PDCA-PDCA-PDCA。

需要指出,"每个 PDCA 循环的运行,都不是在原地周而复始运转,而是像爬楼梯那样,每一次循环都有新的目标和内容。每经一次循环,一些问题就会得到解决,质量水平就会上升到新的高度,就有了新的更高的目标,在新的基础上继续 PDCA 循环。如此循环往复,质量问题不断得到解决,产品质量和管理水平就会不断得到改进和提高(图 4-01)"①。

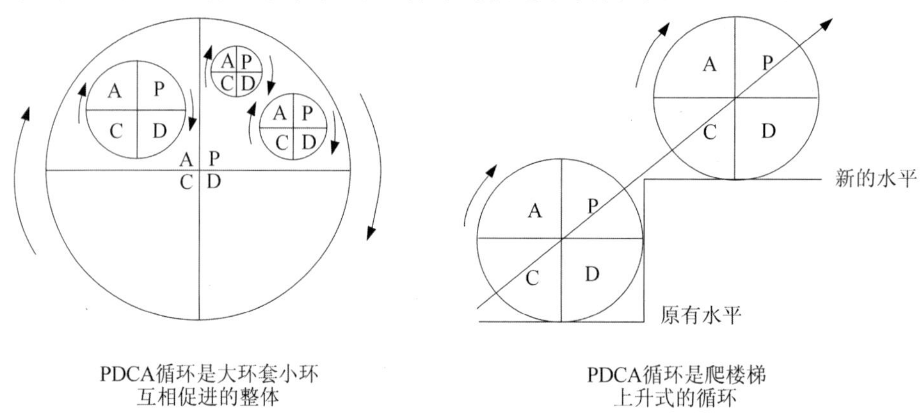

PDCA循环是大环套小环
互相促进的整体

PDCA循环是爬楼梯
上升式的循环

图 4-01　PDCA 循环

(来源:李晓春. 质量管理学[M]. 北京:北京邮电大学出版社,2008. 图 5-2-1,图 5-2-2)

① 李晓春. 质量管理学[M]. 北京:北京邮电大学出版社,2008:156.

3. 输入输出关系

结构概念的内涵有两方面内容：组分、组分间的关系（详见章节4.1.1.1）。使用“PDCA 循环模型”搭建的设计程序，不仅需含 PDCA 四项基本工作，而且应使其多次循环运行。仅有工作内容（程序的组分）并不足够，充分实现各项工作的相互作用则更为重要。各项工作之间保持“输入/输出关系”（input-output relationship）所有工作才能形成一个系统。

关于“输入输出关系”，国际标准化组织（International Standard Organization，ISO）①指出：各项工作之所以发生作用，是因为一项工作的输出（output）成为下一项工作的输入（input）。程序中的各项工作通过“输入输出关系”被有效“粘连”。通俗地讲，程序中各步骤的工作成果应成为下一个步骤的加工对象。

按照系统论观点②，世界处于相互联系中，而相互联系则有其具体内容：组织规定性是其中的重要内容，信息是这种相互联系的重要内容。美国数学家、信息论的创始人仙农曾在其论文《通讯的数学理论》（1948）中指出：“信息是用来消除随机不定性的东西”。显然，若不具备“输入输出关系”，步骤间将不存在信息交流，也就不存在相互作用。

如果引导工作的成果仅为专业化的解决策略或技术设备体系构建，而无法被定量、定形地转化为具体的空间使用要求，那么专业研究就无法真正有效引导设计形态生成，“计划”（P）与“实施”（D）将会脱节，程序设置亦将失去意义。因此，系统化设计程序中的各具体步骤必须形成“输入输出关系”。

4.1.1.3 样本分析

针对可持续雨水管理导向下的城市与住区设计，发达国家已开发了多种工作体系，各体系均含系统化设计程序。通过对若干主流工作体系中设计程序的结构分析，可对本文中设计程序优化原则的正确性与有效性进行验证。

1. 分析方法

设计程序由若干工作步骤组成。对设计程序结构的认识，即对认识设

---

① PRAXIOM. ISO's Process Approach[EB/OL]. http://sz. southcn. com/jd/jdlx/content/2008-06/16/content_4436452. htm，2008-06-16.

② 魏宏森，曾国屏. 系统论[M]. 北京：清华大学出版社，1995：303.

计程序的步骤及其关联方式的认识。故,"设计程序采用怎样的结构"是一个复杂命题。

笛卡尔在经典著作《谈谈方法》(又名《方法谈》)中提出了认识复杂命题的四条基本原则①,即"笛卡尔分析方法"②。其核心思想在于:"把复杂的归结为简单的,把不完全理解的问题归结为完全理解的问题,把可完全理解的问题规约为简单命题,即找到了能够直接看出其为真的命题,从而达到认识原理"③。换言之,"分析"即"把我所考察的每一个难题,尽可能分成细小的部分,直到可以且适于加以圆满的解决程度为止"④。

因此,对设计程序的结构进行分析,需确认设计程序中各步骤的工作内容及其对其他步骤的作用。如一个步骤包含多项工作任务,则需进一步分解,并逐一确认各项任务的工作内容,直至每一步骤(任务)的内容与实质能被简单明确地判断。

根据现代质量管理理论⑤,任何产品的生产程序都可分为两个部分:质量管理、产品实现。前者即"在质量方面引导与控制协调活动";后者即"PDCA 循环模型"中的"执行"(D)工作。换言之,无论质量管理的具体内容如何,无论采用何种结构模型,任何程序都含"执行"(D)这一步骤。故,若要分析设计程序步骤间的关系,首先需确认哪个步骤是"执行"(D)。

比尔·希利尔将设计工作划分为生产阶段、预测阶段,并指出,"在生产阶段,设计工作需要关于方案形态可能性的限定;在预测阶段,设计工作需要确认形态与性能间的联系"⑥。据此,设计工作可分为形态生成、对形态生成的引导与控制两类。其中,形态生成(如提出设计方案)即"执行"(D)阶段。在此基础上,考察相关步骤对"执行"(D)的作用,设计程序结构将得以呈现。

---

① 笛卡尔著.王太庆译.谈谈方法[M].北京:商务印书馆,2001:16.

② 1.凡尚未被明确认识的对象不能被当成真的接受;2.将所要审查的各个难题按照可能和必要程度分成若干部分;3.从最简单、最容易认识的对象开始,逐步上升,直到最复杂的对象;4.在任何情况下,都要尽量全面考察,普遍复查,做到毫无遗漏。

③ 高国希.理性分析的主体性哲学方法论[J].文史哲,1988(3):85.

④ 北京大学哲学系编译.十六——十八世纪西欧各国哲学[M].北京:商务印书馆,1961:110.

⑤ ISO 9000:2005(E),Quality management systems- Fundamentals and vocabulary [S].3rd ed.Geneva:ISO copyright office,2005:3.

⑥ BILL HILLIER.Space is the machine:A configurational theory of architecture [M].1st ed.Cambridge:Cambridge University Press,1996.

2. 分析成果

使用上述分析方法,本书对美国 LID 体系、澳大利亚 WSUD 体系、德国建造规划体系中的设计程序进行结构分析。研究结果表明,PDCA 循环模型在上述先进国家的住区设计程序中已得到广泛使用(表 4-01、表 4-02、表 4-03、表 4-04)。

表 4-01 乔治王子县 LID 设计程序结构分析

具体步骤	任务分解	步骤成果	作用	工作实质	工作阶段
确定城市规划与规范的要求	—	空间使用需求、雨水管理目标	限定形态生成的可能性	调查现状	计划(P)
限定可建区域与保护区域	编制场地清单	场地水文相关信息	限定水文功能区划的可能性	调查现状、确认问题,找出主因	
	场地评估	场地水文功能区划	限定形态生成的可能性	针对主要因素提出专业计划	
将排水系统作为设计要素	生成用地布局比选方案	建设用地布局比选方案	形态生成	执行计划,落实措施	执行(D)
	布局方案水文评估与优选	建设用地布局优选方案	确认形态与功能间的关系	检查执行结果	检查(C)
			限定形态生成的可能性	修正工作成果	处理(A)
生成整合性场地设计草案	减少非渗透性区域总量	场地设计草案比选方案	形态生成	执行计划,落实措施	执行(D)
	将非渗透性区域与管网分离				
	延长非渗透性区域排水路径				
场地设计草案水文评估	—	场地设计草案	确认形态与性能间的关系	检查实际执行结果	检查(C)
完成场地设计方案	—	场地设计方案	形态生成	执行计划,落实措施	执行(D)

说明:灰色文本框——程序中任务相同的工作步骤。

(来源:笔者自制。根据 PRINCE GEORGE'S COUNTY, MARYLAND. Low-Impact Development Design Manual[M]. Prince George's County, Maryland: Department of Environmental Resources, 1997)

表 4-02　密歇根州 LID 设计程序结构分析

具体步骤	补充说明	步骤成果	作用	工作实质	工作阶段
土地用途分析	—	空间使用需求雨水管理目标	限定形态生成的可能性	调查现状	计划(P)
整合来自城市、县、州、国家、联邦的要求	—				
编制场地清单	—	场地水文相关信息	限定水文功能区划的可能性	确认问题，找出影响问题的主要因素	
场地评估	—	场地水文功能区划	限定形态生成的可能性	针对主要因素提出专业计划	
使用非结构性最佳管理措施开发场地设计概念	—	场地设计草案比选方案	形态生成	执行计划，落实措施	执行(D)
组织初始会议	识别雨水管理需求的满足程度并提出修改意见	场地设计草案修正意见	确认形态与功能间的关系	检查实际执行结果	检查(C)
修正场地设计概念	优选与调整场地设计草案	场地设计草案优化方案	限定形态生成的可能性	修正工作成果	处理(A)
确定结构性最佳管理措施	确认能够实现雨水管理目标的技术系统及其空间需求	雨水管理规划方案	限定形态生成的可能性	确认问题，找出主因，提出专业计划	计划(P)
开发场地设计方案	—	场地设计方案	形态生成	执行计划，落实措施	执行(D)

说明：灰色文本框——程序中任务相同的工作步骤。

（来源：笔者自制。根据 SOUTHEAST MICHIGAN COUNCIL OF GOVERNMENTS，INFORMATION CENTER. Low Impact Development Manual for Michigan：A Design Guide for Implementors and Reviewers. [EB/OL]. http://library.semcog.org/InmagicGenie/DocumentFolder/LIDManualWeb.pdf，2008-12-30）

需要指出的是，通过建设用地布局方案，场地内部的建设区、非建设区得到确定，非结构性措施空间需求将被初步满足；通过场地设计草案，场地内非渗透性界面的基本结构将得到确认，结构性措施空间需求将被初步满足；通过场地设计方案，场地内非渗透性界面将得以精确定形、定位、定量，可持续雨水管理两种措施的空间需求将进一步充分满足。

表 4-03　澳大利亚 WSUD 设计程序结构分析

<table>
<tr><th>具体步骤</th><th>补充说明</th><th>步骤成果</th><th>作用</th><th>工作实质</th><th>工作阶段</th></tr>
<tr><td>设置雨水管理目标</td><td>—</td><td>雨水管理目标</td><td>限定雨水管理规划的可能性</td><td>调查现状</td><td rowspan="3">计划(P)</td></tr>
<tr><td>场地水文分析</td><td>—</td><td>场地水文相关信息</td><td>限定水文功能区划的可能性</td><td rowspan="2">发现问题，确认影响问题的主要因素</td></tr>
<tr><td>土地承载力评价</td><td>—</td><td>场地水文功能区划</td><td>限定雨水管理规划的可能性</td></tr>
<tr><td>生成建设用地布局方案</td><td>—</td><td>建设用地布局方案</td><td>限定形态生成的可能性</td><td>执行计划</td><td>执行(D)</td></tr>
<tr><td>选择最佳管理措施</td><td>—</td><td rowspan="2">建设用地布局优化方案</td><td rowspan="2">限定形态生成的可能性</td><td rowspan="2">针对主要因素提出专业计划</td><td rowspan="2">计划(P)</td></tr>
<tr><td>对措施进行可行性评价</td><td>—</td></tr>
<tr><td>提出场地设计草案比选方案</td><td>—</td><td>场地设计草案比选方案</td><td>形态生成</td><td>执行计划</td><td>执行(D)</td></tr>
<tr><td>根据设定目标评估场地设计草案比选方案</td><td>—</td><td>场地设计草案修正意见</td><td>确认形态与性能间的关系</td><td>检查实际执行结果</td><td>检查(C)</td></tr>
<tr><td>发展场地设计草案</td><td>—</td><td>场地设计草案</td><td>形态调整</td><td>总结经验，修正工作成果</td><td>处理(A)</td></tr>
<tr><td colspan="6">说明：灰色文本框——程序中任务相同的工作步骤。</td></tr>
</table>

（来源：笔者自制。根据 JOINT STEERING COMMITTEE FOR WATER SENSITIVE CITIES. Evaluating options for water sensitive urban design-a national guide[EB/OL]. http://www.environment.gov.au/water/publications/urban/pubs/wsud-guidelines.pdf，2009-07-30）

表 4-04　法兰克福整合性建造规划设计程序结构分析

<table>
<tr><th>具体步骤</th><th>任务分解</th><th>步骤成果</th><th>作用</th><th>工作实质</th><th>工作阶段</th></tr>
<tr><td>基础数据调研</td><td>—</td><td>空间使用需求
雨水管理目标</td><td>限定形态生成的可能性</td><td>调查现状</td><td rowspan="3">计划(P)</td></tr>
<tr><td>水文地质鉴定</td><td>—</td><td>场地水文相关信息</td><td>限定水文功能区划的可能性</td><td>发现问题</td></tr>
<tr><td>确定土地利用结构</td><td>—</td><td>场地水文功能区划</td><td>限定形态生成的可能性</td><td>提出专业计划</td></tr>
<tr><td>城市设计概念设计</td><td>—</td><td>建设用地布局方案</td><td>形态生成</td><td>执行计划</td><td>执行(D)</td></tr>
<tr><td>探索性雨水管理</td><td>—</td><td>建设用地布局优化方案</td><td>限定形态生成的可能性</td><td>提出专业计划</td><td>计划(P)</td></tr>
<tr><td>城市设计草案设计</td><td>—</td><td>场地设计草案</td><td>形态生成</td><td>执行计划</td><td>执行(D)</td></tr>
<tr><td rowspan="3">确定雨水处理系统位置、尺寸</td><td>雨水处理系统设计</td><td rowspan="3">雨水管理规划方案</td><td rowspan="3">限定形态生成的可能性</td><td rowspan="3">提出专业计划</td><td rowspan="3">计划(P)</td></tr>
<tr><td>初始公众参与</td></tr>
<tr><td>确定空间使用需求</td></tr>
<tr><td>建造规划方案设计</td><td>提出场地设计方案</td><td>场地设计方案比选方案</td><td>形态生成</td><td>执行计划</td><td>执行(D)</td></tr>
<tr><td>正式公众参与</td><td>—</td><td>场地设计方案修正意见</td><td>确认形态与性能间的关系</td><td>检查实际执行结果</td><td>检查(C)</td></tr>
<tr><td>建造规划生效</td><td>—</td><td>场地设计方案</td><td>形态调整</td><td>总结经验，修正工作成果</td><td>处理(A)</td></tr>
<tr><td colspan="6">说明：灰色文本框——程序中任务相同的工作步骤。</td></tr>
</table>

（来源：笔者自制。根据 STADT FRANKFURT AM MAIN. Konzeption zur Umsetzung der Regenwasserbewirtschaftung (RWB) in Erschließungsgebieten der Stadt Frankfurt am Main. [EB/OL]. http://www.umweltfrankfurt.de/V2/fileadmin/Redakteur_Dateien/05_gca_dossiers_english/09_waste_water_treatment_frankfurt_annex_03.pdf, 2005-08-30）

4.1.2 具体设想

4.1.2.1 基本思路

1. 一般原则的局限性

1979年,迈克尔·托马斯(Michael Thomas)在批判法卢迪的理性规划模型时指出[①],"程序性理论基本上是空洞的,虽然它明确了思考和行动的程序,但是没有研究这些思考和行动的内容"。该论断揭示出以下事实:设计模型所描述的对象是程序结构的实质而非结构本身。因此,构建设计程序的一般原则适用于判断设计程序的合理性,但并不足以演绎设计程序的具体内容。

例如,"PDCA循环模型"的一个组成部分是"调查现状"。如果某一设计程序使用"PDCA循环模型",直接将"调查现状"作为一个具体步骤,却未指定调查对象与调查范围(即无明确现状调查的具体任务),那么程序使用者便无法实施该步骤。因此,可持续雨水管理导向下的住区设计所遵循的系统化设计程序应当包含哪些具体步骤?各步骤的具体内容又是什么?关于上述问题,仅依据设计程序的构建原则无法予以精确解答。

2. 直接引用的局限性

直接引用外部优秀的设计程序与做法是一种简单、快速且能有效提高现有产品质量的途径。例如,在工业设计领域,华为公司以5 000万美元的价格向美国IBM公司购买了"整合性产品开发系统"(Integrated Product Development,简称IPD),用以引导产品设计与研发[②];在建筑设计领域,澳大利亚米尔迪拉市(Mildura)向美国帕森斯·布林克霍夫公司直接购买了水敏性城市设计工作体系,用以引导可持续雨水管理导向下的城市与建筑设计。

如前所述,若干发达国家已开发了专门的工作体系,以引导可持续雨水管理导向下的住区设计,并在实践中获取不同程度的成功经验(见章节1.6.1.2)。然而,对于可持续雨水管理导向下的住区设计,"直接引用"固然是优化设计程序的有效途径,但却非最佳途径。

---

① 尼格尔·泰勒著.李白玉,陈贞译.1945年后西方城市规划理论的流变[M].北京:中国建筑工业出版社,2006:92.

② 张利华.华为5000万从IBM买了什么[J].中国机电工业,2010(3).

一方面，针对可持续雨水管理导向下住区设计的系统化设计程序种类多样，难以确定直接引用的对象。先进的设计程序是确保高水平产品质量的必要条件而非充要条件，因此直接依据住区的雨水管理水平来判断设计程序的先进性有失严谨。如果缺乏其他有效的客观判断标准，设计程序的优劣不易分辨，引用对象将被迫通过某种随机或主观的方式得到确定。

另一方面，上述系统化设计程序多开发于20世纪90年代，现仍处于"试运行"阶段。随着实践经验的积累，这些体系及其设计程序与做法有待持续完善与更新。同样，结构分析结果表明，虽然上述设计程序结构在整体上基本符合"PDCA循环模型"，但在局部上均存在一定缺陷。在此状况下，直接引用"有待完善"的外部程序则有待商榷。如果只是简单地照搬照抄，而不能做到"知其然，知其所以然"，那么外部程序的既存"缺点"就只能通过亦步亦趋的方式等待外部力量予以解决。

3. 取长补短

鉴于孤立地运用设计模型演绎或直接引用已有设计程序存在的种种弊端，为了针对我国现实情况提出设计程序优化建议，本书采取以下思路展开探讨：以优化设计程序的一般原则为依据，对当前若干主流工作体系中的设计程序进行结构分析，通过比较发现各程序的相对优势或劣势，进而取长补短，提出更为完善的系统化设计程序，以引导可持续雨水管理导向下的我国住区设计。

4.1.2.2 建议程序

1. 比较方法

比较研究法是认识事物的一种基本方法，即"将两个或两个以上的事物加以对照，以说明它们在某些方面的相似或差异及其原因的研究类型"①。美国比较教育学家乔治·贝雷迪(George Bereday)②将比较研究划分为"四个阶段"，即描述、解释、并列与比较，并将描述、解释作为区域研究，将并列、比较作为比较研究；并指出，"区域研究并非比较研究，它只是比较研究的必备基础"③。鉴于章节4.1.1.3已对各主流工作体系中的设

---

① 比较研究[EB/OL]. http://baike.baidu.com/view/1023989.htm,2011-02-05.

② 梁荣华，孙启林. 对历史人文主义的扬弃和对科学实证主义的追寻——贝雷迪的比较教育方法论特性论析[J]. 华北师大学报(哲学社会科学版)，2010，243(1)：157-162.

③ 薛理银. 当代比较教育研究方法论研究[M]. 北京：人民教育出版社，2009：106.

计程序的结构进行详述与分析，本节重在陈述并列、比较两个阶段的具体内容。

结构比较的目的不仅在于发现不同设计程序在步骤内容上的差异，而且在于发现同一步骤（尤其是形态生成）在不同程序中的作用差异，从而发现工作步骤设施的基本原则，以确保住区形态能够精确满足雨水管理的空间需求。事实上，由于形态生成是所有设计程序均包含的内容，因此比较研究的目的在于发现引导与控制方法的差异。当然，本项工作必须具备前期，即待比较程序的结构类型相同，只是具体内容有所差异。

具体而言，本项比较研究将两个程序具相同工作任务（或同类工作成果）的步骤进行并置。此后，将对相同步骤与不同步骤进行分别处理。

● 通过并置，每个程序相对独特的工作步骤将得以显现。对此，应考察这些独特步骤对于形态生成的作用，进而决定取舍。若将保留的独特步骤与两个设计程序的共有步骤相结合，便可获得一个更完善的设计程序。

● 针对相同的工作成果，每个程序中的相应步骤可能有所不同。在此情况下，应考察哪一种步骤设置更利于专业分工，更利于雨水管理空间需求的满足，进而决定取舍，完善设计程序。

2. 比较成果

第一轮次比较：将乔治王子县 LID 场地设计程序（简称为程序 G）与密歇根州 LID 场地设计程序（简称为程序 M）进行结构比较，获得第一轮次的优化设计程序（简称为程序 P1，表 4-05）。

表 4-05　第一轮次比较表

<table>
<tr><th colspan="2">G</th><th colspan="2">M</th><th colspan="2">P1</th></tr>
<tr><th>具体步骤</th><th>步骤成果</th><th>具体步骤</th><th>步骤成果</th><th>具体步骤</th><th>工作阶段</th></tr>
<tr><td rowspan="2">确定城市规划、设计规范要求</td><td rowspan="2">空间使用需求雨水管理目标</td><td>土地用途分析</td><td rowspan="2">空间使用需求雨水管理目标</td><td rowspan="2">确定城市规划、设计规范要求</td><td rowspan="4">计划(P)</td></tr>
<tr><td>整合城市、县、州、国家、联邦的要求</td></tr>
<tr><td>编制场地清单</td><td>场地水文相关信息</td><td>编制场地清单</td><td>场地水文相关信息</td><td>编制场地清单</td></tr>
<tr><td>场地评估</td><td>场地水文功能区划</td><td>场地评估</td><td>场地水文功能区划</td><td>场地评估</td></tr>
<tr><td>生成用地布局比选方案</td><td>建设用地布局比选方案</td><td>—</td><td>—</td><td>生成用地布局比选方案</td><td>执行(D)</td></tr>
<tr><td rowspan="2">布局方案水文评估与优选</td><td rowspan="2">建设用地布局优选方案</td><td rowspan="2">—</td><td rowspan="2">—</td><td rowspan="2">布局方案水文评估与优选</td><td>检查(C)</td></tr>
<tr><td>处理(A)</td></tr>
</table>

续表

G		M		P1	
具体步骤	步骤成果	具体步骤	步骤成果	具体步骤	工作阶段
提出整合性场地设计草案	场地设计草案比选方案	使用非结构性最佳管理措施开发场地设计概念	场地设计草案比选方案	提出整合性场地设计草案	执行(D)
评估开发前后的水文状况	场地设计草案优化方案	组织初始会议	场地设计草案优化方案	场地设计草案水文评估	
		修正场地设计概念		修正场地设计草案	
—	—	确定结构性最佳管理措施	雨水管理详细规划方案	确定结构性最佳管理措施	计划(P)
完成场地设计方案	场地设计方案	开发场地设计方案	场地设计方案	开发场地设计方案	执行(D)

说明:G——乔治王子县 LID 场地设计程序;
M——密歇根州 LID 场地设计程序;
P1——第一轮次优化设计程序;
灰色文本框——相同步骤。

(来源:笔者自制。PRINCE GEORGE'S COUNTY, MARYLAND. Low-Impact Development Design Manual[M]. Prince George's County, Maryland: Department of Environmental Resources, 1997; SOUTHEAST MICHIGAN COUNCIL OF GOVERNMENTS, INFORMATION CENTER. Low Impact Development Manual for Michigan: A Design Guide for Implementors and Reviewers. [EB/OL]. http://library.semcog.org/InmagicGenie/DocumentFolder/LIDManualWeb.pdf, 2008-12-30)

通过比较发现,在提出场地设计草案之前,程序 G 要求提出建设用地布局方案,确定建设用地与非建设用地的基本范围。与之相比,场地设计草案既表达了建设用地内部非渗透界面的基本划分状况,也表达了各种建设用地的基本范围,此二者均影响雨水管理成效。如果在确定场地设计草案之前,未事先确定不可建设用地范围,那么一旦场地设计草案经评估后被认为无法实现雨水管理目标,鉴于两个因素均为变量,设计失败的原因将难以确定。

比之程序 G,在提出场地设计方案之前,程序 M 要求提出雨水管理详细规划方案。若无该步骤,雨水管理技术设施的空间需求将无法定量表达,其满足也更加无从判定。因此,该步骤亦不可或缺。

第二轮次比较:将第一轮次的优化设计程序(简称为程序 P1)与澳大

利亚 WSUD 场地设计程序(简称为程序 A)进行比较,获得第二轮次的优化设计程序(简称为程序 P2,表 4-06)。

表 4-06　第二轮次比较表

<table>
<tr><th colspan="2">P1</th><th colspan="2">A</th><th colspan="2">P2</th></tr>
<tr><th>具体步骤</th><th>步骤成果</th><th>具体步骤</th><th>步骤成果</th><th>具体步骤</th><th>工作阶段</th></tr>
<tr><td>确定城市规划、设计规范要求</td><td>空间使用需求雨水管理目标</td><td>设置雨水管理目标</td><td>雨水管理目标</td><td>确定城市规划、设计规范要求</td><td rowspan="3">计划(P)</td></tr>
<tr><td>编制场地清单</td><td>场地水文相关信息</td><td>场地水文分析</td><td>场地水文相关信息</td><td>编制场地清单</td></tr>
<tr><td>场地评估</td><td>场地水文功能区划</td><td>土地承载力评价</td><td>场地水文功能区划</td><td>场地评估</td></tr>
<tr><td>生成用地布局比选方案</td><td>建设用地布局比选方案</td><td rowspan="3">建设用地布局方案</td><td rowspan="3">建设用地布局方案</td><td>生成用地布局比选方案</td><td>执行(D)</td></tr>
<tr><td rowspan="2">布局方案水文评估与优选</td><td rowspan="2">建设用地布局优选方案</td><td rowspan="2">布局方案水文评估与优选</td><td>检查(C)</td></tr>
<tr><td>处理(A)</td></tr>
<tr><td rowspan="2">—</td><td rowspan="2">—</td><td>选择最佳管理措施</td><td rowspan="2">建设用地布局优化方案</td><td rowspan="2">选择最佳管理措施</td><td rowspan="2">计划(P)</td></tr>
<tr><td>雨水管理措施可行性评价</td></tr>
<tr><td>提出整合性场地设计草案</td><td>场地设计草案比选方案</td><td>提出场地设计草案比选方案</td><td>场地设计草案比选方案</td><td>提出整合性场地设计草案</td><td>执行(D)</td></tr>
<tr><td>场地设计草案水文评估</td><td>场地设计草案修正意见</td><td>根据设定的目标评估场地设计比选方案</td><td>场地设计草案修正意见</td><td>场地设计草案水文评估</td><td>检查(C)</td></tr>
<tr><td>修正场地设计草案</td><td>场地设计草案</td><td>开发场地设计草案</td><td>场地设计草案</td><td>修正场地设计草案</td><td>处理(A)</td></tr>
<tr><td>确定结构性最佳管理措施</td><td>雨水管理详细规划方案</td><td>—</td><td>—</td><td>确定结构性最佳管理措施</td><td>计划(P)</td></tr>
<tr><td>开发场地设计方案</td><td>场地设计方案</td><td>—</td><td>—</td><td>开发场地设计方案</td><td>处理(A)</td></tr>
</table>

说明:P1——第一轮次优化设计程序;
A——澳大利亚 WSUD 场地设计程序;
P2——第二轮次优化设计程序;
灰色文本框——相同步骤。

(来源:笔者自制。根据本文表 4-05;JOINT STEERING COMMITTEE FOR WATER SENSITIVE CITIES. Evaluating options for water sensitive urban design-a national guide[EB/OL]. http://www.environment.gov.au/water/publications/urban/pubs/wsud-guidelines.pdf,2009-07-30)

通过比较发现，在场地设计草案之前，程序 A 要求提出雨水管理规划方案草案，以粗略评估雨水管理系统空间需求、并提出可能位置。由此，建设区域内部的地块划分、开放空间的预留都将得到科学引导。若无该步骤，在场地设计草案确认之后再配置雨水管理技术设施，那么若干不利于可持续雨水管理的情况就可能发生且无法预防，如适合敷设技术设备的场地被建筑物或道路占用、雨水的最佳传输路径被建筑物切断等。

第三轮次比较：将第二轮次的优化设计程序（简称为程序 P1）与德国法兰克福建造规划场地设计程序（简称为程序 G）比较，获得第三轮次的优化设计程序（简称为程序 P3，表 4-07）。

通过比较发现，程序 G 强调在开发场地设计方案时进行多方案评估，而以 LID 场地设计程序为基础的程序 P2 则强调在开发建设用地布局方案与场地设计草案时进行多方案评估。关于场地设计程序，乔治王子县 LID 体系提出一项基本原则：“在场地开发的所有阶段，均应考虑水文原则，这对最大化场地设计的效果必不可少”①。因此，最终的优化设计程序 P3 将程序 G 与 P2 相结合，将水文评估这一步骤纳入所有阶段比选方案的确认过程中。

至此，本书提出的住区设计优化设计程序实现了在步骤内容上“PDCA 循环模型”3 次完整运行；在步骤关系上全面体现了“输入输出关系”。这符合前文中关于一般性优化原则的论述。图 4-02 为本书提出的可持续雨水管理导向下住区设计所应遵循的建议程序。

表 4-07　第三轮次比较表

<table>
<tr><th colspan="2">P2</th><th colspan="2">G</th><th colspan="2">P3</th></tr>
<tr><th>具体步骤</th><th>步骤成果</th><th>具体步骤</th><th>步骤成果</th><th>具体步骤</th><th>工作阶段</th></tr>
<tr><td>确定城市规划、设计规范要求</td><td>空间使用需求雨水管理目标</td><td>基础数据调研</td><td>空间使用需求雨水管理目标</td><td>确定城市规划、设计规范要求</td><td rowspan="3">计划（P）</td></tr>
<tr><td>编制场地清单</td><td>场地水文相关信息</td><td>水文地质鉴定</td><td>场地水文相关信息</td><td>编制场地清单</td></tr>
<tr><td>场地水文评估</td><td>场地水文功能区划</td><td>确定土地利用结构</td><td>场地水文功能区划</td><td>场地水文评估</td></tr>
</table>

① PRINCE GEORGE'S COUNTY, MARYLAND, DEPARTMENT OF ENVIRONMENTAL RESOURCES, PROGRAMS AND PLANNING DIVISION. Low-Impact Development Design Strategies: An Integrated Design Approach. [EB/OL]. http://www.toolbase.org/PDF/DesignGuides/LIDstrategies.pdf, 1999-06-30: 1-3.

续表

<table>
<tr><th colspan="2">P2</th><th colspan="2">G</th><th colspan="2">P3</th></tr>
<tr><th>具体步骤</th><th>步骤成果</th><th>具体步骤</th><th>步骤成果</th><th>具体步骤</th><th>工作阶段</th></tr>
<tr><td>生成用地布局比选方案</td><td>建设用地布局比选方案</td><td rowspan="3">城市设计概念</td><td rowspan="3">建设用地布局优选方案</td><td>生成用地布局比选方案</td><td>执行(D)</td></tr>
<tr><td rowspan="2">布局方案水文评估与优选</td><td rowspan="2">建设用地布局优选方案</td><td rowspan="2">布局方案水文评估与优选</td><td>检查(C)</td></tr>
<tr><td>处理(A)</td></tr>
<tr><td>选择最佳管理措施</td><td>建设用地布局优化方案</td><td>探索性雨水管理</td><td>建设用地布局优化方案</td><td>探索性雨水管理</td><td>计划(P)</td></tr>
<tr><td>提出整合性场地设计草案</td><td>场地设计草案比选方案</td><td rowspan="3">城市设计草案设计</td><td rowspan="3">场地设计草案</td><td>提出整合性场地设计草案</td><td>执行(D)</td></tr>
<tr><td>场地设计草案水文评估</td><td>场地设计草案修正意见</td><td>场地设计草案水文评估</td><td>检查(C)</td></tr>
<tr><td>修正场地设计草案</td><td>场地设计草案</td><td>修订场地设计草案</td><td>处理(A)</td></tr>
<tr><td>确定结构性最佳管理措施</td><td>雨水管理详细规划方案</td><td>确定雨水处理系统位置、尺寸</td><td>雨水管理详细规划方案</td><td>确定结构性最佳管理措施</td><td>计划(P)</td></tr>
<tr><td>—</td><td>—</td><td>设计建造规划方案</td><td>场地设计方案比选方案</td><td>提出场地设计比选方案</td><td>执行(D)</td></tr>
<tr><td>—</td><td>—</td><td>正式公众参与</td><td>场地设计方案修正意见</td><td>场地设计方案水文评估</td><td>检查(C)</td></tr>
<tr><td>开发场地设计方案</td><td>场地设计方案</td><td>建造规划生效</td><td>场地设计方案</td><td>开发场地设计方案</td><td>处理(A)</td></tr>
</table>

说明：P2——第二轮次优化设计程序；

G——德国法兰克福建造规划场地设计程序；

P3——第三轮次优化设计程序；

灰色文本框——相同步骤。

（来源：笔者自制。根据本文表4-06；STADT FRANKFURT AM MAIN. Konzeption zur Umsetzung der Regenwasserbewirtschaftung（RWB）in Erschließungsgebieten der Stadt Frankfurt am Main. [EB/OL]. http://www.umweltfrankfurt.de/V2/fileadmin/Redakteur_Dateien/05_gca_dossiers_english/09_waste_water_treatment_frankfurt_annex_03.pdf，2005-08-30）

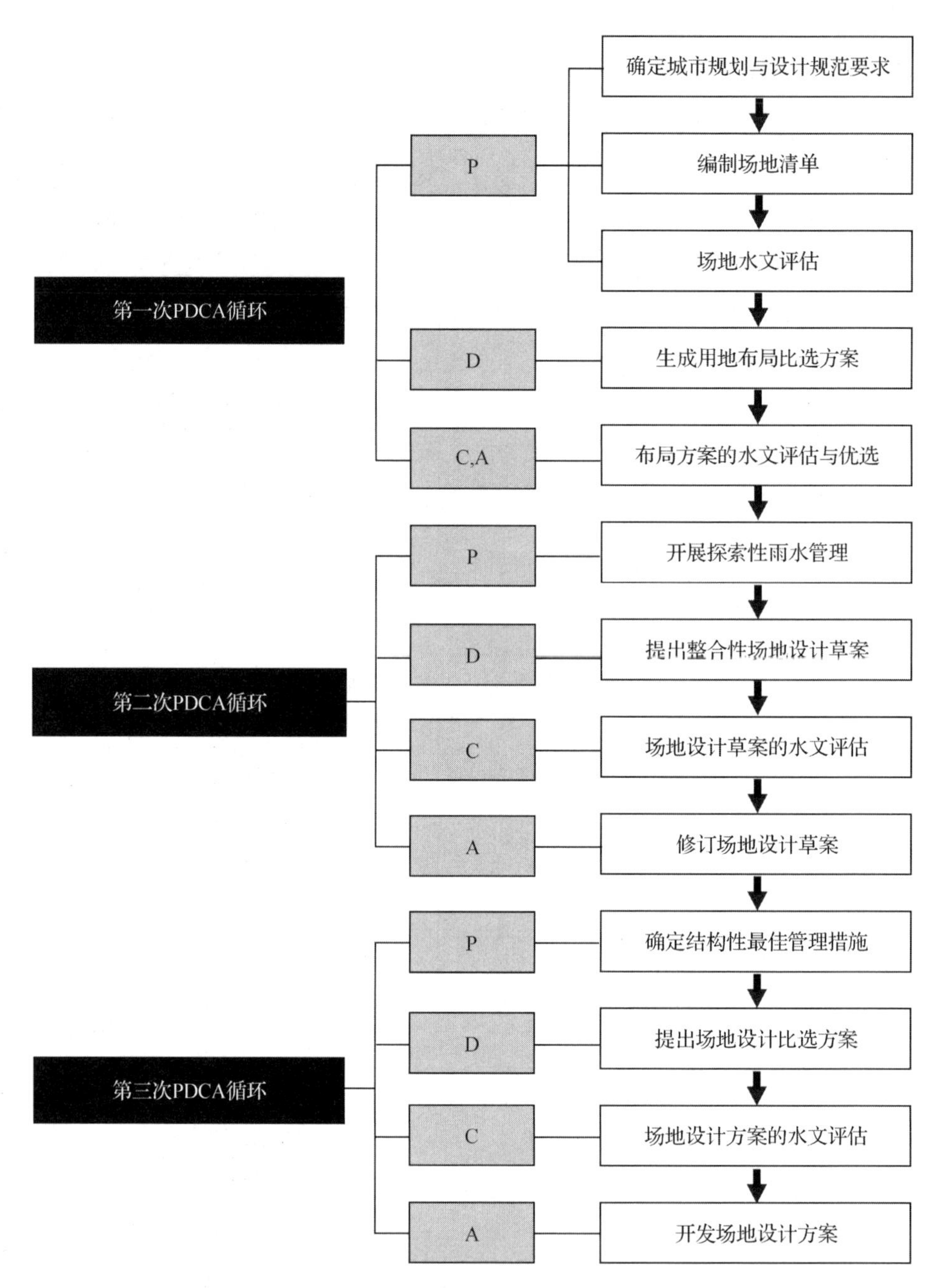

图 4-02　可持续雨水管理导向下住区设计的优化程序建议

（来源：笔者自制。说明：P—计划；D—执行；C—检查；A—处理）

4.2 具体做法的优化建议

在对系统化设计程序的批评中，反复出现的一点是，程序对于现实的设计工作缺乏建设性，是“抽象的”、“形式化的”，乃至“空洞的”。1979 年，马里奥斯·卡黑斯(M. Cahais)对设计程序的作用提出质疑，认为关注程序将导致设计人员脱离实际问题，而处理实际问题才是设计之目的所在。“有人诱使……我们去相信，恰当的规划过程将自然而然地决定相应的内容或真正的问题所在。……根据法卢迪的说法，良好的规划成果只可能在符合标准的条件下才成立，那些标准主要是指确立‘恰当’的规划过程。……过分注重于抽象的程序或方法往往会将真实的问题搁在一边”①。迈克尔·托马斯(M. Thomas)则进一步指出，“程序性理论基本上是空洞的，虽然它明确了思考和行动的秩序，但是没有研究这些思考和行动的内容”②。

程序的确“空洞”，但并非全无意义。如前所述，对于工作发挥引导作用的是一个由程序、做法、组织结构、资源多种要素构成的一个“系统”(见章节 3.1.1.2)。程序是“系统”的组成部分之一，而非全部。程序的作用在于明确工作的基本步骤，而非提出各个步骤的实施方法。戴明(W. Deming)指出，“只有能够借助规则或执行某种方法来完成，要求才能被转化为一个目标，否则要求只能是要求”③。从这个角度讲，“空洞”是程序必然具有的特性，做法则是填补“空洞”的最佳材料。如果没有程序作为依据，做法将无从提起。因此，“空洞”并不能否定程序的价值，却意味着做法对于实际问题的解决不可或缺。

依据一般的生产经验，在工作程序确定的情况下，优化具体做法最为有效的途径是，“探求某一步骤已有的能够取得最佳效果的做法，进而在实践中通过科学分析，消除不必要的操作”④。沿用这一思路，在具体做法方

---

① (英)尼格尔·泰勒著. 李白玉，陈贞译. 1945 年后西方城市规划理论的流变[M]. 北京：中国建筑工业出版社，2006：93.

② THOMAS. M. J. The procedural planning theory of A. Faludi[J]. Planning Outlook, 1979，22(2)：72-76.

③ W. EDWARDS DEMING. The New Economics：for Industry，Government，Education[M]. Cambridge，Massachusetts：Massachusetts Institute of technology，1994：37.

④ F·W·泰罗著. 胡隆昶，冼子恩，曹丽顺译. 科学管理原理[M]. 北京：中国社会科学出版社，1984：196.

面，本书现阶段的主要工作在于，根据章节 4.1.2.2 提出的优化设计程序 P3，通过对先进国家可持续雨水管理导向下住区设计工作体系中的相应做法进行归纳，提出具体做法的优化建议，为实践应用与后续研究提供较为完整的技术准备。

4.2.1 明确规划与规范要求

来自城市规划、地方规章、技术标准等在雨水管理方面的相关要求必须在立项之初便得到明确（表 4-08）。一方面，具有强制约束力的国家与地方的技术标准（如雨水排放标准、保护区法规）必须得到遵循；另一方面，因地而异的地方性要求同样可能对设计产生很大制约。此外，“在开发过程中确保所有利益相关方信息交流的畅通至关重要”①。

表 4-08　关于规划与规范的考察内容

类别	城市规划	规章规范
考察内容	● 项目开发是否与总体规划保持一致？ ● 项目开发是否与总体规划的目标、政策保持一致？ ● 项目开发是否需要保证具有自然资源保护优先权的区域的安全？	● 是否符合现有的地方规章（如，湿地保护规章、树木/林地条例、沿河缓冲区条例、开放空间规章、集束式开发权力、泉源保护、漫滩条例）？ ● 是否禁止/允许/要求/鼓励采取 LID 解决方案？ ● 是否可减少建筑物退红线距离？ ● 是否被要求使用路边缘石？ ● 是否被允许使用明沟？ ● 街道宽度、停车区域以及其他非渗透性界面的相关要求？ ● 坡度要求？ ● 允许采用地方性植被的景观？ ● 雨水管理的要求（如外排径流峰值、外排径流总量、水质、维护要求）？ ● 道路要求？ ● 防止河流侵蚀、沉积方面的要求？ ● 受污染场地是否在土壤、地下水方面已遵循国家对业主损害赔偿责任（due care）的要求得到修复？ ● 是否遵守各地方湿地、内陆湖泊与河流规章？ ● 是否遵守地方层面的有害物种规章、漫滩规章？

（笔者自制。根据 Southeast Michigan Council of Governments，Information Center. Low Impact Development Manual for Michigan：A Design Guide for Implementors and Reviewers. [EB/OL]. http://library. semcog. org/InmagicGenie/DocumentFolder/LIDManualWeb. pdf，2008-12-30：5. 1）

---

① SOUTHEAST MICHIGAN COUNCIL OF GOVERNMENTS，INFORMATION CENTER. Low Impact Development Manual for Michigan：A Design Guide for Implementors and Reviewers. [EB/OL]. http//library. semcog. org/InmagicGenie/DocumentFolder/LIDManualWeb. pdf，2008-12-30.

4.2.2 水文资源勘查

以能够为雨水管理和项目开发提供机遇或形成挑战的自然资源为对象，编制勘察对象清单、拟定场地调查计划，实施水文资源勘查。其作用在于，为水文功能评估、可建区域范围划定、场地设计草案与方案开发以及雨水管理方案开发等后续工作提供基础数据。

水文资源勘查的对象较为广泛，如开发场地及其相邻区域内的原生土壤、地下水深度、径流模式、地形、自然遗产等。为成功实施可持续雨水管理导向下的住区设计，勘查对象应包括其中的全部或大部分内容。就具体项目而言，调查对象与工作深度并不固定，将随法律要求、物质环境等方面的具体情况而有所差异。

可持续雨水管理导向下住区设计中水文资源勘查的主要对象如下(表4-09)。

表 4-09　水文资源勘查对象范畴

分类	具体内容
土壤	土壤入渗率 土壤类型 颗粒物尺寸分布 黏土含量百分比 正离子交换能力 颜色与斑点 分层变化与性质 基岩深度
水文	场地内的水文过程与模式(地表水运动、地下水运动) 自然的排水路径(间歇性、永久性排水沟) 小型水文特征(泉水、闭合的地面凹陷、地下水渗出点) 潮湿季节的地表水流模式 雨水径流的持续时间与能量标记(植被构成、土壤侵蚀、沉积模式) 地下水补给率 地下水水位高度、地下水水流模式 水源保护区、泉源保护区、含水层补充区 排放水体、具特殊水质要求的排放水体(受损水体、地下水含水层、水库、水源地) 下游洪水问题 场地外流域及其排水状况(来自毗邻地块的径流) 侵蚀危害区域

续表

分类	具体内容
林地	高质量林地范围、其他林地范围 地表覆盖物种类、条件、生长阶段 树冠覆盖区域 林地下层土壤入渗性能
湿地	湿地范围 湿地种类 已有的积水周期、开发后的积水周期 流入、流出湿地的水流路径 人工饲养区与栖息地保护区 与特殊动植物栖息地的连接方式
沿岸区域	缓冲区范围(考虑土壤、坡度、植被、污染物负荷、水质与水量目标、资源敏感性) 缓冲区内成熟的、本地植物群落与土壤
漫滩	百年一遇的洪水漫滩、洪水迁移区 原有河道 漫滩内地植被构成及其结构
其他	地形(陡坡、斜坡的稳定性及其保护) 古树名木 人工地表覆盖物及其用途 原有非渗透性区域、渗透性区域 原有开发所致污染物 原有外部公共下水管网 原有污水管道、雨水管道 具历史价值的区域 具美学价值的区域

(来源:笔者自制。主要根据:SOUTHEAST MICHIGAN COUNCIL OF GOVERNMENTS,INFORMATION CENTER. Low Impact Development Manual for Michigan: A Design Guide for Implementors and Reviewers. [EB/OL]. http://library. semcog. org/InmagicGenie/DocumentFolder/LIDManualWeb. pdf,2008-12-30.

以及 PUGET SOUND ACTION TEAM, WASHINGTON STATE UNIVERSITY PIERCE COUNTY EXTENSION. Low impact development: technical guidance manual for puget sound. [EB/OL]. http://www. psp. wa. gov/downloads/LID/LID_manual2005. pdf, 2005-01-30)

4.2.2.1 土壤

在可持续雨水管理导向下住区设计中，水文资源勘查工作必须对场地内的土壤条件进行深入调研。

首先，必须在适当位置进行深入的土壤分析，以确定实际的土壤入渗率。主要原因在于，一方面，对于具有多种类型土壤的场地，应尽量将可建设区域（多为非渗透性地表）置于低渗透性土壤区域，以保护原生的渗透性土壤。另一方面，如前所述，可持续雨水管理导向下住区设计强调通过使用小规模、分散化的技术设施，进行雨水储蓄、蒸发与入渗，土壤入渗率对于技术设施的选型、定位、定量形成强烈制约（详见章节 2.3.2）。

其次，对各土壤单元（如具相同质地、色彩、密度、压缩度、渗透性、强度及渗透性的土层）中的土壤特性实施调查时，调查内容还应包括[①]：

- 颗粒物尺寸分布；
- 土壤质地分类；
- 黏土含量百分比；
- 正离子交换能力；
- 颜色与斑点；
- 土壤分层状况与各层性质。

4.2.2.2 水文

一般情况下，项目开发将对场地的自然水文状况造成严重负面影响，而非渗透性区域的增长与接收水体所遭受的影响直接相关（图 4-03）。为削减开发造成的负面影响、在住区设计中充分整合可持续雨水管理的要求，场地内外的水文状况必须成为水文资源勘查与水文功能评估的核心要素。勘查场地水文状况的具体目标在于，全面掌握场地原有的水文框架条件，为最小化雨径增量、维持开发前的径流汇集时间等工作提供基本的参照数据。

4.2.2.3 林地

如果住区设计方案能够在最大程度上保护与利用场地原有土壤与本

① WASHINGTON DEPARTMENT OF ECOLOGY. Stormwater Management Manual for Western Washington[M]. Olympia, WA: Water Quality Program, 2001.

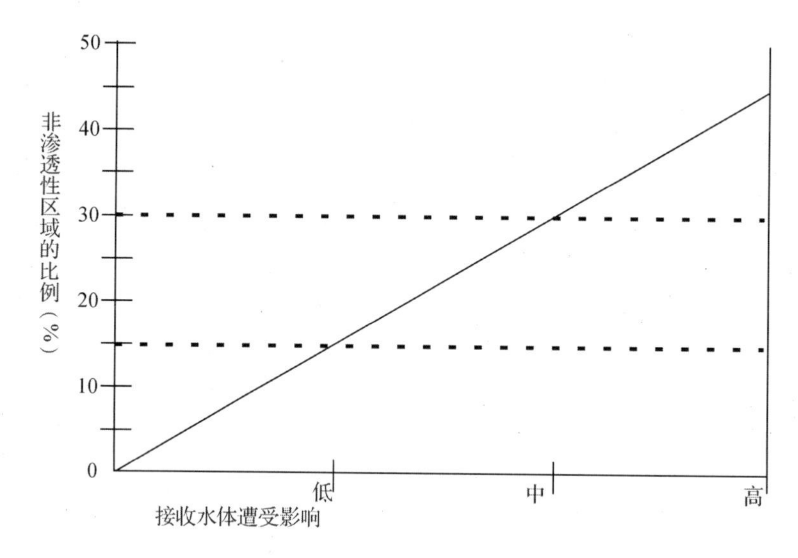

图 4-03　非渗透性区域比例对接收水体的影响

（来源：PRINCE GEORGE'S COUNTY，MARYLAND，DEPARTMENT OF ENVIRONMENTAL RESOURCES，PROGRAMS AND PLANNING DIVISION. Low-Impact Development Design Strategies：An Integrated Design Approach. [EB/OL]. http://www.toolbase.org/PDF/DesignGuides/LIDstrategies.pdf，1999-06-30. Figure 2-7）

地植被，其将为可持续雨水管理带来以下收益：1）减少非渗透性区域总量；2）增加雨水续存、入渗与蒸发总量；3）为雨水提供潜在的弥散区域。此外，除了维持自然水文过程，林地保护还可在其他方面带来收益，如为住区提供开放空间、改善休憩环境质量、为生物栖息地提供缓冲带。

4.2.2.4 湿地

对于项目开发来说，当场地流域内存在高质量的敏感性湿地时，湿地调查与评估的目标在于：

- 保护本地沿岸植被与土壤；
- 保护本地湿地多样性的栖息地特征，从而维持湿地的生物群落；
- 保持湿地开发前的水文状况与土壤积水周期。湿地调查将为湿地的评估与管理在技术层面上提供具体工作目标。

4.2.2.5 沿岸区域

地表水体的沿岸区域及邻近河流、湖泊、湿地的区域为那些适合在中等饱和土壤条件下生长的本地植被提供生存环境，其最为重要功能是缓冲毗邻地表水体进行的项目开发对河流、湖泊、湿地及其他水资源所造成的扰动。当拥有充足、成熟的植被，稳定的地形与大型树木残骸时，沿岸区域还具备以下功能[①]：

- 在涨水时抵消河流能量并降低其侵蚀作用；
- 过滤沉淀物、捕捉水中碎石，促进漫滩发展；
- 改进洪水滞留与地下水补充；
- 有助于开发多样的积水与排水特征；
- 为水生生物及其群落提供必要的栖息地与洪水时期的庇护所；
- 为水生生物提供植物性食物来源；
- 为多样的陆地与水生群落提供栖息地；
- 为水体提供阴影，矫正水温；
- 提供充分的土壤结构、植被与地表粗糙度，并使来自毗邻区域的雨径降速并分散成漫流。

鉴于上述原因，沿岸区域的范围应通过勘查得以确定；其中的植被与土壤状况亦应得以掌握。

4.2.2.6 漫滩

对漫滩区域进行调查与评价的目的在于：1)维护与修护河道、漫滩、河槽之外的栖息地等区域之间的联系；2)维护与修护成熟的本地植物地表与土壤；3)维护与修护开发前的水文状况，以支持上述功能与对洪水的蓄积能力。

4.2.3 场地水文评估

因此，可持续雨水管理的基本思路是“保留并强化自然的雨水处理链”，该步骤的目的在于“完整地展示场地景观在物理与生态方面的特征，确定当前场地条件、预测可能扰动，通过确定保护区域、退红线要求、地形地貌特征、原有排水区域，为确定不可建区域范围提供技术支撑”。可建区域范围(又作场地清理与平整范围)，包含了所有非渗透性区域(如道路、屋面)和半渗透性区域(如经平整的草坪、明渠)。为将开发对场地的水文影响降至最低，可建区域应被定位于水文价值较低的区域或对扰动敏感度较

---

① PRICHARD, D., ANDERSON, J., CORRELL, C., et al. Riparian Area Management TR-1737-15: A User Guide to Assessing Proper Functioning Condition and the Supporting Science for Lotic Areas[M]. Denver, CO: Bureau of Land Management, 1998.

低的区域。例如，比之具有植被的砂质土壤区，在贫瘠粘土区进行开发所造成的水文影响将更小。

为此，场地评估的具体任务是：

1. 评估场地在水文、地质、土壤、植被与水体等方面的特征，确定雨水的运行方式（即选取并建立可强化的自然处理链）与土地的水文价值。在针对具体对象进行场地评估时，应重点考察自然资源对可持续雨水管理技术设施的影响（包括机遇与挑战）①。

2. 确认原有场地内需得到保护的陆地与水中自然遗产的特征，确认其对自然系统运行不可缺少的功能，确认其对雨水入渗与蒸散的贡献，以充分发挥其生态价值和对栖息地的作用。

3. 鉴于其对生态完整性作出的贡献，那些能够增强自然系统特征、特色、连接性与功能完整性的场地特征应得以确认，并应被整合到场地开发计划中。须得以保护的场地特征通常包括：河岸区域（如漫滩、河流缓冲区、湿地）、林地保护区、古树名木、陡坡、高渗透性与腐蚀土等②。

4. 确认适于敷设雨水入渗设施的土壤范围及其水文地质条件。在可能与可行的情况下，开发区域应尽量避开高渗透率土壤，以减少场地水文影响。

5. 确认场地内部或毗邻区域浅层地下水的流动模式及其排放到接收水体或湿地的位置。

6. 确认对雨水管理措施具战略意义或有利的区域；最低限度的开发也应被置于敏感区域（如漫滩、湿地、陡坡、河流缓冲区）之外。

对水文资源的评价将生成一系列图纸，用以确定河流、湖泊、湿地、缓冲区、陡坡及其他危险区、重要的野生动物栖息地、能够提供最佳入渗能力的土壤等场地特征的范围。各方面的信息可利用 GIS 或 CAD 技术得以叠加，最终被绘制在同一张图纸上（图 4-04），从而帮助确认可建设用地的最佳范围。建筑物的位置、道路布局、雨水管理技术设施应被置于可建设用

① SOUTHEAST MICHIGAN COUNCIL OF GOVERNMENTS, INFORMATION CENTER. Low Impact Development Manual for Michigan: A Design Guide for Implementors and Reviewers. [EB/OL]. http://library.semcog.org/InmagicGenie/DocumentFolder/LIDManualWeb.pdf, 2008-12-30: 5.1.

② PRINCE GEORGE'S COUNTY, MARYLAND, DEPARTMENT OF ENVIRONMENTAL RESOURCES, PROGRAMS AND PLANNING DIVISION. Low-Impact Development Design Strategies: An Integrated Design Approach. [EB/OL]. http://www.toolbase.org/PDF/DesignGuides/LIDstrategies.pdf, 1999-06-30: 2.3.2.

地的最佳范围内，从而减少对土壤、植被的扰动，并最大化利用场地原有的雨水处理能力。

4.2.3.1 土壤

测量土壤入渗率的常用方法有二：第一，基于钻孔获取的样本，进行质地或颗粒尺寸分析（如以美国农业部土壤质地分类或 ASTM D422 等级测试为标准）；第二，进行就地入渗测试（使用实验性入渗测试、小规模探井、地下水监测井）。

颗粒尺寸分析与入渗测试能获得重要信息，但并不完全。低入渗性土壤、高渗透性砂土或砾石层，地下水深度及其他土壤结构变化均有必要得到调查与评估，以评价地表以下的径流模式，从而确定该区域是否适于雨水入渗。

对于初期场地评价，战略性设置的土壤探井足以应付。探井位置由地形、预测土壤类型、水文特征及其他场地特征决定。当然，需要咨询土木工程师、土壤科学家，从而针对初期评估、探井设置提供建议。一旦雨水管理设施的位置在设计草案中得以确定，则需进行更为详细的探井评估。

4.2.3.2 水文

对场地内水文状况及其价值进行调查与评价的主要方法如下。

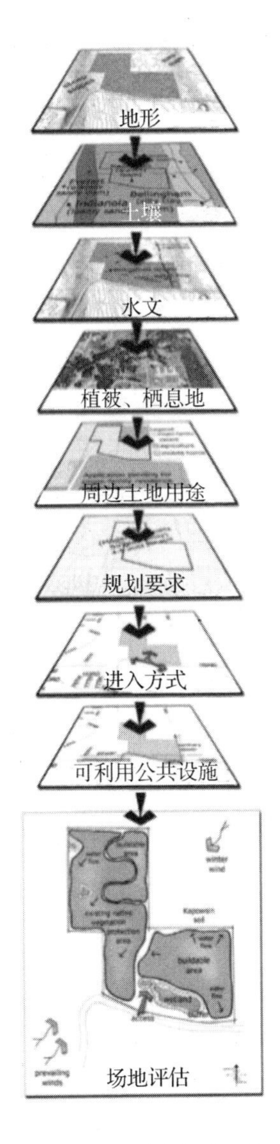

图 4-04 从水文资源勘查到场地水文评估
（来源：PUGET SOUND ACTION TEAM, WASHINGTON STATE UNIVERSITY PIERCE COUNTY EXTENSION. Low Impact Development：Technical Guidance Manual For Puget Sound. [EB/OL]. http://www.psp.wa.gov/downloads/LID/LID_manual2005.pdf，2005-01-30：Figure 2.1）

首先，掌握并绘制场地内水文运动过程与模式，确定场地能够影响到水文模式的显著的物理特征（如河流、湿地、土壤、植被等），以便对其加以维护。

其次，为了评价场地表面的水文运动状况，可能需要进行附加分析，其工作内容主要包括：

- 确认与绘制小型水文特征（如泉水、闭合的地面凹陷区域、地下水渗出点、自然排水沟）；
- 确认与绘制潮湿季节的地表水流模式；
- 确认雨水径流的持续时间与能量标记（具体内容包括：植被构成、土壤侵蚀、沉积模式）。

此外，在入渗区，如果地下水存在季节性高水位，或土壤探井无法提供有关地下水水位的充分信息，则需测绘地下水水位高度、地下水水流模式（使用监测浅井）。

4.2.3.3 林地

对场地内林地及其价值进行调查与评价的主要方法如下。

首先，确定场地内林地区域，并确定地表覆盖物的种类、条件，灌木、树种、生长阶段、树冠覆盖区域。

其次，使用探井确定林地下层土壤，并进行土壤颗粒物分析，进而评估林地下层土壤的入渗性能。

此外，如果雨水被导入林地保护区，需对其进行更为深入的土壤调查与植被调查，以确定基准条件，为雨水管理长期策略的建立、雨径分流技术系统的设计提供数据基础。

4.2.3.4 湿地

对场地内湿地及其价值进行评价的主要方法如下。

首先，根据当地规章的相关要求确认湿地种类。

其次，如果湿地符合保护条件，则应测量原有的积水周期、预测开发后的积水周期；确定流入、流出湿地的水流路径；确定湿地内是否存在人工饲养或本地的两栖动物；确定湿地与其他特殊动植物栖息地的连接方式。

最后，如湿地符合保护条件，则应利用可持续雨水管理策略增加开发项目场地内的雨水入渗与蓄积。

具体而言，开发应满足以下要求[①]：

- 将场地内月平均水位的增加或减少保持在 5 in 以内；
- 确保一年内原有平均水位变化幅度超过 6 in 的情况不超过 6 次；
- 确保一年内原有平均水位变化幅度超过 6 in 的时间不超过 72 小时；
- 确保开发后湿地每年干旱持续时间变化幅度不超过 2 周；
- 对于泥炭底面的湿地(如沼泽)，确保开发后每年水位变动时间不应超过 24 小时；
- 对于存在人工饲养活动或存在两栖动物栖息的湿地，确保开发后任意 30 天之内的水位变化幅度不超过 3 in，累计持续时间不超过 24 小时。

4.2.3.5 沿岸区域

对场地内沿岸区域及其价值进行评价的主要方法如下。

首先，使用最先进的技术支撑，以确定沿岸区域宽度，使其在图纸上得以绘制。一方面，如果必须使用平均值标识沿岸区域范围，以下场地特征与雨水管理目标应得到考虑：土壤、坡度、植被、污染物负荷、水质与水量目标、资源敏感性；另一方面，沿岸区域应当包括百年一遇洪水所造成的漫滩、湿地、毗邻河流的陡坡、河道迁移区。需要指出，在住区设计中，应在沿岸区域的边缘设置 3～4 ft 高的隔离带，以形成有利的视觉、物理屏障，以保护成熟的本地土壤与原生植被免受施工伤害，使其能够提供前文所述的各种功能。

其次，如果沿岸区域用于接收雨水径流，则以下有关沿岸区域的设计标准应在评估之中得以考虑，从而确保其能够抵消、入渗自身生成的雨径，并使得来自毗邻区域的雨径在水质、水量等方面得到控制：

- 使地表水流处于面状漫流状态，使进入沿岸区域的雨水无法集中汇集；
- 到达与流经沿岸区域的水流流速不应超过 1 ft/s；
- 在水流到达沿岸区域之前，对于可渗透性区域而言，不受限的地表水流距离不应超过 150 ft；对于非渗透性区域而言，不受限的地表水流距

① AZOUS, L., HORNER, R. R. Wetlands and Urbanization: Implications for the Future[M]. Boca Raton, FL: Lewis Publishers, 2001.

离不应超过 75 ft①；

● 在沿岸区域内，不允许出现能够有效生成径流的非渗透性表面；

● 沿岸区域内的活动应被限制为：1)置于渗透性表面上的被动式的、受限制的休憩活动(如步行与骑车)；2)被限制在观景平台之上的观赏性活动，观景平台应使用对土壤与植物扰动最小的技术。

4.2.3.6 漫滩

对场地内漫滩区域及其价值进行评价的主要方法如下。

首先，确定并保护百年一遇的洪水漫滩与洪水迁移区范围。如果项目被置于百年一遇的洪水漫滩区域之内，或河道改变区域之内，则该项目不能被认为是可持续雨水管理导向下的住区设计项目。

其次，确认现有河道。如果场地水文评估工作滞后，则需指出所有方案之中的河道改变区域范围。

再次，调查漫滩区域内的植被构成及其结构。

最后，如果漫滩区域用于接收雨水径流，则在调查与评估工作中应注意的问题同“沿岸区域”(详见 4.2.3.5)。

4.2.4 生成用地布局比选方案

场地水文评估完成之后，场地将依据水文功能与选取的自然处理链得到重新划分，具有重要水文功能的区域(如敏感区、土壤保护区、最小扰动区、沿岸缓冲带、自然排水路径)将在图纸中得到详细的描绘，为场地内建设区与非建设区的划分提供了基本的操作平台与加工对象。

依据可持续雨水管理“先阻止，后缓解”的基本思路，为了最大化地利用场地的自然水文功能，满足非结构性措施的空间使用需求，从而最小化场地扰动、最大程度地保护原生土壤与植被、永久性留出开放空间，建设用地应尽量采用集束化布局，“避让”成为生成用地布局方案时所应遵循的首要原则。除此之外，建设用地的布局还应遵循以下原则：

● 合理分布地块，确保各独立地块的雨水能够分散排放到开放空间之中；

● 合理定位地块，实现就地入渗，或确保雨水能够通过生物滞留沟渠

---

① SCHUELER, Environmental Land Planning series: Site Planning for Urban Stream Protection[M]. Washington, D. C. : Metropolitan Washington Council of Governments, Department of Environmental Programs, 1995.

或生物滞留单元被传输到下游的技术设施中；

- 尽量减少非渗透性区域间的连接；
- 沿汇水面分界线布置主要道路，沿地表径流方向布置支路；
- 依据汇水面边界确定用地结构，以维持场地原有的汇水面划分状况；
- 集中布置各汇水面内径流的排放点；
- 沿重要的排水特征布置开放空间；
- 开放空间可被置于各独立汇水区内雨径路线下游，以确保雨水管理设施能够被整合到开放空间系统中；
- 停车场应置于独立汇水区内，位于向重要排水特征排出较多径流的雨径路线下游，以便为雨水管理措施的整合提供可能。

图 4-05 展示了在场地水文功能区划图的基础上，使用上述原则布置可建设区域，生成用地布局方案的理想化案例，具体案例详见章节 5.2。

4.2.5 用地布局方案水文评估

本节具体内容参见章节 4.2.14。

4.2.6 探索性雨水管理

适当的用地布局能够有效减少开发造成的水文影响。一旦用地布局方案得到确定，为了与开发前的自然水循环相匹配，还可能需要采取额外的结构性管理措施来消除自然场地无法处理的雨径增量。结构性管理措施的初始设计（如选型与定位），即探索性雨水管理，是一项专业性极强的工作。为指导该步骤工作，发达国家通常需要专门汇编如墨尔本水敏性城市设计工程做法（WSUD Engineering Procedures：storm water）之类的专业化设计导则。各种导则都提供了确定适当的结构性措施的具体方法，可将其简单归纳为如下几点①：

- 确定可持续雨水管理设计标准；
- 评估场地对于雨水管理的限制；

① PRINCE GEORGE'S COUNTY，MARYLAND，DEPARTMENT OF ENVIRONMENTAL RESOURCES，PROGRAMS AND PLANNING DIVISION. Low-Impact Development Design Strategies：An Integrated Design Approach[EB/OL]. http://www.toolbase.org/PDF/DesignGuides/LIDstrategies.pdf，1999-06-30：4-2.

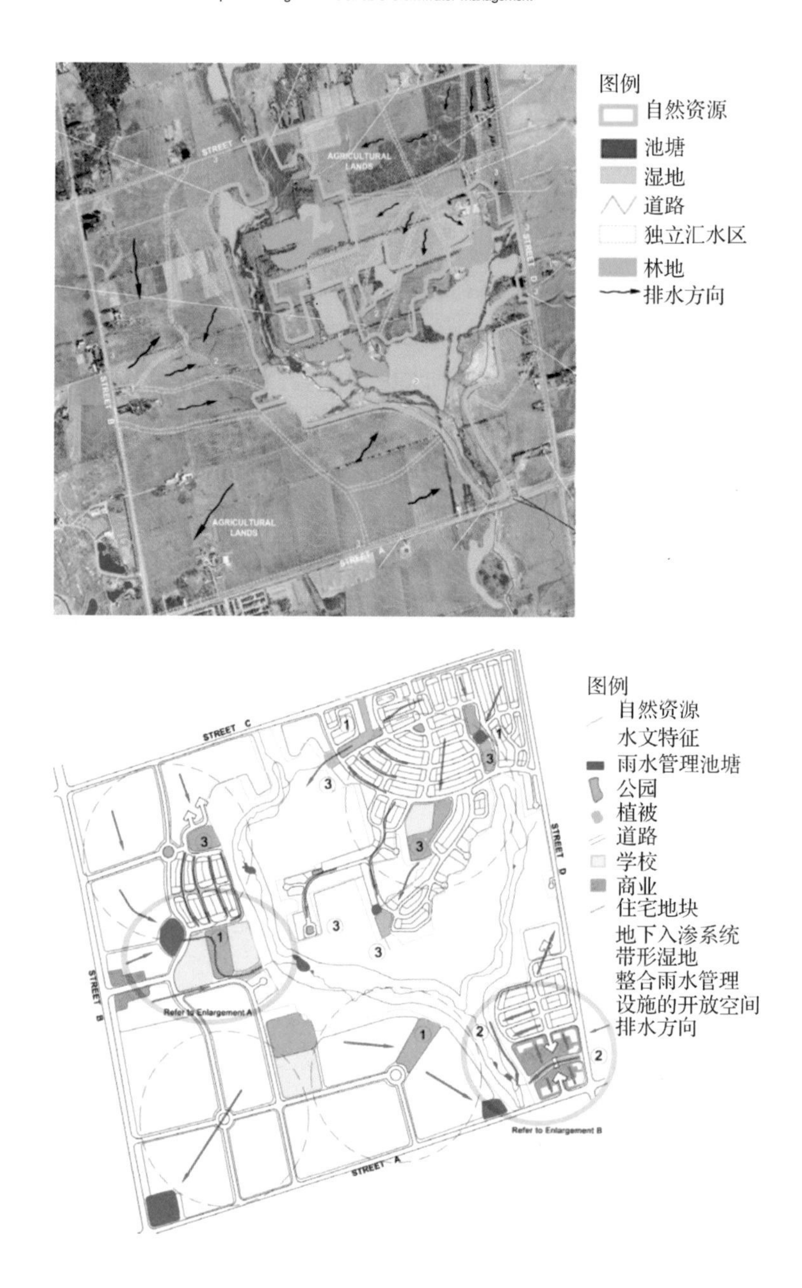

图 4-05 某住区项目场地水文评估与用地布局方案

(来源:SAMEER DHALLA,P. ENG. ,CHRISTINE ZIMMER,P. ENG. . Low impact development stormwater management planning and design guide. [EB/OL]. http://www.sustainabletechnologies. ca/Portals/_ Rainbow/Documents/LID% 20SWM% 20Guide% 20-%20v1. 0_2010_1_no%20appendices. pdf,2010-12-30:2. 9. 1,2. 9. 2. 经修改)

- 列出备选的措施及其组合方案；
- 评价备选的措施及其组合方案；
- 选择最适合的措施与组合方案；
- 提出结构性措施空间使用范围；
- 必要时补充常规雨水管理措施。

从工作性质上讲，探索性雨水管理是纯粹的关于雨水管理技术系统的设计工作，如有需要，该步骤的详细内容可参考前文提及的专业化工程做法，本书在此再做进一步展开。需要指出，“探索性的雨水管理”的成果将为结构性管理措施提出粗略的空间使用要求（主要是在敷设位置方面）。这些要求虽然还不能为住区的空间分配提出精确的量化指引，但足以对住区的空间结构产生决定性的影响（案例详见章节 5.3）。

4.2.7 开发整合性场地设计草案

在此步骤中，通过确定交通路网，住区的可建设区域将得到进一步划分。因此，比之用地布局方案，场地设计草案将为后续的水文评估工作（如比较开发前后水文状况）提供更为精确的基础。虽然建设区与非建设区的科学划分可以在宏观上保证场地大部分自然水文功能将得到利用，但是为了确保可持续雨水管理目标的完全实现，在满足探索性雨水管理提出的粗略空间使用要求的同时，场地设计草案还需要对非渗透区域的分配“精打细算”。

4.2.7.1 减少非渗透性区域数量

在用地布局方案得到评估与修订后，住区的交通模式、各个地块内的道路布局将得到深入设计。交通路网（含车行道、人行道、停车场）是非渗透性地表最为主要的来源（图 4-06）。正如可持续雨水管理所一直强调的，正是非渗透性区域的增加造成了雨径流量、地下水补充量乃至场地水文状况的整体改变。因此，对道路、停车场生成的非渗透性区域进行调整与处理，是可持续雨水管理导向下的住区设计在这一阶段的重要任务。

1. 道路布局

道路布局的模式对于场地非渗透性区域的总量具有显著影响。通常，住区的道路设计更加关注于交通效率、安全性以及雨水的快速传输。其结果是，相对于住区的其他要素，道路对雨径总量及其污染物负荷具有更为显著的影响。

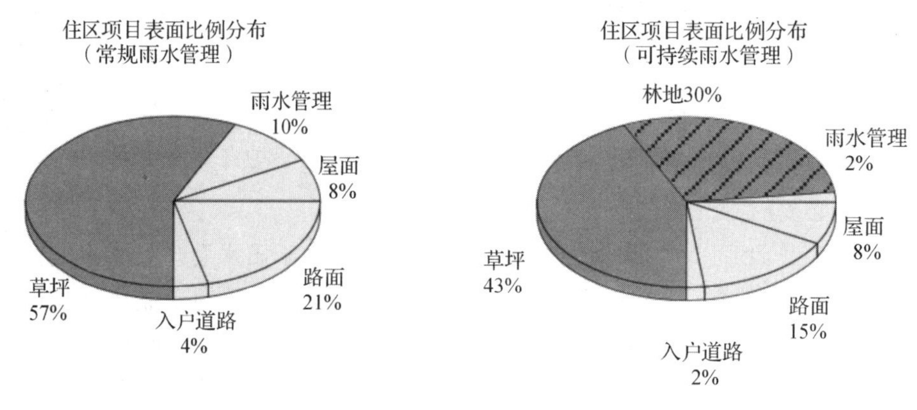

图 4-06　住宅项目非渗透性界面比例及其分布情况

(来源:PRINCE GEORGE'S COUNTY, MARYLAND, DEPARTMENT OF ENVIRONMENTAL RESOURCES, PROGRAMS AND PLANNING DIVISION. Low-Impact Development Design Strategies: An Integrated Design Approach[EB/OL]. http://www.toolbase.org/PDF/DesignGuides/LIDstrategies.pdf, 1999-06-30: Figure 2-8.)

普吉特海湾行动小组与华盛顿州立大学联合编写的《普吉特海湾低影响开发技术手册》(Low Impact Development: Technical Guidance Manual For Puget Sound)①将住区道路布局模式划分为三类:网格型、曲线型、混合型,并总结了网格型与曲线型的优缺点(表 4-10)。虽然网格型布局与曲线型布局各具优势,但是网格型布局在可持续雨水管理背景下存在显著缺陷——相同条件下,网格型路网比曲线型路网的道路总长度多 20%～30%。(图 4-07)有资料表明,在各种类型的路网中,正方形路网的道路总长度最长(图 4-08)。因此,两种道路布局模式应结合使用,即采用混合型道路布局模式。

表 4-10　网格型与曲线型道路布局模式的优缺点

道路布局模式	非渗透性表面覆盖率	场地扰动	可达性	安全性	车行效率
网格型	27%～36%	高	好	低	高

① PUGET SOUND ACTION TEAM, WASHINGTON STATE UNIVERSITY PIERCE COUNTY EXTENSION. Low Impact Development: Technical Guidance Manual For Puget Sound[EB/OL]. http://www.psp.wa.gov/downloads/LID/LID_manual2005.pdf, 2005-01-30.

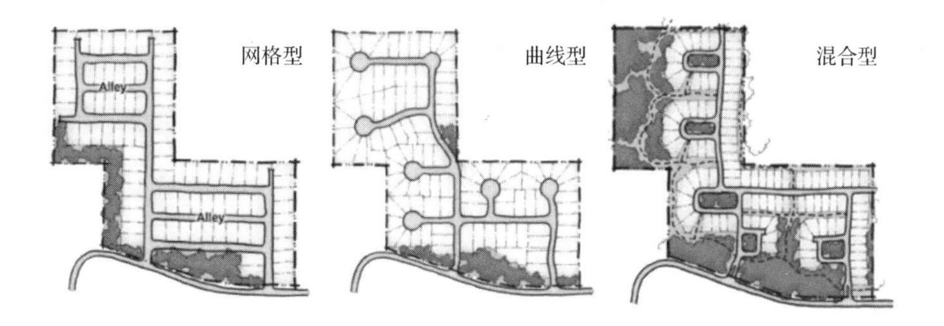

图 4-07　住区道路布局模式

（来源：PUGET SOUND ACTION TEAM，WASHINGTON STATE UNIVERSITY PIERCE COUNTY EXTENSION. Low impact development：technical guidance manual for puget sound[EB/OL]. http://www. psp. wa. gov/downloads/LID/LID_manual2005. pdf，2005-01-30：Figure 3. 1，3. 2）

	正方形路网	长方形路网	长方形路网	环形路网	尽端式路网
道路所占比例	36.0%	35.0%	31.4%	27.4%	23.7%
可建设区比例	64.0%	65.0%	68.6%	72.6%	76.3%

图 4-08　五种典型路网的用地分配状况比较

（来源：SAMEER DHALLA，P. ENG.，CHRISTINE ZIMMER，P. ENG.. Low impact development stormwater management planning and design guide.[EB/OL]. http://www. sustainabletechnologies. ca/Portals/_Rainbow/Documents/LID%20SWM%20Guide%20-%20v1. 0_2010_1_no%20appendices. pdf，2010-12-30：2. 3. 2. 2）

美国马里兰州圣乔治王子县环境资源部编制的《低影响开发设计策略》（Low-Impact Development Design Strategies：An Integrated Design Approach）则指出，“在地形起伏剧烈的条件下，采用多个并联的、较短的尽端式道路；在地形平坦的条件下，采用不规则网格模式道路布局，从而避开自然排水路径与其他自然资源保护区”①。

此外，道路布局还应注意若干细节，以减少非渗透区域数量：

● 应用集束式布局，以减少建设区域总面积与道路长度②；

● 减少各地块前院宽度，以减少每户沿街长度③；

● 对于网格型或变形的网格型道路布局模式而言，应加长各地块的边长，以减少十字路口的数量④；

● 在道路尽端设置步行道，以将其与其他步行道路相连，使开放空间通过步行道路被连接在一起⑤；

● 在开放空间中设置道路，以增强步行与骑行的可达性、增强开放空间与街道网络的连接⑥、在大型降水事件中提供额外的雨水传输与入渗；

● 减少住区支路中的车行道路的面积，使其仅能容纳必要的交通活动⑦；

● 消除或尽量减少道路对河流的穿越；

● 尽量使用环形道路并在环形中心敷设大型生物滞留区，以减少各居住单元的道路覆盖率、为临街住宅提供视觉屏障。

2. 道路宽度

减小道路宽度是减少非渗透性表面总量、减少场地平整与场地清理扰

---

① PRINCE GEORGE'S COUNTY, MARYLAND, DEPARTMENT OF ENVIRONMENTAL RESOURCES, PROGRAMS AND PLANNING DIVISION. Low-Impact Development Design Strategies: An Integrated Design Approach[EB/OL]. http://www.toolbase.org/PDF/DesignGuides/LIDstrategies.pdf, 1999-06-30: 2-11.

② SCHUELER, T. Environmental Land Planning series: Site Planning for Urban Stream Protection[M]. Washington, D. C.: Metropolitan Washington Council of Governments, Department of Environmental Programs, 1995.

③ 同上

④ CENTER FOR HOUSING INNOVATION. Green Neighborhoods: Planning and Design Guidelines for Air, Water and Urban Forest Quality[M]. Eugene, OR: University of Oregon, 2000.

⑤ EWING, R. Best Development Practices: Doing the Right Thing and Making Money at the Same Time[M]. Chicago, IL: American Planning Association, [illegible]

⑥ EWING, R. [illegible] ey at the Same Time[M]. Chicago, IL: American Planning Association, 1996.

⑦ SCHUELER, T., Center for Watershed Protection. Environmental Land Planning series: Site Planning for Urban Stream Protection[M]. Washington, D. C.: Metropolitan Washington Council of Governments, Department of Environmental Programs, 1995.

动影响的重要设计技术。有资料表明①，自20世纪中期以来，住区道路宽度以及与之相关的非渗透性表面增加了50%以上。道路几何属性（包括道路宽度）的确定需要综合考虑安全、交通流量、紧急出入口、停车等方面的要求。在确定交通、停车、紧急车辆入口等方面具体要求之后，有必要采用尽可能狭窄的道路宽度，以有效减少非渗透性表面总量。

例如，如果道路宽度由26 ft降至20 ft，非渗透性区域总量将减少30%；这意味着，在日降水量为2 in的降雨事件中，雨径流量可减少12 000～16 000 ft^3。又如，如果用乡村型道路断面代替城市型道路断面，则在车行道宽度相同的情况下，人行道宽度可由36 ft降至24 ft（图4-09）；这意味着，道路铺装宽度将减少33%；同时，避免了混凝土道路缘石与排水沟的使用，从而降低建造成本，有助于沿种植沟渠的推广普及。另外，研究表明，居住区内的交通事故可能随道路加宽而增加，窄道路将利于降低车速，提高安全性②。

3. 回车场

面积过大的尽端式回车场将增加非渗透性区域。通常，不宜鼓励设置尽端式道路；但是，在S地形、土壤或其他场地条件限制的情况下，建议使用此类道路。对于车流量较低的居住区道路而言，半径9 m的回车场足以满足使用要求③。半径12 m，且设置中央环岛的回车场则可满足大多数安

---

① SCHUELER, T., Center for Watershed Protection. Environmental Land Planning series: Site Planning for Urban Stream Protection[M]. Washington, D. C.: Metropolitan Washington Council of Governments, Department of Environmental Programs, 1995.

② CENTER FOR HOUSING INNOVATION. Green Neighborhoods: Planning and Design Guidelines for Air, Water and Urban Forest Quality[M]. Eugene, OR: University of Oregon, 2000; NATIONAL ASSOCIATION OF HOME BUILDERS, AMERICAN SOCIETY OF CIVIL ENGINEERS, INSTITUTE OF TRANSPORTATION ENGINEERS AND the Urban Land Institute, 2001; SCHUELER, T. Environmental Land Planning series: Site Planning for Urban Stream Protection[M]. Washington, D. C.: Metropolitan Washington Council of Governments, Department of Environmental Programs, 1995.

③ NATIONAL ASSOCIATION OF HOME BUILDERS, AMERICAN SOCIETY OF CIVIL ENGINEERS, INSTITUTE OF TRANSPORTATION ENGINEERS, AND URBAN LAND INSTITUTE. Residential Streets[M] (3rd ed.). Washington, D. C.: ULI - the Urban Land Institute, 2001.

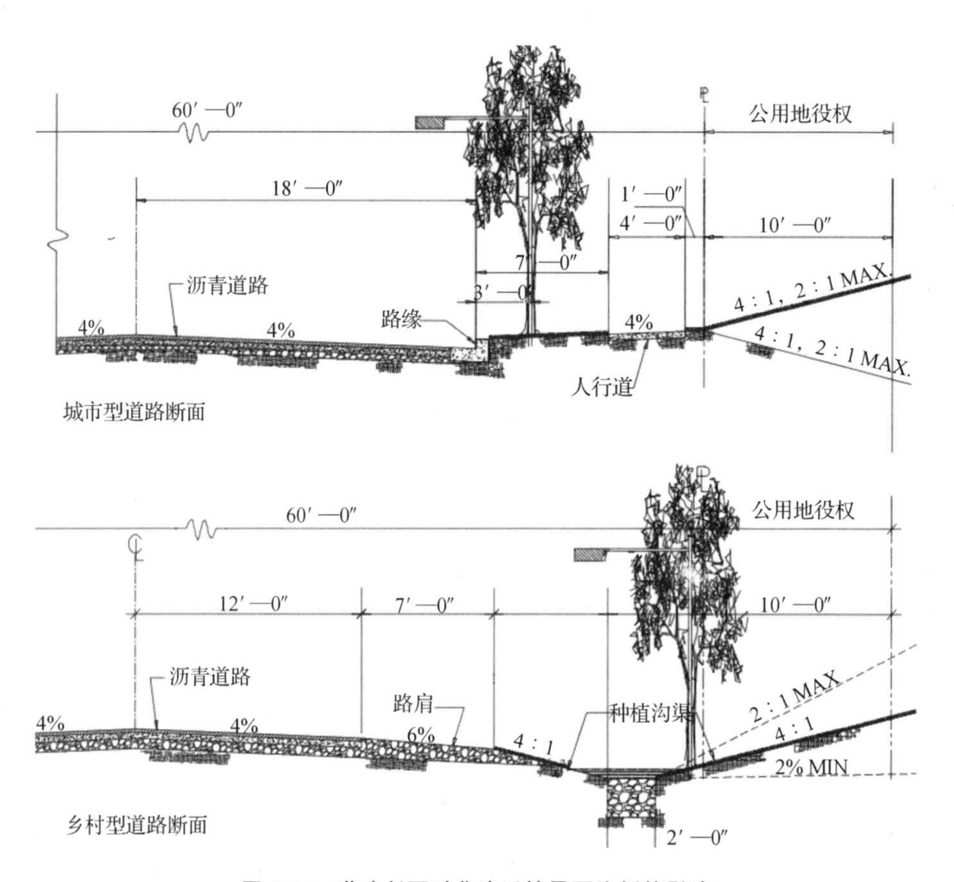

图 4-09　道路断面对非渗透性界面比例的影响

（来源：DEPARTMENT OF ENVIRONMENTAL RESOURCES, PRINCE GEORGE'S COUNTY, MARYLAND. Low-Impact Development Design Manual[M], Maryland: Prince George's County, Maryland 1997.）

全与服务性车辆的通行要求①。T 型回车场可用于车流量较低的居住区道路，服务于 10 户以下的组团②。如果半径减少 3 m，则非渗透性界面将减少 44%，相对于半径 12 m 的回车场，T 形回车场可减少非渗透性界面

① SCHUELER, T., Center for Watershed Protection, Environmental Land Planning series. Site Planning for Urban Stream Protection[M]. Washington, D. C.: Metropolitan Washington Council of Governments, Department of Environmental Programs, 1995.

② NATIONAL ASSOCIATION OF HOME BUILDERS, AMERICAN SOCIETY OF CIVIL ENGINEERS, INSTITUTE OF TRANSPORTATION ENGINEERS, AND URBAN LAND INSTITUTE. Residential Streets[M] (3rd ed.). Washington, D. C.: ULI-the Urban Land Institute, 2001.

约76%(图 4-10)。

回车场中央环岛应安置生物滞留池或其他滞留设施。使用平坦的混凝土加强带或取消路缘石,可使道路雨水流入上述设施。

4. 车流量

住区道路设计采用降低车流量的措施,将降低车辆速度、提高安全性。同时也为雨水入渗、降低径流流速设施的敷设提供新的可能性(图 4-11)。

5. 人行道

要实现减少场地非渗透性表面总量的目标,同样需要对人行道的建设加以限制。设计规范通常要求在居住区道路两侧设置人行道。但是,研究表明,在出于安全考虑设置的单侧与双侧人行道中,步行者事故率相差无几;并且,单侧设置人行道的道路两侧的房屋市场价格基本相当[1]。

场地设计草案可通过以下策略减少人行道的非渗透性界面数量:

- 将人行道宽度降至 1.1~1.2 m;
- 对于低速支路,取消人行道设置或仅在单侧设置人行道;
- 在人行道、车行道之间设置生物滞留沟渠或单元,以提供视觉屏障,增加人行道与车行道间的距离,增加安全性[2];
- 人行道使用 2%坡度将雨水导入生物滞留沟渠;不应将来自人行道的雨水导入排水沟、道路缘石或其他硬质传输设备;
- 使用透水材料,使雨水得到就地入渗或增加雨水的汇集时间。

6. 停车位

减少道路一侧的停车位或取消全部沿街停车位对于减少道路表面积意义重大。通常,入户道路、集中式或分散设置的停车库完全能够满足2~2.5 辆/户的停车需求,因此提供路面停车位将产生额外的非渗透性表面。研究表明,减少道路一侧的停车位或取消全部沿街停车位能够使场地非渗透性总量减少 25%~30%[3]。另外,还应充分挖掘共用停车位

---

② NATIONAL ASSOCIATION OF HOME BUILDERS, AMERICAN SOCIETY OF CIVIL ENGINEERS, INSTITUTE OF TRANSPORTATION ENGINEERS, AND URBAN LAND INSTITUTE. Residential Streets[M] (3rd ed.). Washington, D.C.: ULI - the Urban Land Institute, 2001.

③ SYKES, R. D. Site Planning[M]. Minnesota: University of Minnesota, 1989: Chapter 3.1.

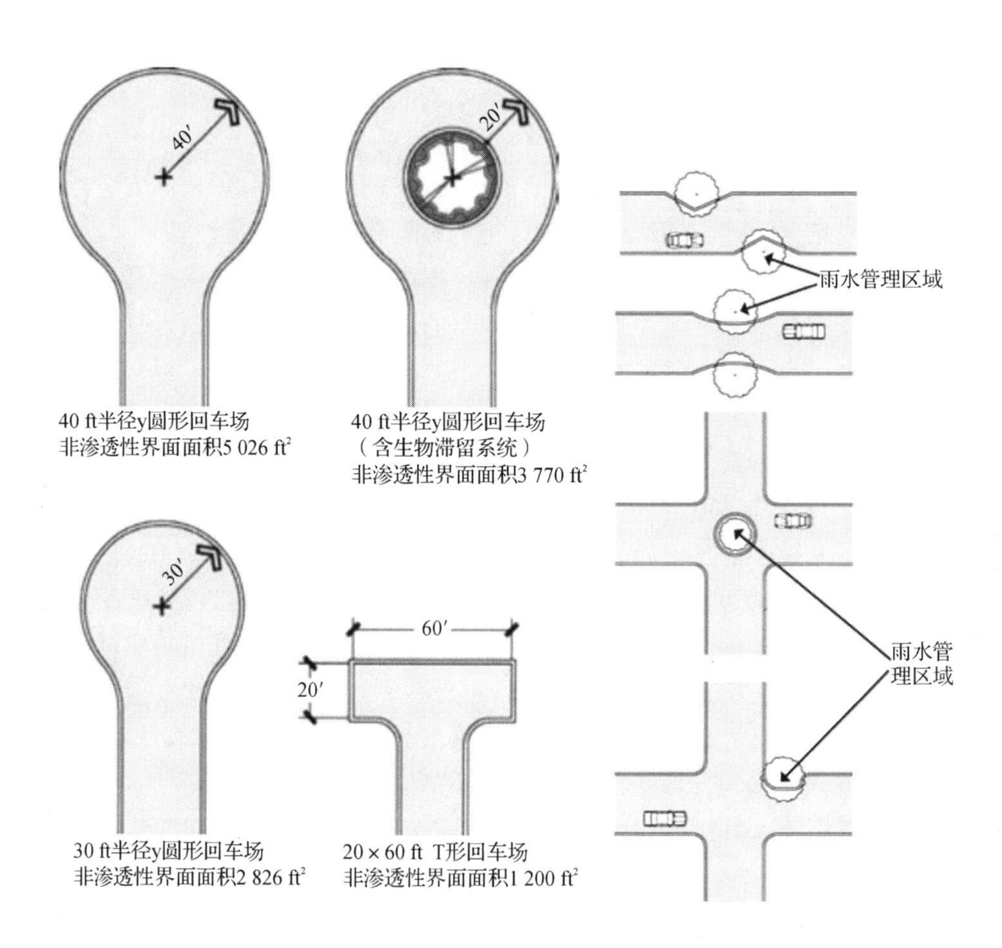

图 4-10　常用的回车场类型及其非渗透性界面数量

（来源：PUGET SOUND ACTION TEAM, WASHINGTON STATE UNIVERSITY PIERCE COUNTY EXTENSION. Low impact development: technical guidance manual for puget sound [EB/OL]. http://www.psp.wa.gov/downloads/LID/LID_manual2005.pdf, 2005-01-30: Figure 3.7）

图 4-11　雨水管理设施与降低车流量措施的整合

（来源：PUGET SOUND ACTION TEAM, WASHINGTON STATE UNIVERSITY PIERCE COUNTY EXTENSION. Low impact development: technical guidance manual for puget sound [EB/OL]. http://www.psp.wa.gov/downloads/LID/LID_manual2005.pdf, 2005-01-30: Figure 3.11）

的使用潜力。

在道路狭窄的高密度住区以及不允许沿街停车的住区中，可采用港湾式停车。港湾式停车应尽量分布于整个场地，从而减少居民停车后的步行距离，从而鼓励居民使用港湾式停车。

非渗透性表面生成的雨径可通过缓坡被导入毗邻的生物滞留渠或其他滞留设施中，由此停车场将被转化为低效的不透水界面。港湾式停车、路边停车位可使用渗透性材料进行铺装。透水沥青、透水混凝土、透水铺装以及砾石铺装可承担住区道路荷载，且更适合在低荷载停车场使用。此时，道路必须进行特殊设计以防止路面沉降、确保地基安全。

7. 入户道路

在低密度住区中，独立式住宅的入户道路通常占分户地块非渗透性表面的20%①，因此合理的入户道路设计可有效减少非渗透界面总量。例如：

● 尽量使用共用的入户道路(尤其在敏感区)

● 将车行道宽度限制在 2.75 m 以下(无论独立式或共用式入户道路)；

● 减少建筑物退红线的距离，以减少入户道路长度；

● 在入户道路、停车区域使用透水材料与附属蓄积措施，将路面雨水引向滞留渠及其他入渗区域等。

4.2.7.2 实现雨水分离

为实现非渗透性表面的“雨水分离”，即引导雨径不再通过排水管网进行排放，可建设区域的划分应遵循以下原则：

● 有利于将屋面径流导入种植区域，以实现屋面与雨水管道的分离；

● 有利于将来自铺装区域的雨径导入稳定的种植区域，以实现铺装区域与雨水管道的分离

● 谨慎定位非渗透性区域，使其能够向自然排水系统、种植缓冲带、自然资源区或入渗区排到雨水。

① CENTER FOR WATERSHED PROTECTION. Better Site Design: A Handbook for Changing Development Rules in Your Community[M]. Ellicott City, MD: Author, 1998.

4.2.7.3 延长排水路径

雨径汇集时间(Tc)与场地水文条件共同决定了降水事件中场地外排雨水径流的峰值。影响雨径汇集时间的场地因素包括:传输距离(径流路径)、地表坡度或水面坡度、地表粗糙度、河道形态、模式与材料组成。因此,通过对场地中的雨径运动与传输系统(即排水路径)进行延长处理,控制雨径汇集时间的相关措施能够被整合到草案设计当中。

1. 最大化地表片状漫流

场地设计草案应试图最大化场地表面片状漫流的距离,并最小化位于开发后径流路径两侧的林地所遭受的扰动。该措施将有利于增加径流的传输时间与汇集时间、降低外排径流峰值与径流速率,以避免土壤腐蚀。通过坡度、土壤、植被状况的适当组合,雨径流速应被保持在一定范围内(2～5 ft/s)。通过在自然排水路径与人工场地之间安装水平散流器(level spreader)或设置 9 m 宽的种植区域,雨水径流可被分散为片状漫流(图 4-12)。该种植区域可被整合到缓冲带当中。

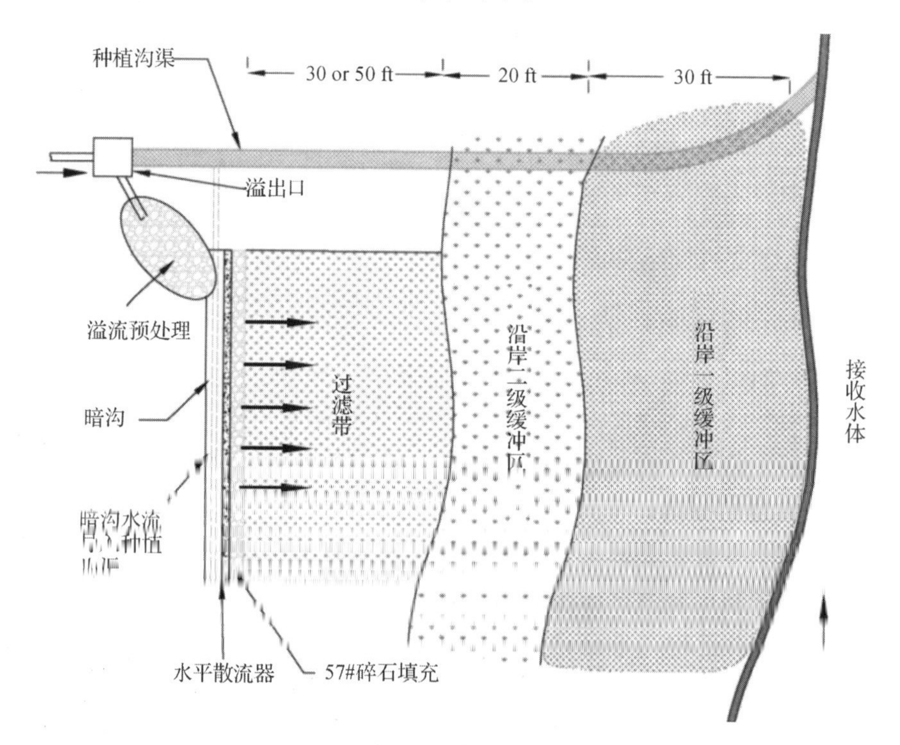

图 4-12 水平散流器

(来源:笔者自制。根据 Level Spreader-Vegetated Filter Strip Systems[EB/OL]. http://www.durhamnc.gov/departments/works/pdf/stormwater_presentation062210.pdf,10)

2. 增加排水路径的数量与长度

该措施有助于提高入渗率、延长传输时间。可持续雨水管理导向下住区设计的目标之一在于，在设计规范允许的情况下，尽可能形成地表片状漫流，以增加径流由非渗透性表面（如屋面、道路）导入开放式排水系统的时间。为此，设计方案应将非渗透性表面生成的雨径导入生物滞留设施、入渗沟渠等设施。这些设施应得到谨慎定位，从而使雨径在到达终端设施或接受水体之前得以消减。场地平整工作应得到合理设计，从而增加地表粗糙度，以延长径流传输路径。

3. 减小场地与地块坡度

穿越陡坡的道路及其建设活动将增加土壤扰动。因此，合理的道路布局应避免将道路置于陡坡地形之中，并且遵循沿地形脊线进行布置的设计原则（图 4-13）。在地形陡峭的情况下，常规道路布局通常会增加填挖作业的工程量。如果地形因素在设计伊始便得到充分考虑，将为开发项目节约大量成本。基于原有场地的脊线与排水模式，在地形起伏剧烈的条件下，宜使用多个并联的、短的尽端式道路来代替常规道路布局；在地形平坦的条件下，宜使用不规则网格模式进行道路布局（fluid grid pattern），从而使得道路能够避让开自然排水路径与其他自然资源保护区。

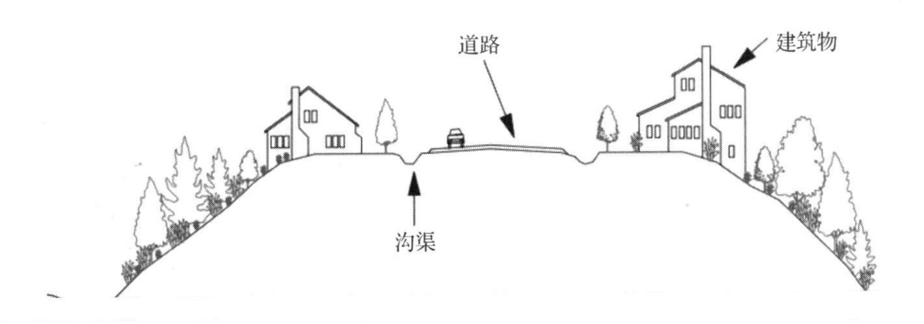

RONMENTAL RESOURCES, PROGRAMS AND PLANNING DIVISION. Low-Impact Development Design Strategies: An Integrated Design Approach. [EB/OL]. http://www.toolbase.org/PDF/DesignGuides/LIDstrategies.pdf, 1999-06-30: Figure 2-12)

图 4-14 展示了可持续雨水管理导向下的场地平整技术的集合。场地坡度被控制在 1%，以增加径流入渗率与传输时间。在住区项目中，可持续雨水管理措施应被敷设于建筑平面基底 3 m 以外的区域，该区域坡度为

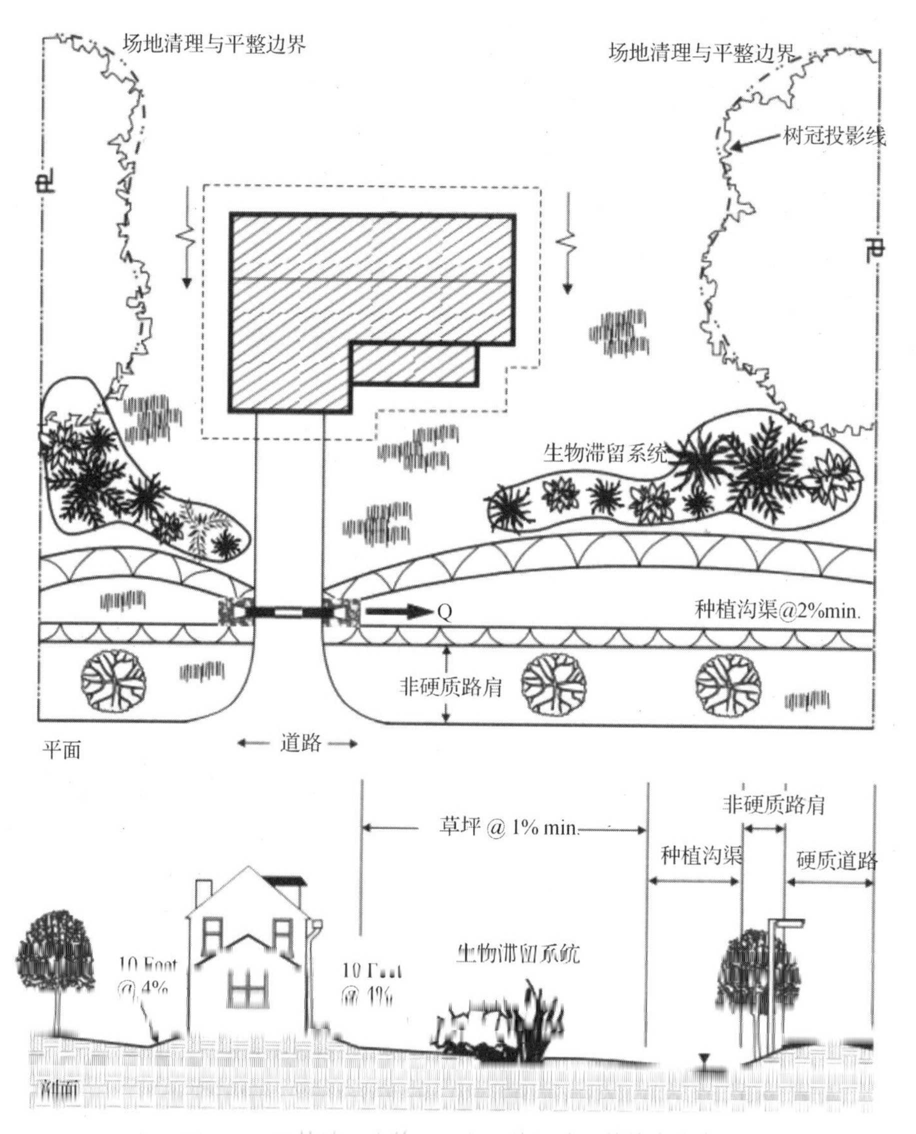

图 4-14　可持续雨水管理导向下的场地平整技术集合

（来源：PRINCE GEORGE'S COUNTY，MARYLAND，DEPARTMENT OF ENVIRONMENTAL RESOURCES，PROGRAMS AND PLANNING DIVISION. Low-Impact Development Design Strategies：An Integrated Design Approach. [EB/OL]. http://www.toolbase.org/PDF/DesignGuides/LIDstrategies.pdf，1999-06-30：Figure 2-13）

4%(用以排水)。住区设计方案有责任确保场地坡度在百年一遇的降水事件中不会引发洪水(即,溢流路径与建筑物的垂直间距大于 0.3 m、水平间距大于 7.6 m)。应避免地块内的土壤压缩,从而最大化雨水入渗能力。入渗区域应与非渗透性表面(如屋顶、道路)在通过雨水的运动发生关联。

4. 最大程度地使用明渠

排水设计应尽量使用开放式的排水系统,以代替常规雨水排放管网。为了缓解洪水问题,并减少对常规雨水管网的依赖,带有植被的开放式排水系统应成为雨水径流在地块之间或沿道路传输的首选途径。为了减少开放式排水系统中雨水径流的数量与速度,场地平整的坡度应尽量被放缓。鉴于入渗设施能够对雨水径流数量与雨径传输时间形成有效控制,入渗设施应随排水需求的增加得到使用。

5. 增加场地与地块中的植被

对平整区域进行复植或保护原有植被能够增加地表粗糙度、提供附加滞留、减少地表径流数量、增加传输时间,从而减少外排径流的峰值。人工种植的缓冲区域与场地内原有植被或森林应得到适度连接,从而保证雨水滞留效果。另外,该措施不仅能增强社区美感,而且能为栖息地廊道保护做出贡献。

4.2.8 场地设计草案水文评估

本步骤具体内容参章节 4.2.14。

4.2.9 修订场地设计草案

在场地草案水文评估完成之后,应根据评估结果选择雨水管理效果最

在场地设计草案得到修订后,项目开发所能引发的雨水问题及其所能保留的场地水文功能可以被更为精确地掌握(相对于用地布局方案阶段)。通过二者的比较,可以进一步确定雨水管理在控制雨径流量、峰值等方面目标的实现程度,剩余的雨水问题将通过结构性最佳管理措施的深入设计得到最终解决。

如前所述，并非所有最佳管理措施均适用于类开发或各种场地。由多个结构性管理措施共同组成的“处理链条”主要具备以下优势：一旦某个设备失效，其他设备仍能照常工作，从而降低系统瘫痪的风险。另外，某些结构性管理措施只有在与其他措施相连的情况下才能充分发挥作用。例如，弃流设备与过滤装置常被置于处理链之初，以便对进入入渗装置的雨水径流进行预处理；此外，它们还非常适合于与种植沟渠、植物过滤带、入渗系统、雨水花园、人工湿地等设备相连，共同发挥作用。

鉴于多种因素同时发挥作用，选择最佳的结构性管理措施的组合成为一项复杂的工作，必须平衡各种技术性与非技术性因素①。

● 径流的数量与质量要求。结构性管理措施的选择常常基于污染物负荷、雨径数量得以开展。例如，在高磷区域，入渗措施将成为移除径流中磷成分的最佳选择。通常，应从径流量、地下水补充率、峰值流量、水质（总悬浮颗粒物、总磷、总氮、水温）等方面收集措施性能的相关信息。

● 靠近源头。最佳管理措施应尽量靠近源头。需要指出，雨水径流的“源头”并不固定，因场地及设计方案而异。例如，种植沟渠通常较适用于新建项目，而不适用于改建项目。

● 多用途化。应优先在已遭扰动的区域整合结构性管理措施。例如，在停车场下方设置雨水补充基床，在入渗盆地中设置游戏场，等等。这不仅有助于最小化扰动区域范围，而且能够在某些情况下增加休憩机会。

● 场地因素。场地清单中的一部分重要内容应在结构性管理措施的选择过程中得以充分考虑。例如，场地的某些特性（较高的地下水水位、岩石地表、低入渗性土壤）将为入渗设施的敷设带来极大挑战。

● 经济成本。结构性管理措施的成本包括建设与长期维护成本。成本又通常与开发规模、性质相关。

● 施工过程。应充分尊重结构性管理措施的建设导则。例如，在建设入渗设施时，[illegible]避免使用机械设备夯实土壤。

● 维护问题。雨水管理技术设备的易维护性与易维修性至关重要。有些设备的运行需要更多维护，然而它们可能在水质与水量控制方面效用

① SOUTHEAST MICHIGAN COUNCIL OF GOVERNMENTS, INFORMATION CENTER. Low Impact Development Manual for Michigan: A Design Guide for Implementors and Reviewers. [EB/OL]. http://library.semcog.org/InmagicGenie/DocumentFolder/LIDManualWeb.pdf, 2008-12-30: 7.1.

更佳。如，种植性措施需要多种类型的景观维护；构造性措施（如透水铺装）需要阶段性吸尘；入渗盆地与沟渠很少需要维护；关乎种植的措施性能会随植被生长成熟得以改善。

● 美学问题与环境价值。在大部分开发项目中，景观优化成为日益重要的任务。在某些情况下，开发者愿意为开发项目吸引力与美学价值的提升投入成本。例如，雨水花园能赋予院落更大的吸引力；湿池、人工湿地、自然沟渠与过滤带、绿化屋面等措施均可被整合到景观设计中，在解决雨水问题的同时创造出新价值。此外，许多措施能够改善栖息地状况，带来额外的环境收益。

● 土地用途的适用性。某些土地用途本身适用特定的结构性管理措施。例如，缺少大型集中停车区域的低密度住宅项目适宜使用渗透性铺装；雨水收集装置适用于居住建筑；绿化屋面不适宜独立式住宅。

总之，针对选取的结构性措施及其组合，各种措施的具体运行数据、污染物聚集与负荷信息应得以收集。对此，表 2-05 将提供一定的帮助。另外，一些建成的数据库也可提供帮助。例如，“国际雨水最佳管理措施数据库”（International Stormwater BMP Database）是取得各种最佳管理措施性能指标的最权威数据库。该数据库涉及 300 余种最佳管理措施的研究，提供性能分析工具、成果、监测指导以及其他相关出版物信息。该数据库可帮助工作人员预测、估算最佳管理措施移除污染物负荷的数量（即，输入负荷减去输出负荷）。总污染物负荷可使用给定时间内流入与流出水量乘以污染物平均浓度值得以计算。又如，由美国环境保护局开发的“城市最佳管理措施性能工具”（Urban BMP Performance Tool）①是另一项总结了结构性管理措施性能信息的可选工具。

[illegible]

比选方案的提出应对其充分遵循。建筑群的布局、建筑场的体量、定位、定形、硬地、道路的定位、定量、定形均在此阶段得到详细的设计。

---

① Urban BMP Performance Tool[EB/OL]. http://www.cfpub.epa.gov/npdes/stormwater/urbanbmp/bmpeffectiveness.cfm,2012-08-30.

4.2.12 场地设计方案水文评估

本步骤具体内容参见章节4.2.14。

4.2.13 完成方案设计

为了确保可持续雨水管理空间使用要求的满足程度，必须使用反复试错的验证方法。因此，可持续雨水管理导向下的住区设计通常包括一系列相互作用的、有时可能是重复的设计步骤。需要指出，场地雨水管理要求的满足，不仅需使用结构性管理措施，而且也可能需使用附加的常规雨水管理技术。

一旦预定的水文目标得以实现，住区设计的新任务便进入收尾阶段。场地与人工构筑物的平面、剖面乃至细部设计可在此基础上得到深入绘制。

4.2.14 水文评估

水文评估的作用在于，通过对雨径在流量、峰值、频率、水质等方面进行定量考察，确定实现雨水管理目标所需的雨水控制水平、住区设计不同阶段的工作成果对于场地自然资源的保护程度、结构性措施所需要承担的处理任务及其处理能力。通过比较方案提出前后的水文状况，判断可持续雨水管理目标的实现程度。

可持续雨水管理强调雨水问题解决方案的简单性、经济性。在各工作阶段进行更为深入的设计之前，水文评估工作将有助于确认优选方案、预估建设成本。鉴于水文评估贯穿可持续雨水管理导向下住区设计的全程，住区设计方案与雨水管理方案需要经过多次评估，才能获得最佳解。因此，本节将对水文评估的具体方法进行集中式的简要阐述。与“探索性雨水管理”相似，如有需要，该步骤的具体内容同样需要参考前文提及的专业化工程做法，在此将不做进一步展开。

4.2.14.1 基础概念

水文学针对“存在于大气层中、地球表面和地壳内部各种形态的水在水量和水质上的运动、变化、分布，以及水与环境及人类活动之间相互的联系和作用”①开展研究。对项目开发与土地用途改变所引起的水文效应进

① 水文学[EB/OL]. http://baike.baidu.com/view/38579.htm,2012-07-29.

行充分理解是住区设计中成功整合可持续雨水管理的基础。

径流水位曲线能够充分展示项目开发所引发水文效应。图 1-07 展示了各种土地利用条件下的径流水位曲线。在开发前，林地、草地等自然地表的径流曲线斜率较小、峰值较小(曲线 1)；在开发后，如使用常规雨水管理，随着非渗透性界面的增多，雨径汇集时间(Tc)缩短、径流峰值大幅增加(曲线 2)；在开发后，如采取可持续雨水管理措施，则径流峰值将被维持在开发前的水平、径流总量增长、持续时间延长(曲线 3)。

为对设计方案进行水文评估，还需要掌握若干基础概念，如雨径汇集时间(见章节 2.1.3.8)、径流(见章节 2.2.1.1)、降水量与设计降水事件、降雨量再分配、地下水补充等。

1. 降水量与设计降水事件

降水量数据包括运用于场地设计、雨水管理规划的降雨、降雪数据。降水量指标反映了雨洪事件中降落雨水的数量、强度、持续时间。虽然降水事件是随机发生的，但长期的观察结果显示，给定降水事件的发生遵循统计规律。基于雨水事件发生频率或重现期，雨水事件通过统计分析将得到进一步描述。而为了控制雨径流量与峰值，住区设计所需处理的雨径量则受到降水强度的严重制约。

一定规模的降水事件应得以确定，以支持设计方案的评估。通常，重现期为 2 年与 10 年的降水事件被用以评价工业、商业开发的方案设计；重现期为 1～2 年的降雨事件被用以保护接收水体，使其避免沉降与侵蚀；重现期为 5 年与 10 年的降水事件被用以防御小型洪水事件；100 年一遇的降水事件被用以确定主要洪水的漫滩边界。图 4-15 展示了降雨事件重现期与降水量、雨水管理任务之间的关系。

目前，使用降水数据推算“设计降雨”(design storm)的方法已经在多

① CHOW, V. T. Handbook of Applied Hydrology[M]. New York: McGraw-Hill, Inc., 1964.

② AMERICAN SOCIETY OF CIVIL ENGINEERS, ASCE. Design and Construction of Urban Stormwater Management Systems. ASCE Manuals and Reports of Engineering Practice, No. 77[M]. Urban Water Resources Research Council of the American Society of Civil Engineers, Water Environment Federation, Reston, VA, 1994.

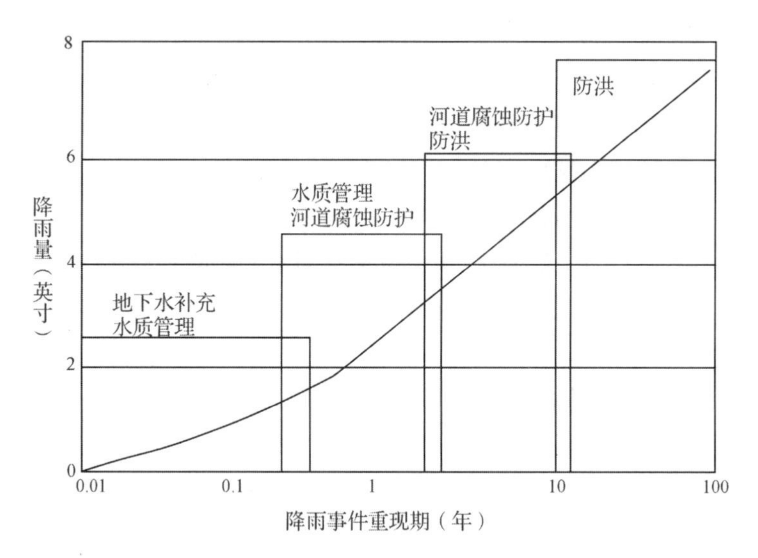

图 4-15　降雨事件重现期与降水量、雨水管理任务的关系

（来源：CHESAPEAKE RESEARCH CONSORTIUM. Design of Stormwater Filtering Systems[M]. Maryland：The Center for Watershed Protection，Silver Spring，1996）

开发设计手册》①。

2. 降雨量再分配

降雨量再分配包括以下过程：植被拦截、地表与上层土层蒸发、植物蒸腾、地表土入渗、地表凹陷续存。虽然上述过程可被独立评估，但是简化的水文模型可对多种过程的共同效应进行整体评估。

场地整体的雨水再分配状况可被折算为降水深度。降水深度可反映未参与雨水径流生成的降水量。没有参与降雨量再分配的降水被称为超量降水，又作雨水径流。随着设计方案布局的改变，降水量再分配状况随之改变。非渗透性地表的变化则尤为重要。非渗透性区域阻止雨水入渗，严重降低雨水再分配，增加雨水径流数量。开发后场地的一个显著特征在于雨水渗透性能降低，降雨量再分配显著减少。不仅外排径流量显著增加，而且地表雨水聚集速度加快。

可持续雨水管理途径通过保持场地的入渗能力、蒸散量、地表续存能

① PRINCE GEORGE'S COUNTY，MARYLAND. Low-Impact Development Design Manual[M]. Prince George's County，Maryland：Department of Environmental Resources，1997.

力，延长传输时间，减缓超量降水的聚集速度，补充降雨再分配所遭受的损失，从而匹配开发前的降水条件。

3. 地下水补充

在降水量再分配中，相当大比例的雨水将向下入渗，以补充地下水。开发场地内的地下水可能是地方性或区域性地下水水系的组成部分(图 4-16)。局地水位常与周边河流相关联，并在旱季通过渗出方式补充河流，以保证河流基流。后者是保证河流中生物与栖息地完整性的必备条件。因此，地下水补充率的显著减少乃至丧失可导致地下水水位下降、旱季接收水体基流减少。与下游不同，河流上游区域的排水区域通常较少，因此其对局地地下水补充率的改变尤为敏感。

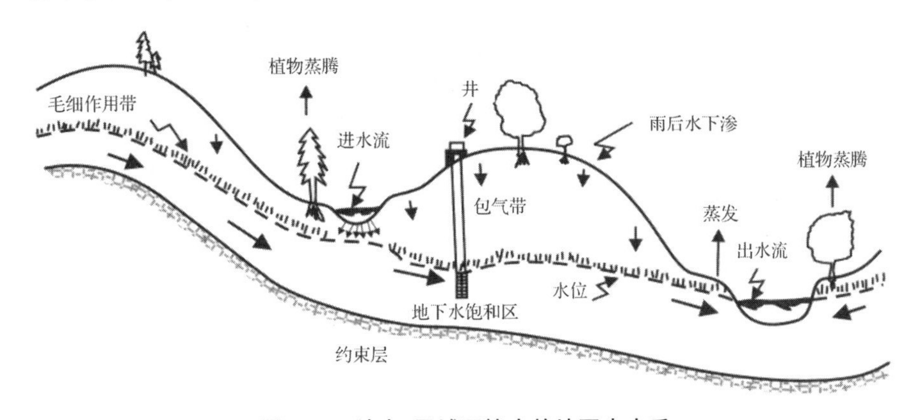

图 4-16　地方、区域环境中的地下水水系

(来源：PRINCE GEORGE'S COUNTY，MARYLAND，DEPARTMENT OF ENVIRONMENTAL RESOURCES，PROGRAMS AND PLANNING DIVISION. Low-Impact Development Design Strategies：An Integrated Design Approach. [EB/OL]. http://www.toolbase.org/PDF/DesignGuides/LIDstrategies.pdf，1999-06-30：Figure 3-5)

1. 径流量控制

随着场地非渗透量的增加，给定降水事件中的径流量随之增长。一定汇水面积内，任意时段内径流深度(或径流总量)与同时段降水深度(或降水总量)的比值被称为径流系数。通过场地设计中的相应考虑，雨水再分配所遭受的损失能够得以补偿，场地雨水径流系数能够被维持在开发前的水平上。

2. 径流峰值率控制

可持续雨水管理的任务之一在于，在所有小于设计雨水事件的降水事件中，将场地径流峰值保持在开发前的水平上。通过遵循合理的设计程序、采用相应的雨水管理措施，径路总量及其峰值均可得以控制。

3. 径流频率/持续时间控制

可持续雨水管理的基本思路在于模拟开发前的水文状况、径流频率或持续时间同样应被控制在开发前的水平上。由此，河流下游栖息地可能遭受的侵蚀与沉积的影响将得以最小化。

4. 水质控制

可持续雨水管理的设计任务之一在于，通过滞留措施，至少有效处理来自非渗透性区域的初期降水(如 1 in)所形成径流的水质。在大多数可持续雨水管理应用案例中，使用分散置于整个场地内的控制与滞留措施，有利于水质提高。另外，采取相应措施改变人类活动，也可减少进入环境的污染物总量。

4.2.14.3 具体步骤

场地水文评估可使用多种方法与分析技术。美国马里兰州乔治王子县环境资源部推荐的水文评估方法[①]如下。

步骤 1——描绘汇水区域。水文评估需要绘制整个场地的汇水区域、对雨径生成至关重要的次级汇水区域。测绘工作有必要预先考虑优选的排水方式、道路、雨水排放系统。

步骤 2——确定设计降雨事件。评估过程中使用的设计降雨应基于可持续雨水管理基本的哲学得以确定。在地方性技术规章中可能存在设计降雨的强制性要求，它们可能限制或促进可持续雨水管理技术的使用。

步骤 3——确定模拟技术。数据收集与分析的深度取决于评估工作所选取的模拟技术。模拟技术的选择又取决于场地的流域类型、设计任务的复杂程度、评估机构对于模型技术的熟练程度、住区设计工作深度。某些模拟技术利用简化的评估方法，某些则可提供较为详细的水文描述

① PRINCE GEORGE'S COUNTY，MARYLAND，DEPARTMENT OF ENVIRONMENTAL RESOURCES，PROGRAMS AND PLANNING DIVISION. Low-Impact Development Design Strategies：An Integrated Design Approach. [EB/OL]. http://www.toolbase.org/PDF/DesignGuides/LIDstrategies.pdf，1999-06-30：3.6.

信息。

步骤4——汇编开发前的场地信息。典型信息包括:场地规模、范围、土壤、地形坡地、土地用途、非渗透性(相连的、分离的)。

步骤5——评估开发前场地水文状况、确定基准量度(baseline measures)。使用所选模拟技术评估场地开发前的条件。模拟分析的结果用于确定四项评估指标的基准量度。

步骤6——评估非结构性管理措施的成效。评估非结构性措施在雨水管理方面的成效,并将其与基准量度进行比较,利用四项评估指标差值展示用地布局方案的水文效应。比较结果用于确定采取结构性控制措施的需求。

步骤7——评估结构性管理措施的成效。部分水文控制的目标可通过结构性管理措施的使用得以实现。结构性管理措施是缓解水文影响的第二层面。在结构性管理措施被确定之后,整合了所有雨水管理措施的场地设计方案将得以再次评估。评估结果与开发前的评估结果进行比较,以确定外排流量、峰值等目标是否得以实现。如既定目标并未实现,那么则需继续添加结构性管理措施。

步骤8——评估补充性管理技术的需求。在补充结构性管理措施之后,如仍然存在控制流量、峰值等需求,则应考虑使用附加管理技术。例如,在解决内涝问题时,如场地条件限制了结构性管理措施的使用(如土壤环境渗透性差、地下水水位过高),常规的尽端式措施(如大型滞留池、人工湿地)应得以添加。在某些情况下,如果可持续雨水管理的基本哲学得到充分贯彻,上述常规雨水管理设施的尺寸可大幅减少。

4.2.14.4 常用技术

表4-11 各种水文模拟工具的属性与功能比较

属性	模型				
	HSPF	SWMM	TR-55/TR-20	HEC-1	Rational Method
模拟类型	连续	连续	独立事件	独立事件	独立事件
水质分析	有	有	无	无	无

续表

属性	模型				
	HSPF	SWMM	TR-55/TR-20	HEC-1	Rational Method
雨量分析	有	有	有	有	有
下水道系统流量演算	无	有	有	有	无
动态流量演算方程	无	有	有	无	无
稳定器、溢流结构	无	有	无	无	无
储存能力分析	有	有	有	有	无
处理能力分析	有	有	无	无	无
对数据与人员的要求	高	高	中	中	低
模拟复杂程度	高	高	低	高	低

（来源：PRINCE GEORGE'S COUNTY，MARYLAND，DEPARTMENT OF ENVIRONMENTAL RESOURCES，PROGRAMS AND PLANNING DIVISION. Low-Impact Development Design Strategies：An Integrated Design Approach. [EB/OL]. http://www.toolbase.org/PDF/DesignGuides/LIDstrategies.pdf，1999-06-30：Table 3-2）

HSPF 水文模拟程序——FORTRAN（HSPF）。HSPF 是由美国环境保护局研发的综合性文件包，用以模拟混合用途流域的水量、水质。该模型能够开展从降水到径流的水文过程模拟，从而获取水位图、径流率、径流流速、沉积量、污染物排放与传输。HSPF 包括对入渗、基流、壤中流、地下水平衡等方面的考虑。

SWMM 雨水管理模拟（Storm Water Management Model，SWMM）。SWMM 是由美国环境保护局研发的一种城市雨水模拟工具，用以模拟城市径流、洪水路线、洪水分析。该工具可对从降水到径流生成过程、相关污染物的排放与传输进行连续模拟。

TR-55/TR-20。TR-55/TR-20 由美国农业部自然资源保护组织研发。TR-55 模型使用径流曲线数字方法、单元水位图，将降水转化为径流。TR-55 与 TR-20 工具可预计给定汇水区域内的径流峰值、流速。TR-55 与 TR-20 工具的优势在于，土壤状况、土地使用状况数据输入方便。

HEC-1。HEC-1 模型由美国军事工程水文研究中心研发，用以模拟河谷地形下降水事件中地表径流的生成状况。与上述两个模型不同，该模型并非对场地降水状况进行孤立模拟，而是将场地作为宏观流域背景下的组成部分。因此，该模型可用于开发场地对相应河流流量、流速的精确计算。

理性方法(The Rational Method)。理性方法是一种基于理性公式的雨水管理评估方法①。理性公式将降水峰值作为降水强度、流域面积、径流系数的函数进行计算。鉴于其简单性、易用性，理性方法在土地开发过程中得以频繁使用。

4.3 小结

程序可被视为以"将输入转化为输出的基本活动"为组分的系统。依据系统论的结构功能相关律，常规设计程序功能方面的相对局限性源自其结构的固有缺陷，而优化设计程序亦应从优化结构开始。依据质量管理理论，可持续雨水管理导向下的住区设计程序应使用"PDCA循环模型"搭建结构。对当前发达国家主要可持续雨水管理工作体系中的设计程序进行结构分析，该设计程序优化原则的正确性与有效性可得到验证。

鉴于通过优化原则孤立演绎或直接引用已有设计程序的种种弊端，为了提出设计程序及其做法的优化建议，本书采用的基本思路如下：以设计程序优化的一般原则为依据，对当前若干主流工作体系中的设计程序进行结构分析，通过比较发现各程序的相对优势与劣势；进而取长补短，提出更为完善的系统化设计程序、总结相应做法，以引导我国可持续雨水管理导向下的住区设计。

回顾设计程序系统化的发展历程，可发现两种路线：其一，在理解设计程序本质的基础上引入外部基础理论的研究成果，使得设计程序的优化获得理论引导；其二，在实践中运用"试错"方式，不断提出新的程序、发现新问题，进而不断改进。虽然，本书提出的设计程序与做法的优化建议更加

① MAIDMENT, D. R. Handbook of Hydrology[M]. New York: McGraw-Hill, Inc., 1993.

5 实例分析

根据设计程序的结构类型与开发场地的自然特征，本章选取了5个可持续雨水管理与住区设计相整合的实际案例作为对象，通过设计过程及其成果的分析，为前文（第二、三、四章）中多个方面作出的判断提供审视与支撑（表5-01）。

分析结果表明，可持续雨水管理的空间使用需求随场地条件、方案形态变化，难以脱离具体条件孤立地通过一般化布局类型与设计原则的引导在住区设计方案中得到充分满足；常规设计程序难以实现可持续雨水管理与住区设计的整合，而依据“PDCA循环模型”搭建的设计程序则能确保可持续雨水管理空间需求的准确提出，使方案设计工作获得科学引导与修正，并有效推动可持续雨水管理目标的实现。

表5-01　本章实例及其选取标准

项目名称	场地特征	结构特征	结构类型
澳大利亚“伦威克”住区项目	场地地形平坦，已遭受大面积清理，位于悉尼饮用水源地上游临近区域	包含2个PDCA循环	PDCA循环模型
澳大利亚“旁氏”住区项目	场地地形平坦，已遭受大面积清理，临河区域地下水富含盐分		
德国“绍尔豪森公园”住区项目	场地坡度较缓，丘陵地形，生态环境已受损伤，大部分土壤入渗率较低	包含3个PDCA循环	
德国“[illegible]”住区项目二期工程	场地坡度较大，山地地形，部分区域土壤渗透能力极低		
北京“[illegible]”住区项目	场地地形平坦，大部分土壤渗透性能极低，地下水水位较低	各步骤可随机跳跃	个体化程序模型

（来源：笔者自制）

5.1 澳大利亚“伦威克”住区项目

伦威克（Renwick）住区项目位于悉尼西南方向的米塔贡市（Mittagong)，距悉尼约120 km。项目总占地面积为116 hm^2，预计为600户家庭提供住房(以独栋住宅、联排住宅为主)。

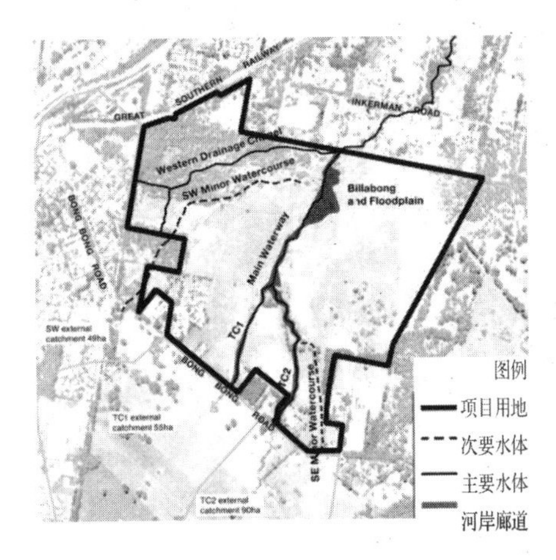

图 5-01　伦威克住区项目场地内原有水体状况

(来源：LANDCOM Ltd. Water Sensitive Urban Design [EB/OL]. http://www.landcom.com.au/downloads/uploaded/WSUD_Book3_CaseStudies_0409_3da4.pdf,2009-05-31. Figure 1，经修改)

该项目场地位于悉尼市水源地流域内，场地内有若干河流经过(图5-01)。项目开发生成的雨径将通过纳台河(Nattai)被排放入瓦拉冈巴(Warragamba)水库。该水库已成为悉尼市饮用水供给地之一。

此外，在项目开发启动之前，场地被用于农业生产，并得到大面积的清理。

5.1.1 可持续雨水管理的目标

根据“州环境规划政策”(State Environmental Planning Policy, SEPP)第58条“悉尼供水保护”，该项目开发必须通过悉尼流域管理部门(Sydney Catchment Authority, SCA)主持的“中性或有益影响测试”(Neutral or Beneficial Effect Test)。该测试使用数字化方法对场地原生流域环境、开发前后日常污染物聚集的累积概率进行模拟。通过比较开发前后雨径中污染物聚集状况，开发项目对水体产生的影响将得到量化判断。

根据悉尼流域部门的具体要求，即“开发项目必须对水源地产生中性

减指标。鉴于水源地保护目标，该项目的可持续雨水管理目标设置比常规项目更加严格。

表 5-02　伦威克住区项目可持续雨水管理目标

宏观目标	具体指标
水体保护	通过提高用水效率、鼓励循环用水,用水量比一般案例减少 40%
污染物控制	减少雨水径流中的总氮负荷(TN)65%
	减少雨水径流中的总磷负荷(TP)84%
	减少雨水径流中的总悬浮颗粒物负荷(TSS)95%
径流管理	在 1.5 年一遇的雨水事件中,开发后的外排雨水径流量=开发前的外排雨水径流量

(来源:LANDCOM Ltd. Water Sensitive Urban Design [EB/OL]. [2009-05-31]. http://www. landcom. com. au/downloads/uploaded/WSUD_Book3_CaseStudies_0409_3da4. pdf,Table 1)

5.1.2 规划与场地条件的限制

场地内现有河流的生态与形态条件均欠佳,对创造高品质开放空间、修复河流生态产生负面影响。具体而言,该住区实施可持续雨水管理所面临的制约主要包括以下几点。

- 该项目位于饮用水供应地,因此项目开发必须证明其能够保证对雨径质量产生中性或有利的影响。
- 该项目不能使用蓄水箱。原因在于,虽然蓄水箱能减少待处理的雨径水量,但是将严重削减饮用水水源的补充率。
- "综合性河流修复计划"必须得以编制,以改进场地内正在严重退化的河流状况(如河床高度不稳定、河岸侵蚀迅速)。此外,河流修复与整形工作将有利于沿河廊道景观的改善与舒适度的提高。
- 该项目需要针对来自上游流域的区域外雨洪采取衰减措施,用于敷设雨水滞留设施的空间需求将随之增长
- 项目开发有义务清除沿河土地的有毒植物,并抑制其再生。
- 河岸廊道区域内保留着土著文化与欧洲文化的遗迹,文物保护工作对河岸修复工作提出一定限制

5.1.3 可持续雨水管理的措施

5.1.3.1 径流管理方面

在可持续雨水管理工作的开展过程中,城市雨水改进概念化模型(Model for urban stormwater improvement Conceptualisation,MusiC)被

用以检测项目开发在水质方面是否能够带来“中性或有益影响”。

分析结果显示，对于伦威克来说，采用由湿地、生物滞留系统所组成的雨水处理混合系统具有最佳水质处理效果。

经过雨水管理系统初步设计，主要雨水处理区被定位于建设用地与河岸廊道之间的河岸缓冲区内。为了避免场地开发后的雨径在数量与频率的增加，减少其负面影响，位于缓冲区（也是洪水漫滩区域）中的雨径滞留措施应确保场地外排雨水径流量在 1.5 年一遇的雨水事件中不会增加，从而保护下流河道免受侵蚀。

此外，在某些区域，沿低密度道路设置种植沟渠，以改进道路雨径水质。生物滞留系统中应当种植生长期极短的湿地植物。另外，人工种植的植物均采用当地物种，以确保河岸区域与雨水处理设备之间的生态连续性。

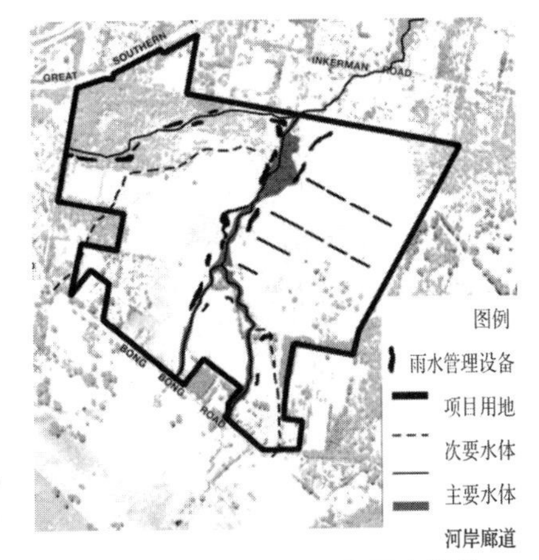

图 5-02　伦威克住区项目雨水管理系统初步设计

（来源：LANDCOM Ltd. Water Sensitive Urban Design [EB/OL]. http://www.landcom.com.au/downloads/uploaded/WSUD_Book3_CaseStudies_0409_3da4.pdf，2009-05-31. Figure 2，经修改）

雨水管理结构性措施的具体位置见图 5-02。

5.1.3.2 河流修复方面

在城市开发背景下，河流的健康将在很大程度上提高住区价值。作为可持续雨水管理的补充，河流修复工作的内容更加细致，成果更加多样化。

- 保留河流中高价值的物理与水生栖息地，在退化与低价值栖息地区域创造高质量的人工栖息地。
- 在河道内、沿河区域、人工栖息地重新种植本地植被。
- 保持河岸廊道的公众可达性及其与开放空间的连接性，由此河岸廊道将成为重要的休憩场所。

5.1.4 住区设计方案的应对

5.1.4.1 开放空间

根据探索性雨水管理的成果，该住区设计方案将 25% 的土地用作大型开放空间，并使其得到保护。根据雨水管理的需求，大型开放空间主要被布置在场地中央的河岸廊道沿岸区域，可持续雨水管理结构性措施与河流修复措施将被整合到开放空间之中（图 5-03）。

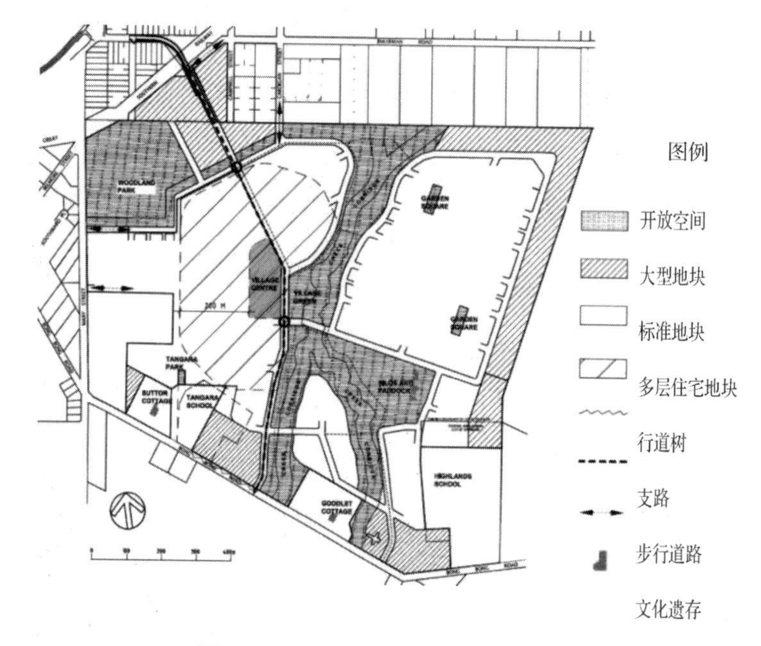

图 5-03 伦威克住区项目土地利用草案

（来源：Wingecarribee Shire Council. Development Control Plan No. 59 Renwick [EB/OL]. [2007-12-31]. http://www.savethehighlands.net/STHpdf/Renwick_DCP_FINAL.pdf, Figure 8.1）

河岸廊道明确了开放空间的特色，开放空间由此可以为自然栖息地的创造作出贡献，并且被赋予了多种功能，具体包括如下几点：

- 土著与欧洲文化遗址保护区域；
- 作为开放式社区休憩与娱乐焦点的沿河绿化带；
- 在沿河区核心地带由砂岩制成的浅滩区，以提供穿越河流的非正式路径；
- 被动式娱乐活动（如步行、自行车）的路径；
- 沿河岸廊道、缓冲区布置的容纳游戏、休憩、聚会等活动的场所。

用于水质处理的生物滞留设施可作为河岸廊道的缓冲，增加居民步行、骑车及娱乐的场所。由此，河岸廊道在成为容纳、激发居民活动的场所的同时，河流的功能与形态并不会因此遭受破坏。通过赋予河岸廊道充分的可达性，居民对河流及河岸廊道的自然价值产生良好认知。

为了适应住区设计方案将众多公共活动集中布置于场地中央的思路，河流需要在局部进行改道。修复后的河道将会加强开放空间与自然环境之间的关联，提供生态栖息地，削弱来自开发区域的雨径流量。

5.1.4.2 交通空间

为了避免过多土地面积被非渗透性表面封盖，道路设计标准被有意识地降低；道路宽度标准更加具有灵活性，以节省空间，以安置各种雨水管理技术设备。

5.1.4.3 景观绿化

为了提供足够的可渗透性表面、保护具重要意义的原生植被，场地勘查工作明确指出了乔木、灌木、地表植被的位置，住区设计以此为依据设置了建设区内的开放空间。此外，住区设计方案还列出了原生植被清单，指定所有植被种植容器的尺寸，指出所有人工地表铺装的材料及其尺寸，并确保为雨水管理设备的敷设提供充足的空间。

为了最小化开发建设对原生地形的干扰，住区设计方案对于景观绿化提出了以下要求：

- 利用坡度不超过 1∶3 的堤坡与堆土实现地表标高改变；
- 各地块边界处的填挖方高度不得超过 500 mm；
- 建筑投影线以外任何区域的填挖方高度不得超过 750 mm；

伦威克(Renwick)住区可持续雨水管理取得的成果主要包括以下几个方面：

- 满足了悉尼流域管理部门对于雨径水质、水量等方面的具体要求。
- 整个雨水管理系统维护方便。河流植被良好、自然栖息地进化成熟，仅需最低成本便可维护运行，且能自然地对抗有害物种的入侵。

● 场地内历史遗产价值得以保护。

● 原有的、不稳定的河流系统被赋予自然功能，其侵蚀与沉积过程在指定范围内得以开展。

● 河流提供了多样的生物栖息地，支撑着本地植物的多样性。

● 公共开放空间激发了住区内居民的活动，为居民提供了感知自然环境的机遇，增进社会交往与娱乐，推动了雨水管理方面的公众教育。

5.2 澳大利亚“旁氏”住区项目

旁氏(The Ponds)住区项目位于澳大利亚悉尼西北方向的布莱克顿市(Blacktown)。第二旁氏溪是场地内的主要河道(图 5-04)。该项目占地面积 320 hm^2。规划许可颁布于 2006 年 10 月，计划在 10 年内完成开发。

19 世纪中叶，该项目用地得到清理，用于放牧。溪流附近区域地下水富含盐分，受场地清理的影响，场地内的地下水水位于 20 世纪早期开始逐渐升高。至 1947 年，已有约 5 hm^2 的河流区域严重受到盐分影响。“盐灼”(Saline scald)效应导致第二旁氏溪沿岸存在严重的侵蚀现象，并且持续恶化(图 5-05)。

5.2.1 可持续雨水管理的目标

旁氏住区项目的雨水管理目标主要有二(表 5-03)：

表 5-03　旁氏住区项目可持续雨水管理目标

宏观目标	措施与工作指标
水体保护	通过提高用水效率、鼓励循环用水，用水量比一般案例减少 40%
污染物控制	减少雨水径流中的总氮负荷(TN)45%
	减少雨水径流中的总磷负荷(TP)45%
	减少雨水径流中的总悬浮颗粒物负荷(TSS)80%
径流管理	在1.5年一遇的降雨事件中，开发后的外排雨水径流量[illegible]开发前的外排[illegible]流量

[illegible]形态的稳定，旁氏住区项目并不鼓励雨水入渗。与一般的住区项目的不同，该项目在地下水补充方面的具体目标被定位抑制维持地下水位的升高，而不是提升。由此可见，虽然通常情况下，雨水入渗应得到鼓励，但是可持续雨水管理的目标是高度场地具体化的(site specific)。

(来源：LANDCOM Ltd. Water Sensitive Urban Design [EB/OL]. [2009-05-31]. http://www.landcom.com.au/downloads/uploaded/WSUD_Book3_CaseStudies_0409_3da4.pdf, Table 2)

图 5-04　旁氏住区项目场地内原有水体状况图

（来 源：LANDCOM Ltd. Water Sensitive Urban Design [EB/OL]. http://www. landcom. com. au/downloads/uploaded/WSUD_Book3_CaseStudies_0409_3da4. pdf,2009-05-31:Figure 3）

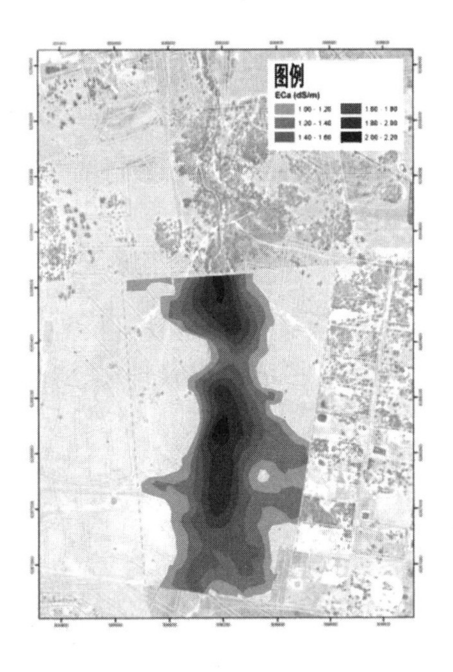

图 5-05　旁氏住区项目土地含盐量分布图

（来 源：JIM COX, ROB FITZPATRICK,BADEN WILLIAMS,et al. Salinity Investigation at Second Ponds Creek [EB/OL]. http://www. clw. csiro. au/publications/consultancy/2002/Rouse_Hill_Report. pdf,2002-07-31:Figure 6）

● 处理雨水径流,以避免排入第二旁氏溪及其下游接收水体的径流中

毗邻溪流的地下水是咸水。在低洼区域,地下水水位距土壤表面仅为1 m。富含盐分的土壤与地下水将对环境、城市基础设施造成多方面损害。

第一,如果地下咸水与盐土中的盐分进入水体,则溪流水质将受到影响。

第二,暴露在空气中的盐土具高腐蚀性,且结构松散,几乎无法种植植被。

第三，如地下水水平面升至植物根部，植物将死亡；从而，地表土壤将失去保护，易遭受侵蚀。

第四，一旦盐分接触到城市基础设施，将引起水泥与砖的退化、加速钢铁的锈蚀。

因此，所有毗邻溪流的土方工程必须避免扰动盐性底土，所有暴露底土必须得到处理，开发项目必须遏制地下水水位的继续提升。

5.2.3 可持续雨水管理的措施

5.2.3.1 径流管理方面

由于下渗雨水可能提升地下水水位、加强土壤中盐分的运动，为了避免盐分的不良影响及其恶化，该项目避免使用雨水入渗设施。另外，由于能够支持湿地运行的雨水极少、区域蒸发率极高、汇水面较小，因此人工湿地亦不适合在该项目中使用。

因此，该项目将生物滞留系统作为主要结构性措施。其原因在于：生物滞留系统基底不透水，仅仅暂时存水，从而降低雨水下渗风险、避免底土中盐分被激活。生物滞留系统中的过滤介质含沙量高，透水性较周围土壤更好，因此雨径流向能够得到较好的控制，基本不会向周边土壤扩散。

5.2.3.2 污染物控制方面

通过使用生物滞留系统与种植沟渠的，该项目雨水污染物控制目标将得以实现。种植沟渠在传输径流的同时可有效移除雨径中的颗粒物，生物滞留系统可有效移除雨径中的溶解性污染物。生物滞留系统形式多样：小型系统可沿道路布置，处理道路径流；大型系统则被布置在第二旁氏溪沿岸的公共开放空间中，用以处理来自多个地块的雨径。

5.2.3.3 河流修复方面

鉴于对于城市的重要意义，第二旁氏溪的修复工作具有空间使用优先权。河流修复工作的目标有二：其一，消除暴露的B层土壤；其二，修复现有水体的地貌。通过人工种植以缓解河岸侵蚀，开展该项工作的依据是自然的河流容量。第二旁氏溪修复工作的策略包括：

- 建构规则的岩石块，以稳定溪流河床轮廓。
- 提供一条低流量河道，以承担3个月一遇雨水事件的径流量。
- 提供一条中流量的种植河道，以承担2年一遇雨水事件的径流量。
- 构建平坦的河岸斜坡，并使用A层土壤覆盖其表面。
- 在中流量河道中种植一定密度的植被，以避免河岸侵蚀、保护沿河栖息地与沿岸区域的其他功能。

5.2.3.4 高盐环境方面

旁氏住区的可持续雨水管理需要一套具体的、极具针对性的解决方案。可持续雨水管理在受盐分灾害的区域取得成功的关键在于：岩土工程专业人员在设计过程中的参与（尤其是水文资源调查、场地水文评估等步骤）。

彻底的场地调查确认了场地风险，不仅形成盐分管理规划的基础，而且为土地用途的分配、可建设区域的布局提出可靠建议。岩土工程专业人员对土方工程的监督确保了盐分风险时刻得到管理。

用于水质处理的生物滞留系统、用以提高公共开放空间舒适度的观赏性池塘应当排除盐分影响、避免含盐底土暴露、阻断雨水与底土以及含盐地下水间的联系、促进表面植被生长。

取自场地其他区域的池塘底土不含盐分、具适当非渗透性，可阻止雨水下渗。

同时，不含盐分的土层对于含盐底土的封盖可避免含盐底土在土方工程中的暴露，从而保持区域稳定，并通过良好种植避免土壤遭受侵蚀与天气变化影响。

生物滞留系统易受影响、易阻塞，须得到保护，以避免径流中沉积物的

5.2.4 住区设计方案的应对

根据场地勘查与评估成果，根据探索性雨水管理的成果，住区设计根据可持续雨水管理具体的空间使用需求提出了住区场地用地布局方案，进而提出了住区场地设计草案（图5-06、图5-07）。该项目方案的主要应对在于：

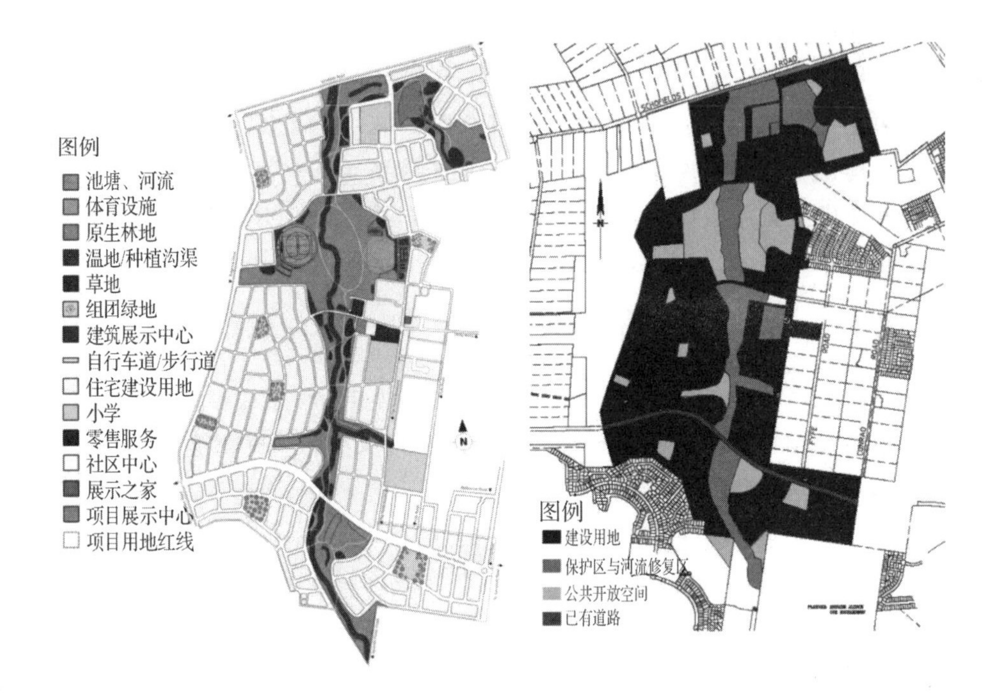

图 5-06 旁氏住区项目场地设计方案

（来源：LANDCOM Ltd. Water Sensitive Urban Design [EB/OL]. http://www.landcom.com.au/downloads/uploaded/WSUD_Book3_CaseStudies_0409_3da4.pdf,2009-05-31:Figure 4）

图 5-07 旁氏住区项目用地布局建议图

（来源：LANDCOM Ltd. Second Ponds Creek Planning Agreement [EB/OL]. [2006-10-12]. http://www.blacktown.nsw.gov.au/shadomx/apps/fms/fmsdownload.cfm?file_uuid=0A75FDFC-5056-991A-C180-F5EACD72D5D8&siteName=blacktown,P19）

• 该项目约25%(80 hm^2)的土地得到了保护，用作公园与公共开放空间，其中大部分为沿河区域，为雨水管理结构性措施提供充分的敷设空间。

• 鉴于场地沿溪流延伸的特点，将建设用地划分为220个小型地块从而缩小令每个地块的汇水面面积，雨水管理技术设施规模也相应变小；因此，雨水管理设施可沿水体边缘布置，以简化其与溪流的连接。

5.2.5 可持续雨水管理的成效

旁氏(The Ponds)住区可持续雨水管理取得的成果主要包括以下几个方面：

● 由于可持续雨水管理被有效地整合到住区设计工作中，该项目得以满足流域管理部门对于雨径水质、水量等方面的具体要求。

● 公共开放空间中雨水管理技术设施有助于创造具功能性的景观，带来积极的环境与经济收益。

● 雨水管理技术设施的定位与景观建设相互协调，提升了贯穿项目场地的河流的表现力。

● 生物滞留系统与种植沟渠的运行具良好的可持续性，保护了河流健康。

● 场地内的公园、开放空间使整个项目更具吸引力。

● 河岸廊道得到密集种植，创造出可视的、贯穿整个场地的种植廊道，由此河道形态被迅速稳定。

● 河流再次种植非常成功，大多数植被长势良好，这赋予河岸缓冲区良好的耐久性与生态功能。

5.3 德国“绍尔豪森公园”住区项目

绍尔豪森公园(Scharnhauser Park)住区项目位于德国巴登—符腾堡州的奥斯特菲尔登市(Ostfildern)，占地面积 141 hm^2，可建设用地 70 hm^2。作为混合型城镇中心，该项目将通过加强生态建设以吸引家庭迁入作为发展目标，并于 1997 年动工。该项目将建设 3 500 套住宅，容纳9 000 居民，并提供 2 500 个工作岗位。

项目场地在开发前被作为美军基地。长达 55 年的无监管开发活动对场地的生态环境造成了极大损伤。在保留北部区域部分住宅的同时，绍尔

5.3.1 可持续雨水管理的目标

尽早确定雨水排放目标，有利于减少场地规划对生态平衡的破坏。1990 年，雨水管理的目标在策划阶段便得到了确定——鉴于在未被开垦的情况下，场地内生成的雨径主要依靠蓄积蒸发、向周边地表水体疏导得以消减，因此，项目开发生成的雨径应尽量分散地、缓慢地导入基地东侧和

西侧的地表水体，并在此过程中实现雨水的大规模净化，整个过程应与场地未被开发时类似。

5.3.2 可持续雨水管理的限制

在该项目中，可持续雨水管理所面临的制约主要在于以下方面。

- 场地土壤的异质性与不均匀性制约着了雨水入渗措施在该项目中的应用形式。该项目场地内的土壤成分主要为透水性能很差的黄土和黏土，其入渗能力小到在排水计算中可以被忽略不计（0.4 mm/h＜K_f＜0.004 mm/h）。因此，该项目适合于采取集中式或半集中式雨水入渗策略。
- 场地的丘陵地形与自然坡度（大部分向东南倾斜、小部分稍向西南倾斜）限定了雨水排导的基本路线。
- 在设计初期，场地勘查与生态可行性研究成果不仅被作为划定可建设用地范围、制定景观发展概念的基本依据，而且为雨水管理方案的制定提供重要前提。

5.3.3 可持续雨水管理的措施

5.3.3.1 概念模型方面

根据雨水排放目标、场地勘查与评估结果及其他边界条件，由不同元素构成的若干雨水管理概念模型被发展出来，其中最利于在该项目中实现雨水入渗、净化的概念模型得以选取（图 5-08、表 5-04）。在选定的模型中，[illegible]之间，来自建筑屋顶、院落、次级街道的雨水由开敞沟渠、水槽引导，它们又兼具雨水滞留、过滤与净化功能；雨水被导入凹地—渗池系统，在此进行净化、入渗、暂时储存，溢出雨水在其相邻的滞留空间中得以净化、入渗和储存，剩余雨水被排入东侧溪流。排水管道仅承担生活污水、企业废水和极少量无法通过自然降解得以净化的雨水的排放任务。来自两条主干道的雨水和生活污水一同汇入市政管网，在污水厂进行净化（图 5-09）。

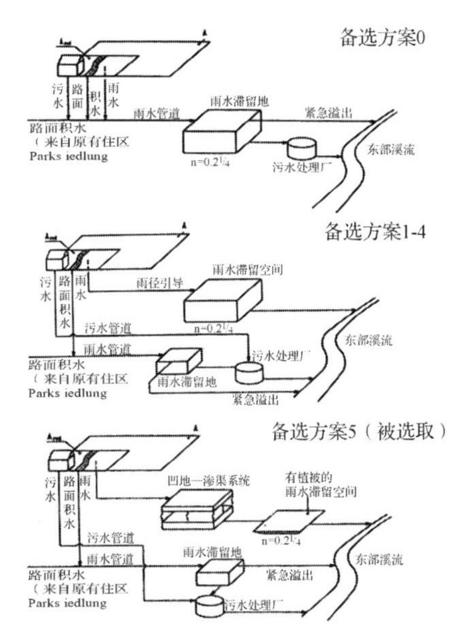

图 5-08　绍尔豪森公园住区项目中备选的雨水管理概念模型

（来源：MICHAEL KOCH. Ökologische stadtentwicklung, innovative konzepte für städtebau, verkehr und infrastruktur. Stuttgart, Berlin, Köln: Verlag W. Kohlhammer, 2001:146-147）

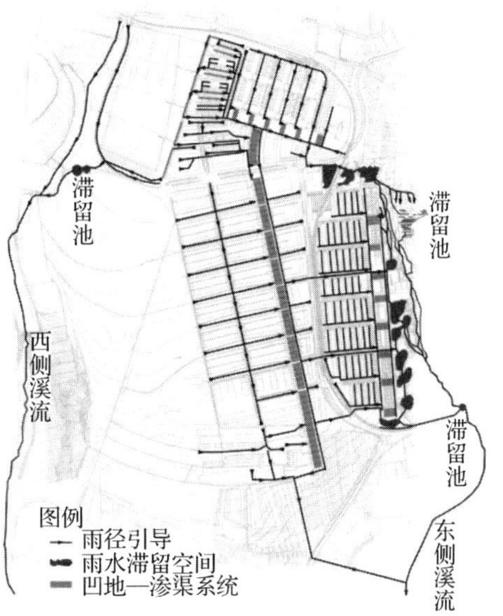

图 5-09　绍尔豪森公园住区项目的雨水管理系统

（来源：HELMUT SCHÖNLEBER. Oberflächenentwässerung in Ostfildern, Scharnhauser Park[R]. Germany, Sigmaringen: DWA-Erfahrungsaustausch in, 4. Juni 2008.）

表 5-04　绍尔豪森公园住区项目中备选的雨水管理概念模型

备选模型	引导	净化	滞留	入渗
合流式				
4	水槽、沟渠、渗渠	凹地—渗渠系统、滞留空间中的植被	凹地—渗渠系统	凹地—渗渠系统
5（选取）	水槽、沟渠、渗渠	凹地—渗渠系统、滞留空间中的植被	凹地—渗渠系统 滞留空间	凹地—渗渠系统 滞留空间

（来 源：MICHAEL KOCH. Ökologische stadtentwicklung, innovative konzepte für städtebau, verkehr und infrastruktur. Stuttgart, Berlin, Köln: Verlag W. Kohlhammer, 2001:146）

5.3.3.2 雨水入渗方面

鉴于场地土壤渗透性能的限制以及高要求的雨水排放目标，该项目的雨水管理方案选择使用凹地—渗渠系统实现雨水净化、蓄积、渗入地下。在北部保留区域，凹地—渗渠系统被就近分散布置；在南部新建部分，凹地—渗渠系统被集中安置在三个大型条形公共空间当中，并结合地形特征形成“风景阶梯”(图 5-10)。在“风景阶梯”中，凹地—渗渠入渗系统单元按照地形高度变化逐一降低标高。在降雨时，这个依次相连的凹地群将被雨水逐一填满，形成长达 1.4 km 瀑布状的大地景观。

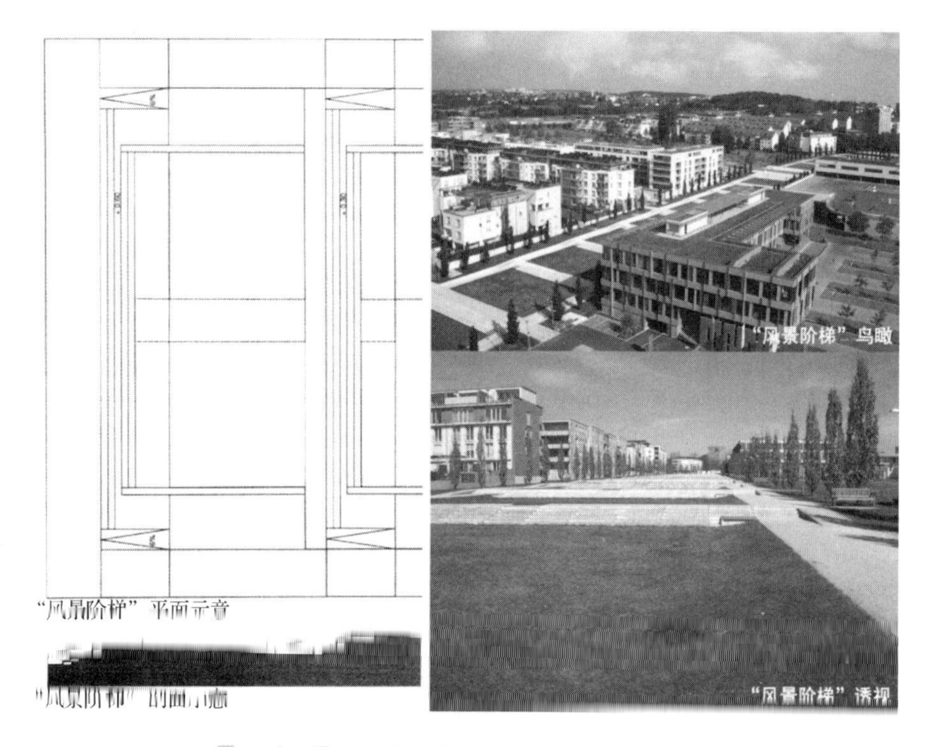

图 5-10 绍尔昂乔公园住区项目中的“风景阶梯”

(现场图片来源：笔者拍摄；平面与剖面示意图纸来源：Michael Koch. Okologische stadtentwicklung, innovative konzepte für städtebau, verkehr und infrastruktur. Stuttgart, Berlin, Köln: Verlag W. Kohlhammer, 2001: 148)

该项目中，每个凹地—渗渠系统由三部分组成：凹地—渗渠部分、凹地溢出口、截流井(图 5-11)。雨水在凹地—水渠中进行蒸发、净化、下渗和储存；如发生雨量过多或凹地阻塞等，则雨水将直接经凹地溢出口流入预埋

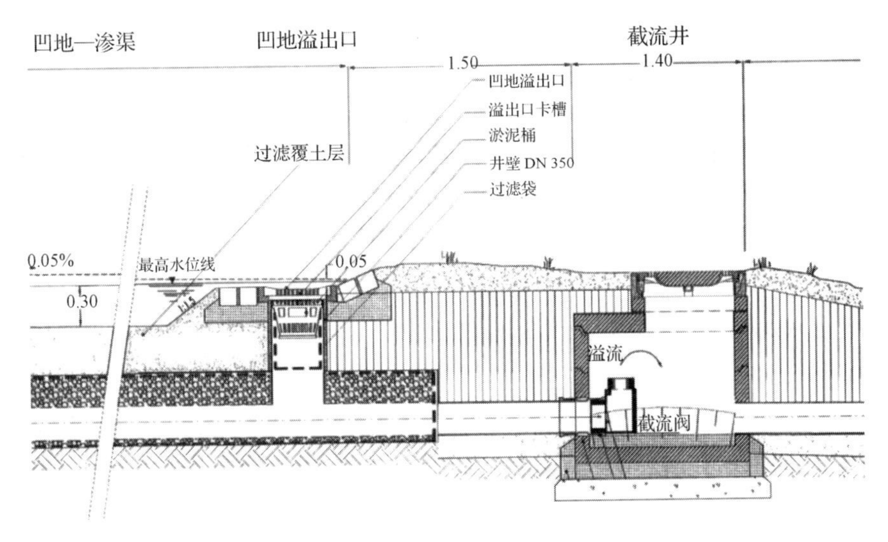

图 5-11　风景阶梯中的凹地—渗渠系统构造

（来源：HELMUT SCHÖNLEBER. Oberflächenentwässerung in Ostfildern, Scharnhauser Park [R]. Germany, Sigmaringen: DWA-Erfahrungsaustausch in ,4. Juni 2008）

渗渠；无法储存的多余部分经截流阀排出。其中，凹地—渗渠部分是技术核心：入渗凹地表面植被的生物净化功能、覆土层（土层厚度≥30 cm，透水性 $K_f \geq 1 \times 10^{-5}$ m/s）的吸附过滤能力能够去除雨水中的有机物、无机物；其下方敷设的砾石渗渠可储存雨水、使其下渗；包裹渗渠的土工织物可避免植物根部和细小物质侵入渗渠，造成堵塞。

为适应特殊的视觉与使用要求，位于公共空间中的凹地—渗渠系统在很多环节得以改良：凹地宽度增大（≥40 m），并在其下平行敷设的多个渗渠，以提高蒸发与蓄水能力；为溢出口加装的过滤器、土工织物可滤除由此直接涌入渗渠的杂质，截流阀安插在突出管道口上，并置于直径为 1.2 m

2007 年夏季的一次普通降水导致大量雨水溢出。最初，凹地覆土层的腐殖土含量过高被认为是导致凹地透水性过低的原因；开挖至土工织物层后，土工织物附近的黏土层被确认为影响透水性能的主要原因。剥离覆土层后，遇水的土工织物上方依然会形成小水洼，这说明很薄一层黏土足以堵塞土工织物。最终，避免黏土与土工织物接触即可解决问题，不必改变覆土层土壤成分配比。

5.3.3.3 径流管理方面

雨水调控排放则需经过必要的沉淀、净化。由于不提倡使用化学试剂，入渗、净化设施必然占据相当数量的地表面积，且设施的占地面积越大往往生态效果越好(如开敞式水渠和开放式入渗设施还能够大幅度提高雨水蒸发量)。位于建设用地东侧、毗邻溪流流域的开放空间成为敷设雨水滞留空间的场所，以避免暴雨时由凹地截流阀溢出的雨水直接注入溪流，带来污染。

滞留空间蓄水能力强、群落生境好且养护方便。它由沉淀池、入渗池组成：沉淀池可避免固体沉积物堵塞入渗池，并提高整个系统的蓄滞能力；入渗池池底渗透性能较好的土壤($K_f > 1 \times 10^{-5}$ m/s)，便于雨水下渗，其中植被具有生物净化能力。

为了兼顾视觉、使用等方面的要求，该技术在此得到优化：滞留空间临近植被茂盛的溪流流域，且不必作为公关活动场所，景观设计师参考自然形态调整了处理池的分布和形态，使其与大地景观巧妙结合；入渗池中的雨水从多个位置导入天然径流，且每个位置的最大引流量(3 L/S×Ha)大大低于基地内的最大径流速度(200 L/S)；在必要部位安装的截流阀能方便控制排导周期，以避免由水量季节性变化所引起的水质差异。

5.3.4 住区设计方案的应对

虽然詹森—沃尔夫鲁姆建筑与城市规划事务所(Janson + Wofrum Architektur + Stadtplanung)提供的设计方案在投标时未能符合某些硬性指标，但是该方案的开放空间结构与雨水管理方案最为匹配，在实现雨水排放目标和发展景观特色方面具有巨大潜质，因此，该方案最终在设计竞赛中脱颖而出(图 5-12)

该方案将原有军营用地中的已开发部分划为可建设用地，保留了周边区域内重要的群落生境(东、西侧溪流)，将其作为就近调控排放的泄洪渠能够最大限度地满足可持续雨水管理的需求，并为可持续雨水管理提供了以下机遇：

● 该项目利用开放空间分隔各个高密度居住组团：开放空间可用于布置雨水管理设备，用于收集来自临近组团雨水，进而入渗或调控排放；提高建设用地密度有利于控制排水沟渠或管道的数量和长度、缩短雨水

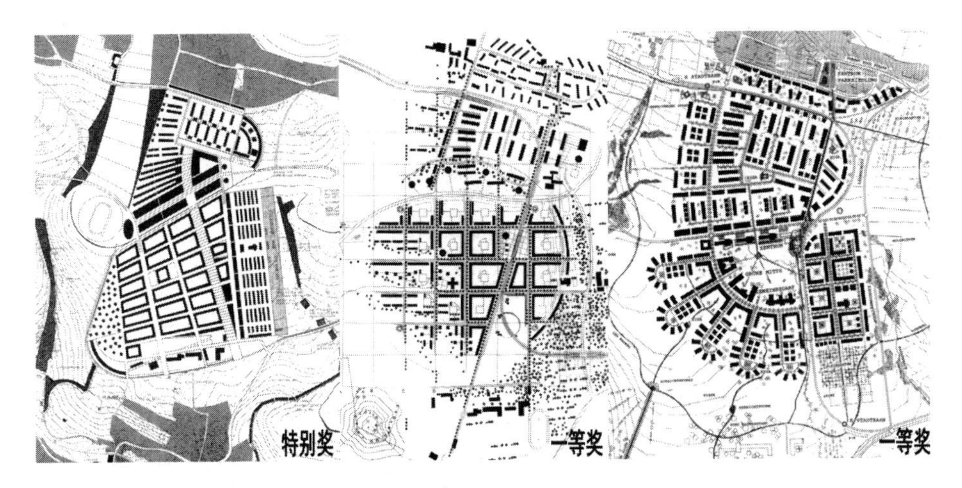

图 5-12　绍尔豪森公园住区项目设计备选方案

（来源：Städtebaulicher Ideenwettbewerb Scharnhauser Park，Ostfildern[J]. Wettbewerbe aktuell，1992(11)：33-43 ）

排导路径。

● 开放空间的分布及其形态利于组织半集中式雨水入渗：大型开放空间的均匀分布利于就近收集雨水；条形、楔形公共空间顺应基地坡度，适合组织雨水排导。

● 紧凑的交通系统能够降低非渗透性交通面积比，避免更多雨径生成：公共设施、混合功能区集中于机动车干道两侧，将有利于次级道路交通流量控制、降低次级道路雨水污染物含量、便于利用自然方式开展净化与入渗。

● 建筑和道路走向顺应等高线，这将减少土方工程、便于将雨水沿街引导。

年建成，至今成功运行近 10 年。它的成功建设与运行不仅完成了雨水管理的初始目标，而且能够为此类系统的建设提供诸多宝贵经验。

● 雨水管理系统需具备强大的蓄水能力，且需在多个位置设置安全设施。原因在于：雨季降水往往来势迅猛；系统不具备可将雨水导入地下的排水管道，所有雨水都将在地表设施中流淌。该项目中，排水工程师根据当地降水条件和地下水位设计高度计算出各入渗设施设计标准：凹地—渗渠系统为一年一遇短历时暴雨，滞留空间为五年一遇短历时暴雨，整个系统的一次性蓄水量达 8 500 m^3。

● 因管道容易堵塞、结冰且成本较高，应尽量利用开敞沟渠疏导雨水。开敞沟渠的安装与维护相对方便，且有利于雨水蒸发、植物吸收或渗入地下。

● 注意保持开敞沟渠清洁。建设过程中，要防止开敞沟渠被垃圾或建筑材料污染；运行过程中，清理工作需由专业的沟渠清理公司负责。整体清理频率为每年两次，某些部位需提高清理频率，局部甚至要每周进行清理。

● 为了防止建设过程中开敞沟渠被意外损坏，雨水管理系统应在所有其他施工部分完成之后才得以开展。

● 注意排水口的安置。与开敞沟渠相连的排水管端口须用石块包裹，否则容易在除草时受到损伤。

● 注意建筑基地与开敞沟渠的连接。建筑基地标高必须高于开敞沟渠标高；开敞沟渠必须垂直于建筑基地的坡度走向；基地出水口必须足够坚固，避免儿童攀爬时出现意外。

● 责任部门必须得以澄清。凹地—渗渠系统主要涉及用于雨水排放、安置排水设施的绿化面积，因此该项目中的地表雨水排放系统主要由市政绿化部门负责。

● 维护和监督工作分开进行。雨水排放系统的维护工作由专业的维护公司负责；对维护工作的监督管理则需要委托其他工程事务所。

● 费用出资方必须得以明确。外部设施维护费用由当地政府承担，沟渠维护费用则由绿化部门承担，负责监管的工程事务所所得酬金按比例(2∶3)由政府和绿化部门承担。

5.4 德国“阿夫特伦”住区项目二期工程

阿夫特伦(Auf Theren)住区项目位于德国莱茵兰—普法尔茨州的伊尔恩市(Irrel)，属于新建项目。该项目一期工程业已完工，基础设施完备；二期工程于 2007 年开始筹划，位于一期工程东侧。二期工程场地大部分位于北高南低的山坡上，地形坡度较大。

5.4.1 可持续雨水管理的目标

一期工程的排水系统为分流制排水系统，且已建成运行。根据《莱茵兰—普法尔茨州水法》第 2 条，二期工程应采用改良的分流制排水系统。其中，污水可排入一期工程已建成的污水管道系统；而鉴于一期工程雨水管道系统的容量限制，二期工程的雨水排放不应对一期工程雨水排放系统增加负荷。

由规划参与者、政府代表组成的委员会针对各种候选方案展开研究与讨论，最终决定：在无法完全实现分散化雨水管理的情况下，住区二期工程将主要通过集中处理设备管理基地中生成的雨径。

除满足德国《水资源法》与《莱茵兰—普法尔茨州水法》所规定的可持续雨水管理目标外(详见章节 2.1.3)，该项目可持续雨水管理的目标重点在于：

● 保持水量平衡，使其接近自然状态。

● 通过雨水入渗与利用等措施，最小化降水事件中的地表径流。

● 保持或恢复自然地下水水位与水质。

● 通过提高用水效率、通过雨污分流、中水利用，最小化废水排放总量。

● 最小化饮用水供给与园艺用水的补给水量。

5.4.2 可持续雨水管理的限制

在该项目中，可持续雨水管理所面临的制约主要来自以下方面。

● 场地地形坡度较大，完全实现分散化雨水管理极为困难。住区二期

负荷不容忽视。住区二期工程场地位于山坡区域，山顶部分的雨径必将沿着地势流入场地。因此，为了避免来自山顶的雨水对场地内建筑及其他基础设施的不利影响，雨水管理必须对山顶雨水进行处理。

● 雨水滞留区域的土壤渗透能力有限，这致使滞留区域收集的雨水无法完全通过入渗得以去除。在水文资源勘查过程中，针对雨水滞留区域的

土壤渗透性实验得以开展。2007 年 10 月份的实验结果显示，第 1 滞留区土壤渗透能力极低（渗透系数为 1.7×10^{-7} m/s），且此处基岩深度较浅。鉴于其土壤性质，施工后该滞留区土壤的渗透性能不会有所改善。第 2 滞留区域基岩深度仅为 30 cm，无需渗透性实验即可判定该区土壤渗透能力亦较低；第 3 滞留区域表层土壤厚度为 60 cm，且入渗性能较好（渗透系数为 3.29×10^{-6} m/s），同时岩石层土壤入渗性能较弱（渗透系数为 6.72×10^{-8} m/s）。

5.4.3 可持续雨水管理的措施

在地形特征的制约下，雨水管理方案将建设场地连同山顶部分区域划分为 5 个排水区（图 5-13）。根据场地水文评估结果，雨水管理方案应尽量避免将来自建设用地的雨水完全引导至第 1 滞留区。此外，为了尽量延长雨水在第 2、第 3 滞留区的滞留时间，必须在此二处采取土壤改善措施。

● 排水 1 区面积最大，约为 3.7 hm^2。根据地形坡度，该区生成的雨径将被引导至位于项目基地西南端的第 1 滞留区，进行集中处理。鉴于其极差的土壤渗透能力，雨水在第 1 滞留区并非得以入渗，而将在滞留池中得以滞留，此后被有节制地排入住区项目一期工程的雨水管网。其中，滞留池的最大存水量根据雨水重现期、一期工程雨水管网排水能力得以确定。

● 排水 2 区面积最小，约为 1.2 hm^2。该区生成的雨径被导入位于项目基地西南侧边缘的第 2 滞留区，进行集中入渗、排导。入渗设备分为两个部分，其间由小型水坝分隔。上部入渗池最大蓄水深度为 30 cm；下部入渗池最大蓄水深度为 40 cm。如其雨量超出设计蓄水量，则溢流雨水将直接导入位于该滞留区南侧、相对地势较低的林地。

● 排水 3 区面积约为 1.9 hm^2。该区生成的雨径被导入位于一期工程场地北侧的第 3 滞留区（位于一期工程场地中），进行集中处理。鉴于该滞留区较好的土壤渗透能力，此处将集中敷设入渗设施。入渗池最大蓄水深度为 35 cm。溢流雨水将导入位于滞留区北侧、相对地势较低的林地。

● 排水 4 区面积约为 2.5 hm^2，鉴于地形影响，该区建设用地仅 1.0 hm^2。鉴于其地形与相对位置的影响，该区可完全开展分散化雨水管理，即利用入渗凹地使降水在各地块中得以就地入渗、蒸发。溢流雨水将直接向基地外部的南侧坡地引导。

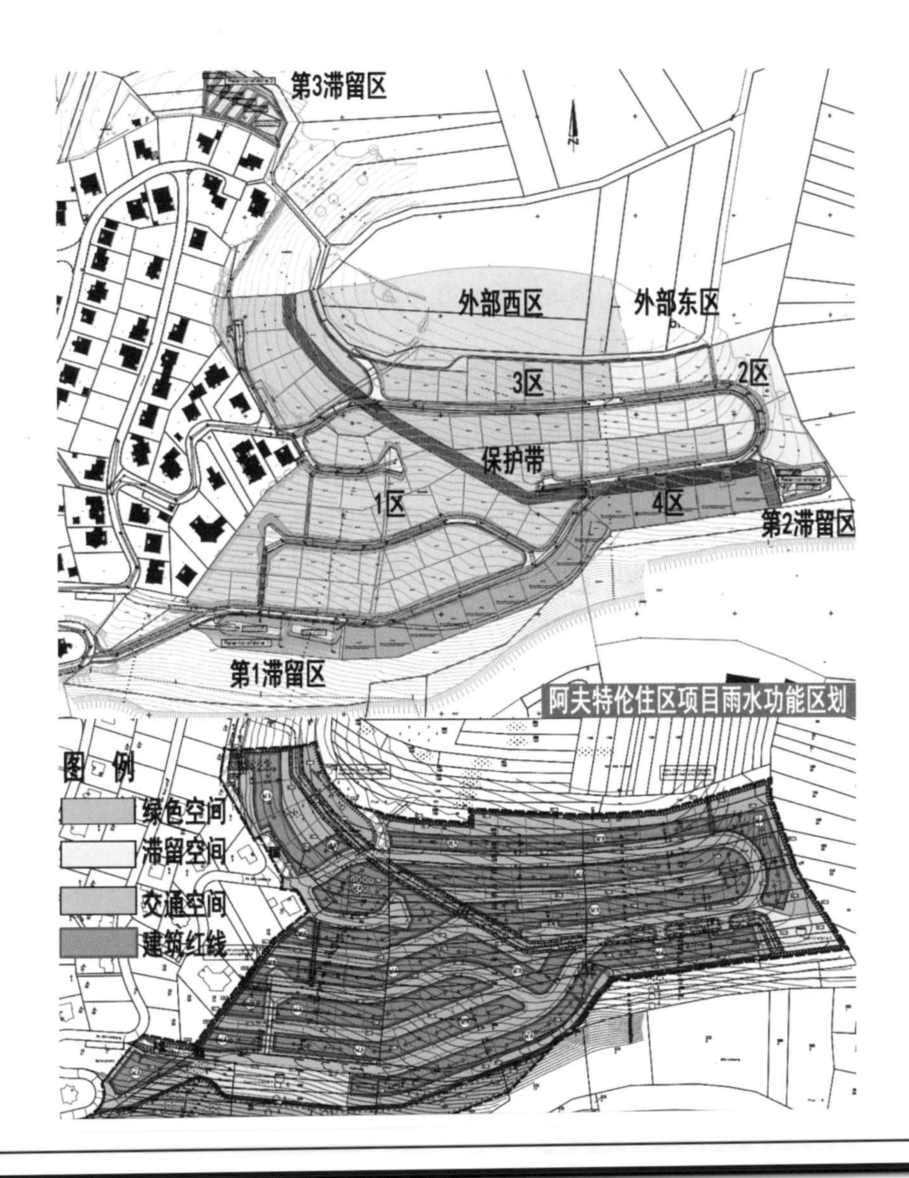

wirtschaft/bebauungsplaene/irrel/auf_theren_2/entwaesserungskonzept. pdf,2008-07-30；Bebauungsplan,Teilgebiet 'Auf Theren II' der Ortsgemeinde Irrel[EB/OL]. http://www. irrel. de/wirtschaft/bebauungsplaene/irrel/auf _ theren _ 2/planzeichnung _ auf _ theren _ 2. pdf,2008-07-30）

● 外部区域面积约为 1.7 hm^2。鉴于地形与位置的影响，自然状态下，山顶草坪生成的雨水将流入位于山腰的建设用地。为了避免外来雨水对建筑物与场地构筑物的不利影响，来自外部区域的雨水将被导入毗邻的雨水管理设备，与场地内雨水共同得到集中处理。外部区域又分为两个排水区：外部西区（约 1.5 hm^2）雨水将导入第 3 滞留区；外部东区（约 0.2 hm^2）雨水将导入第 2 滞留区。因此，第 2、第 3 滞留区的设备容量计算必须同时考虑外来雨水的排导负荷。

5.4.4 住区设计方案的应对

如图 5-13 所示，住区开放空间（尤其是公共开放空间）的定位、定量、定形与雨水管理方案提出的空间使用需求高度匹配，建筑红线亦依据雨水管理的需求得到确定，并为雨水管理设施的敷设尽可能预留充分的空间。为减少非渗透性表面的总量，道路的布局与设计遵循了若干优化设计原则（如使用沿脊线布置、使用尽端式路网、T 形回车场）。

该项目住区设计方案为可持续雨水管理所提供的机遇主要在于以下方面。

● 设计方案顺应地形，为雨水引导提供便利。雨水集中处理设备被安排在地势较低处，以方便重力驱使下的雨水引导。

● 设计方案为处理雨水溢流提供便利。部分雨水处理设备中的少量溢流雨水可向直接排向低处原生林地。

● 鉴于 3 个雨水滞留区域的相对位置较为分散，各滞留区域的汇水面面积较为平均。这将有效减少各滞留区域中的处理设备存水量要求。

● 可建设区域的雨径主要通过地下管道得到引导，外部区域的雨水则通过基地边缘的地表开放沟渠得到引导。一方面，这能够有效避免外部区域杂质（如落叶、动物粪便）可能导致的管道阻塞；另一方面，开放沟渠将成为该住区的景观特色。

5.4.5 可持续雨水管理的成效

计算结果表明，可持续雨水管理措施不仅能够实现法定的雨水管理目标，而且能够为住区所处地区的水量平衡作出巨大贡献。与未开发时相比，1 至 3 排水区的雨径外排量共被降低约 70%。4 区的分散化入渗设施则能够进一步减少外排雨径；在强降雨事件中，入渗凹地的溢流并不会加快外排雨水流速。

5.5 北京“天秀花园”住区项目

天秀花园小区是“北京城市雨洪控制与利用技术研究与示范”中德合作项目示范点之一。项目场地原为农业用地(稻田),面积约 11 hm^2。该住区主要由 6 层至 11 层的住宅建筑组成,预计为 750 户家庭提供住宅。在该项目框架下开展雨水管理规划设计时,住区部分项目(A 区)已经建成,剩余部分(B 区)被纳为设计对象,并于 2002 年 9 月开工。此外,在住区南北两侧道路范围内已经规划有大型雨水管网。

“北京城市雨洪控制与利用技术研究示范”项目源自 1995 年在北京召开的第 7 届雨水排放系统国际会议(IRCS)。北京大学学者提出了快速城市化背景下在我国建设可持续雨水管理示范项目的想法,若干德国公司则表示了合作意向。在 1997 至 2000 年的准备阶段,经德国专家与多个政府部门、多所大学的磋商,在水利部的推动下,该项目达成了合作协议[1]。2000 年 1 月 1 日,该项目正式启动,为期 4 年。

在该合作项目中,一般由德方负责设计,由中方负责实施建设。德方参与单位主要有:杜伊斯堡—埃森大学(技术指导)、鳕鱼技术咨询有限责任公司(慕尼黑)、艾托夫博士城市发展规划环境技术有限责任公司、布龙巴赫环境与流体基础有限责任公司(巴特梅根特海姆)、柏林工大、WASY 水资源规划与系统研究有限责任公司(柏林)、伯克哈特教授建筑技术工作室有限责任公司(慕尼黑)。中方参与单位主要有北京市水利科学院、水利部

① Deutsch-chinesisches Gemeinschaftsprojekt “Neue Konzepte der Regenwasserbewirtschaftung in Stadtgebiete” [EB/OL]. http://edok01.tib.uni-hannover.de/edoks/e01fb06/513261265.pdf,2005-08-26.

② 张书函,丁跃元,陈建刚,等.关于实施雨洪利用后防洪费减免办法的探讨[J].北京水利,2005(6):47-49.

其中，住区项目有三：双紫园小区（建成小区）、北京地质工程勘测大院小区（老城小区）、天秀花园小区（将建小区）。

本书选择天秀花园小区作为国内案例的典型进行调查分析的原因在于，天秀花园住区及其雨水管理技术系统首次实现了“同时规划、同时设计、同时施工”①，代表了当前国内可持续雨水管理导向下住区设计的最高水平。在德方提供高水平雨水管理技术系统设计，中方负责住区设计的情况下，我国当前可持续雨水管理与住区设计整合的潜力与存在的问题能够得到较为充分的反映。

5.5.1 可持续雨水管理的目标

在该项目中，可持续雨水管理的目标在于：借鉴欧洲相关领域的先进经验，在北京的高密度建设区采取雨水蓄积、净化、入渗等措施，为严重制约城市发展的水资源短缺、长期超采导致的地下水水位下降、排水系统负荷严重超载、城市内涝等一系列问题的缓解作出贡献。

“项目针对开发建设区域内的屋顶、道路、庭院、绿地、广场等各种下垫面所产生的降雨径流，采取相应的措施，或收集利用，或渗入地下，以达到充分利用雨水资源、提高环境自净能力、改善生态环境、降低建设项目所在区域内降水径流系数、减少外排流量、减轻区域防洪压力的目的，寓资源利用于灾害防范之中。”②

需要指出的是，鉴于北京地下水消耗量巨大的现实，在我国当前“雨水利用”的策略下，毗邻天秀花园小区的示范项目“基础总队小区雨洪利用示范工程”已于 2000 年起开始尝试直接利用地下水进行日常用水补给，确保雨水入渗量则相应地成为天秀花园住区项目雨水管理的最主要任务。

5.5.2 可持续雨水管理的限制

该项目中，可持续雨水管理所面临的制约主要来源于以下两个方面：

第一，场地条件与宏观环境等“硬件”带来的制约。

- 住区用地表层深度 6 m 以内的土壤渗透性能极小。

---

① 张书函，陈建刚，丁跃元. 城市雨水利用的基本形式与效率分析方法[J]. 水利学报，2007(10 增刊)：399.

② 侯立柱，丁跃元，张书函，等. 北京市中德合作城市雨洪利用理念及实践[J]. 北京水利，2004(4)：31-33.

● 该地区暴雨事件的降雨强度通常较大。

● 降水初期雨水水质欠佳，难以利用。

● 北京沙尘暴高发，沙尘暴带来的污染物将限制地表设备的使用。

● 住区主要为多层住宅，人均屋顶面积较小，利用雨水为家庭服务不经济。

● 开发商决定在人工湖以下敷设停车场，由此利用人工湖实施雨水入渗的概念受到严重制约。

第二，法律法规与设计程序等“软件”带来的制约。

● 中德两国住区法定的雨水管理目标不尽相同。在德国，雨水管理具有从“排水舒适”到水体保护多个方面的具体目标（详见章节 2.1.3）；而在我国，雨水管理的目标较为单一，主要关注排水安全。

● 如前所述，依据我国现行的设计程序（详见章节 3.2），雨水管理方案设计滞后于住区方案设计，从而导致雨水管理的空间使用需求的满足无论是在数量上还是在位置上都无法得到保障。其直接后果是，该项目的雨水处理技术系统将不得不大量采用敷设于地下的设备。

● 按照德国的工作程序与框架条件，可持续雨水管理将伴随住区设计的各个阶段得以开展。相比之下，根据德国专家的反馈意见，我国目前普遍使用的住区设计程序仅能获得较为粗浅的雨水管理方案，且工作经常出现反复[1]。在雨水管理系统设计过程中，住区设计方案在开发商驱使之下被多次更改。为了不断匹配新的设计方案，排水工程方案及其计算总要反复进行，大量工作成为“徒劳”[2]。

● 基础数据短缺。在德国，住区设计每个阶段的工作均以精确的场地勘查数据与评估结果为基础。相比之下，在我国，常规设计程序缺乏必要的水文资源勘查与场地水文评估等步骤，与可持续雨水管理相关的[illegible]础数据（如精细的地形高程、场地内外的原生排水路径）均难以获取。[illegible]重要的原因是，在传统设计观念的驱使下，此类场地信息[illegible]定会被预设所改变。

① Deutsch-chinesisches Gemeinschaftsprojekt “Neue Konzepte der Regenwasserbewirtschaftung in Stadtgebiete” [EB/OL]. http://edok01.tib.uni-hannover.de/edoks/e01fb06/513261265.pdf. ii,2005-08-25.

② Deutsch-chinesisches Gemeinschaftsprojekt “Neue Konzepte der Regenwasserbewirtschaftung in Stadtgebiete” [EB/OL]. http://edok01.tib.uni-hannover.de/edoks/e01fb06/513261265.pdf,2005-08-25.

● 雨水管理系统设计周期较短。天秀花园的开发方为尽量降低利润损失,大大压缩了天秀花园住区项目的设计期限。这给雨水管理系统的设计带来压力。

5.5.3 可持续雨水管理的措施

鉴于前文所述的种种制约,来自道路与屋面的雨径难以通过敷设于绿地中的地表入渗设备得到去除。相反,绿地中的部分雨水还需要被导入排水系统以防止内涝。在此情况下,将来自道路与屋面的部分雨径经净化后通过渗透井渗入地下成为唯一选择。同时,由于入渗井蓄水能力有限,还需在地上、地下均建设雨水蓄积设施(如蓄水管道、蓄水池、人工湖)。

最终,天秀花园住区的雨水管理方案在分流制排水方式基础上发展而来,其采取的主要措施如下:

● 部分屋面雨水得以收集、初期径流弃处、滞蓄,最终经回灌井渗入地下,以补给地下水。

● 部分屋面与路面雨水经初期径流弃处、沉淀、砂过滤,沉淀池中的雨水利用水泵抽取,以补给小区 5000 m^2 人工湖景观用水蒸发量;雨水最终经回灌井渗入地下(图 5-14);该系统仅能应对 1 年一遇的降水事件,更强的降水只能直接排入人工湖。

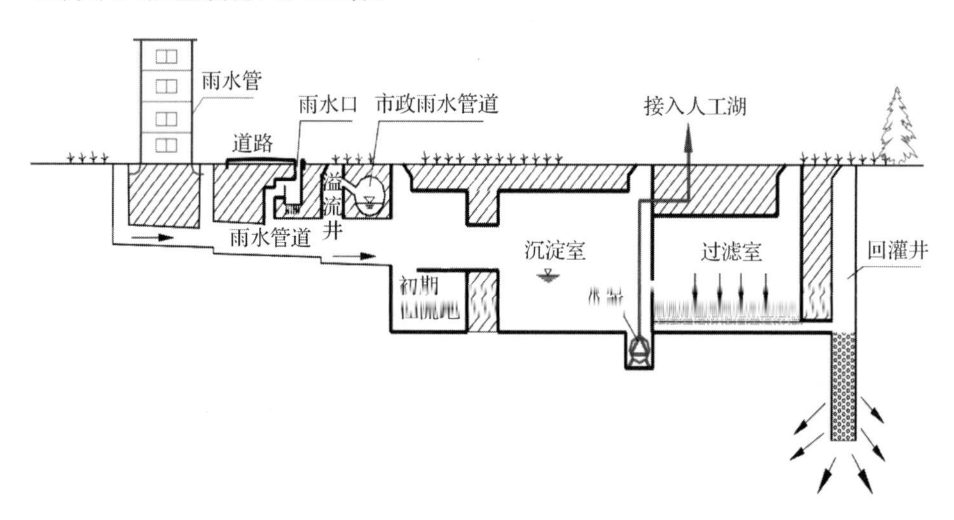

图 5-14　天秀花园住区项目的部分雨水管理概念

(来源:北京城区雨水利用的研究与示范[EB/OL]. http://www.chinacitywater.org/rdzt/gjchzh/download/1176862544765.pdf,2005-10-30)

● 部分屋面雨水得以收集、初期径流弃处、筛网过滤，最终经拼装式蓄渗池调蓄渗入地下。

● 部分绿地雨水经凹地—渗渠系统渗入地下；人行道与部分楼前道路雨水经透水铺装直接渗入地下；系统能够应对 5 年一遇的暴雨。

5.5.4 住区设计方案的应对

在天秀花园开始雨水管理系统设计时，天秀花园住区项目部分（A 区）已经建成，B 区的部分方案设计也已基本完成。鉴于雨水管理的滞后，“修复自然水循环”的可持续雨水管理策略难以得到贯彻。

因此，天秀花园住区的设计方案受可持续雨水管理影响的程度相对较低。如图 5-15 所示，天秀花园小区开放空间的设置与场地的土壤性能分区几无关联，地表雨水入渗措施的空间使用需求难以获得适当的回应。换言之，该项目的场地布局并未根据雨水管理的空间使用需求进行针对性优化。相反，雨水管理的目标、任务乃至整个系统的构建却受到住区设计方案的强烈制约。

由于该项目的雨水管理设施主要位于地下，只有部分雨水管理设备（如人工湖）能在局部与住区设计方案提供的地表要素（如人工湖）相结合（图 5-16），雨水管理未能在整体上对住区的开放空间布局进行引导与控制。总体而言，受常规设计程序的制约，天秀花园的住区设计与可持续雨水管理的整合十分有限。

5.5.5 可持续雨水管理的成效

由于雨水管理设备蓄积容积较大，天秀花园住区消除雨径增量方面表现出相当成效。有资料表明①，天秀花园住区在遭遇 5 年一遇暴雨时可实现无径流流失。对于高于 5 年一遇的降水事件，雨水将被直接排入街道雨水管网。“示范区在建成之后，特别是在 2004 年 7 月的 3 场特大暴雨中发挥了重要作用，在削减径流、增加可利用水量、补给地下水、改善社区环境

---

① Deutsch-chinesisches Gemeinschaftsprojekt “Neue Konzepte der Regenwasserbewirtschaftung in Stadtgebiete” [EB/OL]. http://edok01.tib.uni-hannover.de/edoks/e01fb06/513261265.pdf,2005-08-25.

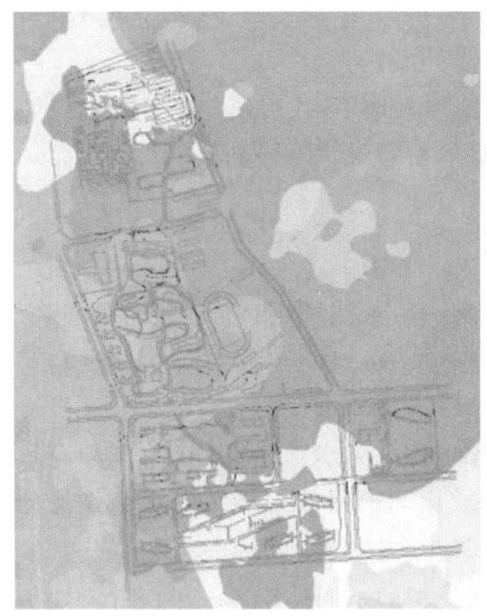

图 5-15 天秀花园土壤类型分布

（来源：Deutsch-chinesisches Gemeinschaftsprojekt "Neue Konzepte der Regenwasserbewirtschaftung in Stadtgebiete" [EB/OL]. http://edok01. tib. uni-hannover. de/edoks/e01fb06/513261265. pdf, 2005-08-25. Abbildung 6-3. 经修改）

图 5-16 天秀花园人工湖

（来源：天秀花园古月园实景图 [EB/OL]. http://beijing. anjuke. com/community/photos2/b/details/55164_38 # main _ cont; http://beijing. anjuke. com/community/photos2/b/details/55164_40#main_cont）

等方面表现出良好的效果"①。

在水质控制方面，天秀花园住区的表现并不理想。一方面，由于住区道路的设计并未根据可持续雨水管理的需求进行优化，非渗透性界面并未得到有效减少，雨径的污染物负荷保持较高水平。另一方面，住区设计方案占据了适宜敷设地表入渗设施的区域，在缺乏土壤自然过滤的情况下，雨水被迫通过回灌井入渗地下，而入渗井系统的污染物移除能力是十分有限的。

根据李俊奇、刘洋等人的研究，经多介质滤层滤池（图 5-14）处理后的

① 张书函，丁跃元，陈建刚，等. 关于实施雨洪利用后防洪费减免办法的探讨[J]. 北京水利，2005(6)：47-49.

雨水水质难以符合我国地下水回灌基本要求，在COD等关键指标上的表现甚至不及德国污水处理厂的出水(表5-05)。根据先进国家的经验，回灌水的水质应优于地下水水质。长期使用低水质的雨水进行回灌补充地下水，将造成地下水污染，最终导致“污染型缺水”，反而会增加深层地下水的超采，恶化沉降漏斗现象。如果不能保证水质，补充地下水将失去其应有的意义。

表5-05　天秀花园住区项目回灌井水质主要指标

	COD	总氮	总磷	酸碱度	浊度	色度
过滤前	49.10～317.22	5.92～26.70	0.14～2.99	6.1～7.5	8.40～149.70	40～550
平均值	187.68	16.28	1.32	6.8	60.70	327
过滤后	42.62～63.47	2.73～21.70	0.18～1.37	6.1～7.0	8.00～29.50	70～160
平均值	49.96	13.67	0.68	6.6	6.00～29.50	70～160
国标	15	—	1	6.5～8.5	5	15
美标	5	—	—	—	—	—
污水厂出水(德)	30	8	0.5	—	—	—

(来源：笔者自制。依据：刘洋.北京城市雨水利用工程实效调研分析与对策研究[D].北京：北京建筑工程学院，2008：14；GB/T 18920-2002.城市污水再生利用地下水回灌水质[S].2002：2；唐建国.德国污水处理厂出水水质状况介绍[J].给水排水，2006，69(9)

如前文所述，我国现行雨水水质标准偏低(详见章节1.6.2.2)，而雨水管理在空间使用方面亦未具有优先权。在此背景下，很难要求我国新建住区的雨水经过处理后能够像德国那样普遍达到接近直接饮用水的程度。在笔者调查的其他国内住区案例中，尚无一例可以实现此目标。

5.6 小结

以上案例的分析结果再次表明，可持续雨水管理的空间使用需求随场地条件、方案形态变化，难以通过一般化布局模式与设计原则的引导在住区设计方案中得到充分满足。僵化的设计原则(如片面强调提高场地入渗能力)甚至会导致适得其反的负面效果。

考察整个天秀花园的设计过程，常规设计程序不仅难以实现可持续雨水管理与住区设计的整合，其对于可持续雨水管理措施的空间需求满足的障碍及其对于可持续雨水管理的负面效应亦显露无遗。

与之相对，依据“PDCA循环模型”搭建的设计程序均可基本确保可持续雨水管理空间需求的准确提出，使方案设计工作获得科学引导与修正，并有效推动可持续雨水管理目标的实现。

比之采取两次PDCA循环结构的澳大利亚设计程序，采用三次PDCA循环结构的德国设计程序能够对于人工构筑物的布置在定形、定性、定量、定位等发面，作出更为具体的引导。

设计程序的优化基本原则在得到实践检验的同时，设计程序的优化具体建议的有效性亦间接地在逻辑上获得某种证明。

6 结语与展望

6.1 结语

在我国城市化快速发展阶段，大规模城市建设活动强烈扰动开发区域的自然水循环，引发严重城市雨水问题（如城市内涝、水体污染）。常规雨水管理虽能快速排放雨水，却将导致更多次生灾害。欧美先进国家实践表明，以“修复自然水循环”为基本目标、兼顾“阻止雨径生成”与“缓解雨径影响”的可持续雨水管理成本更低、效果更好。因此，鉴于住区在城市中的重要地位，如何引导住区设计方案的生成以促进可持续雨水管理目标的实现，成为值得探讨的问题。

对此，本书认为：系统化、专门化的设计程序及其做法是确保住区设计方案实现可持续雨水管理目标的必要条件。

1. 比之常规雨水管理，可持续雨水管理更具地面空间使用需求；其空间使用需求随场地条件、住区方案等因素的差异而变化；确保方案对可持续雨水管理空间使用需求的充分满足将成为住区设计的全新任务。

鉴于管道系统主要位于地下，常规雨水管理对地面空间使用需求较少；相反，可持续雨水管理的主要措施（除雨水利用措施外）则需占用大量地面空间。

为了全面解决城市雨水问题，可持续雨水管理需采取多项措施以确保多方面、高标准的目标的实现。为了充分利用场地的自然水文功能，大多数可持续雨水管理措施对其使用的地面空间在数量、位置、边界状态等方面均具特定要求。各种措施的地面空间使用需求又随场地条件、设计方案的差异而改变。如果某措施的空间需求未得到充分满足，则需要耗费更多成本建设附加人工设备以弥补其缺损功能。因此，在可持续雨水管理的导向下，住区设计方案需要充分满足相关措施的地面空间使用需求。

2. 住区设计的程序与做法是决定新任务成败的关键因素；鉴于可持续雨水管理空间需求的特殊性，常规设计程序不足以对新任务下住区设计的针对性工作进行科学引导。因此，住区设计程序及其做法的优化具必要性。

依据现代质量管理理论，住区设计新任务的实质可被解读为“确保设计方案在可持续雨水管理方面的质量”。通过对住区设计针对性工作的定性分析，可获得如下判断与推论：“设计程序与做法是决定住区设计新任务成败的关键因素”；“通过改进设计程序以提升设计方案质量”。对建筑、规划领域设计程序系统化历史经验的总结与反思可支撑上述论点。

由于系统化设计程序与做法的缺失，我国现阶段住区设计工作通常在设计人员的个体化程序指导下开展。鉴于“工序能力稳定性欠缺”等固有缺陷，只有在空间需求在设计前已得到明确的前提下，个体化设计程序才可能保证其获得充分满足。然而，作为场地自然条件与方案形态的函数，可持续雨水管理的空间需求无法在设计伊始得以全部确定。为持续判断可持续雨水管理的空间需求及其满足程度成为住区设计工作的新增步骤，需要反复进行水文评价。这将涉及设计程序的结构性调整。因此，有必要提出优化的系统化设计程序及其做法，以引导可持续雨水管理导向下住区设计的针对性工作。

3. 可持续雨水管理导向下住区设计的系统化程序应使用 PDCA 循环模型进行搭建。在“取长补短”思路的引导下，通过比较、分析发达国家的先进经验，优化程序与做法的具体建议将得以提出。

程序可被解读为，以“将输入转化为输出的基本活动”为组分的系统。依据系统论的结构功能相关律，常规设计程序功能方面的相对局限性源自其结构缺陷，优化工作亦应始自结构调整。依据现代质量管理理论，可持续雨水管理导向下住区设计的程序应使用 PDCA 循环模型搭建结构。通过对当前发达国家可持续雨水管理工作体系中的设计程序进行结构分析，该原则的正确性与有效性得以验证。

为了提出设计程序及其做法的优化建议，片面地运用优化原则进行演绎或直接引用已有程序并不可取。本书将采取以下思路：以设计程序优化原则为依据，对当前若干主流工作体系中的设计程序进行结构分析，进而通过比较发现各种程序的相对优势与劣势，最终在“取长补短”思路的引导下提出更为完善的系统化设计程序；在此基础上，通过对先进国家成功经验与研究成果的总结与综合，获取相应的具体做法，为我国可持续雨水管理导向下的住区设计实践应用与后续研究提供技术准备与理论支撑。

6.2 展望

1. 从理论研究向应用研究扩展

科学管理理论体系的创始人泰罗指出，"除非同时有充分措施促使任务完成，否则，分配任务显然毫无用处"①。因此，在实施可持续雨水管理导向下住区设计之前，相关工作体系的研发有必要先行一步。

我国可持续雨水管理研究尚处于起步阶段，因此现阶段的首要任务是在理论层面对可持续雨水管理导向下住区设计的新任务、设计程序及其做法对新任务的重要作用做出价值判断，进而把握相关问题、尝试提出原理上的解决方案，起到促进意识转变、开拓研究视野的作用。可以说，现阶段工作侧重理论研究；后续阶段工作将侧重应用研究。

实践证明，如果住区自身成为实施可持续雨水管理的最重要"设备"，那么住区设计的工作内容将更为复杂，个体化设计程序将难以作出有效引导，更难确保工序稳定。在可持续发展目标指导下，随着住区功能性的增强，在一些发达国家（如德国、瑞士），以高度专业化分工为基础的"协作设计"(Collaborative Design)已取代经验主义的个人设计，系统化设计程序对工作效率与成果（即方案）质量的有力支撑也得到实践检验。

需要指出，本书提出的优化程序与做法虽已从基础理论方面获得支持，在原理上较为完善，但仍有待实践检验、修正。只有经过实践检验，设计程序的多方问题（如有效性、适用性、效率）才能予以显示，进而得到调整。当然，现阶段研究成果也可在一定程度上为可持续雨水管理导向下我国城市与住区设计系统化程序与做法的建立提供参考。

2. 普遍应用的外部条件

发达国家实践经验表明，可持续雨水管理导向下住区设计标准化程序与做法的普及尚需具备诸多外部条件。

(1)将"城市雨水问题的全面解决"作为城市建设的根本目标。

在"排水安全"与"排水舒适"目标导向下，加强管道建设成为最直接的雨水管理途径，当前我国多数城市的雨水管理工作仍属常规雨水管理范畴，而其负面效应（如水体污染、沉降漏斗等）亦将随排水管网的改进而不

---

① F·W·泰罗著. 胡隆昶，冼子恩，曹丽顺译. 科学管理原理[M]. 北京：中国社会科学出版社，1984：64.

断放大。对此，即使城市管理机构有财力不断付出高昂代价更新技术设施，更多雨水问题仍将不断发生。因此，城市与住区建设必须摒弃局限于个别“紧迫”问题、“头痛医头脚痛医脚”的传统做法，转而以雨水问题全面解决为根本目标，全面实施可持续雨水管理，以从根源上着手解决城市雨水问题。

(2)将“阻止雨径生成”作为城市与住区设计的重点。

除了“修复自然水循环”，可持续雨水管理须完成两项基本任务，“阻止雨径生成”针对雨水问题的“成因”；“缓解雨径影响”则针对雨水问题的“后果”。片面地针对“后果”采取行动无法触及问题的根本；因此，直面“成因”，重视“阻止”措施才是可持续雨水管理的核心内容。可以说，城市与住区设计方案对可持续雨水管理成效具显著影响，同时也受可持续雨水管理严格制约。因此，城市与住区建设必须摒弃传统的开发模式，从而担起全面解决雨水问题的重任。

(3)完善与健全相关法律保障体系。

对于可持续雨水管路导向下住区设计程序与做法的标准化，法律保障体系的完善将成为最重要的驱动力。如，可持续雨水管理应通过相关立法(如宪法)在事实上被赋予强制执行力；城市与住区设计应通过相关立法(如城市规划与建筑设计相关法规、水法)被赋予落实可持续雨水管理的义务；可持续雨水管理导向下城市与住区设计的标准化程序应通过立法(如地方性规划与建筑设计导则)获得执行力，等。

(4)为实施可持续雨水管理的项目赋予充足的经济支撑。

鉴于建设成本较大的问题，可持续雨水管理的推广普及仍需通过补贴、收费等方式，予以多方经济支撑。在德国，一方面，政府将对实施可持续雨水管理、降低雨径增量的项目进行税收减免或财政补贴；另一方面，《废水课税法》为各州赋予依据有效非渗透性地表面积开展雨水排放课税的权利。

3. 从建设试点起步

虽然能完全具备上述外部条件以全面普及可持续雨水管理的国家并不多见(例如德国，其已将“可持续发展”写入宪法)，但是在不完全具备政治、经济、法律条件情况下，研发可持续雨水管理导向下城市与住区设计的工作体系的国家为数不少(如美国、加拿大、澳大利亚等)。事实上，最为先进的可持续雨水管理体系(如 LID 体系)恰恰诞生于法律基础并不完善的美国。而澳大利亚的做法更值得关注与借鉴，即通过样板住区的建设在局部地区为 WSUD 体系获得实践检验的机遇。

我国可持续雨水管理导向下住区试点项目建设的外部条件正日益完善。随着《中华人民共和国立法法》(2000)的颁布实施，我国省、自治区人民政府所在地市、经济特区所在地市和经国务院批准的较大市被赋予制定地方性法规的权力。雨水利用工程财政补贴机制亦已在北京等地得到建立，由此可持续雨水管理获得更有力的经济支撑。通过试点项目建设，系统化设计程序与做法将被付诸实践，应用研究将得以深入开展。

4. 有待解决的问题

受自身与外部客观条件的限制，现阶段研究在若干方面未能完全展开，许多相关问题有待后续研究予以解决。当然，本阶段尚未完成的问题也将为后续研究拓展空间；同时这也表明，可持续雨水管理导向下的住区设计研究任重而路远。

● 对于设计程序能力的判定，本书仍处于定性分析阶段。如能在应用研究中通过统计方法，以可持续雨水导向下住区设计方案的质量测试为基础，进行定量分析，设计程序的优化将更加合理。

● 依据优化的设计程序与做法，虽然可持续雨水管理的空间需求能够获得充分满足，但是其他方面的空间需求却未必能够得到满足。为了缓解来自多方面的空间需求发生冲突，住区设计程序仍应作出进一步调整。

● 程序、做法、组织结构、资源是构成工作体系的四个基本要素。组织结构决定程序与做法实施及其效果(理性规划模型就曾因组织结构不合理而难以实施)；故，如在实施过程中，现实的组织结构对优化的设计程序形成制约，二者应如何协调。

● 极端气候条件下(如干旱、高寒等)，可持续雨水管理策略可能有所变化；住区设计程序与做法又当如何作出调整。

5. 术语说明

1976 年，联合国通过的《温哥华人类住区宣言》提出了住区即人们共同居住的一定地区的概念。依据对应的居住人口规模与服务设施的配置，《城市居住区规划设计规范》(GB 50180-693)，将“城市干道或自然分界线所围合，配建有一整套较完善的、能满足该区居民物质与文化生活所需的公共服务设施的居住生活聚居地”，划分为“城市居住区”、“居住小区”、“居住组团”。因此，本书所提出的“住区”被用以指代以上三者的集合。

通常情况下，所谓构筑物指的是不具备、不包含或不提供人类居住功能的人工建造物，比如水塔、水池、过滤池、澄清池、沼气池等。一般具备、包含或提供人类居住功能的人工建造物称为建筑物。需要说明的是，以上定义在不同学科间不是绝对的。因此，本书所提出的“人工构筑物”被用以指代通常意义上的建筑物、构筑物、道路、停车场的集合。

参考文献

英文文献

[1]ADAM SMITH. An Inquiry Into The Nature And Causes Of The Wealth Of Nations[M]. [S. l.]:The Pennsylvania State University,2005.

[2]AMERICAN SOCIETY OF CIVIL ENGINEERS (ASCE). Design and Construction of Urban Stormwater Management Systems[M]. [S. l.]:Urban Water Resources Research Council of the American Society of Civil Engineers and the Water Environment Federation,Reston,VA,1992.

[3]ANDREAS FALUDI,A. Planning Theory[M]. Oxford:Pergamon Press,1973.

[4]AZOUS,L. ,HORNER,R. R. Wetlands and Urbanization:Implications for the Future[M]. Boca Raton,FL:Lewis Publishers,2001.

[5] BEHÖRDE FÜR STADTENTWICKLUNG UND UMWELT, HAMBURG. Dezentrale naturnahe Regenwasserbewirtschaftung:Ein Leitfaden für Planer,Architekten, Ingenieure und Bauunternehmer[M]. Friedberg:Werbeagentur Elke Reiser GmbH.

[6]BILL HILLIER. Space is the machine: A configurational theory of architecture [M]. 1st ed. Cambridge:Cambridge University Press,1996.

[7]BOSHI PEZA SEYED. The National AICP Examination Preparation Course Guidebook 2000[M]. Washington D. C. :Inst. Cert. Planners,2000.

[8]BRITISH COLUMBIA MINISTRY OF WATER,LAND AND AIR PROTECTION. Stormwater Planning Guidebook[M]. British Columbia:Ministry of Water,Land and Air Protection,2000.

[9]BRYAN LAWSON,How designers Think[M]. London:Architectural Press,2005.

[10]CENTER FOR HOUSING INNOVATION. Green Neighborhoods:Planning and Design Guidelines for Air,Water and Urban Forest Quality[M]. Eugene,OR:University of Oregon,2000.

[11]CENTER FOR WATERSHED PROTECTION. Better Site Design:A Handbook for Changing Development Rules in Your Community[M]. Ellicott City,MD:Author,1998.

[12]CHESAPEAKE RESEARCH CONSORTIUM. Design of Stormwater Filtering Systems[M]. Maryland:The Center for Watershed Protection,Silver Spring,1996.

[13]CHOW,V. T. Handbook of Applied Hydrology[M]. New York:McGraw-Hill,

Inc. ,1964.

[14] CREDIT VALLEY CONSERVATION. Low Impact Development Stormwater Management Planning And Design Guide[M]. Toronto: Toronto and Region Conservation Authority,2010.

[15]EWING,R. Best Development Practices:Doing the Right Thing and Making Money at the Same Time[M]. Chicago,IL:American Planning Association,1996.

[16] FRIEDHELM SIEKER, HEIKO SIEKER. Naturnahe Regenwasserbeeirtschaftung in Siedlungsgebieten: Grundlagen und Anwendungsbeispiele - Neue Entwicklungen [M]. 2. ,neu bearbeitete Auflage. Renningen - Malmsheim:expert Verlag,2002.

[17]GEDDES PATRICK. Cities in Evolution: An Introduction to the Town Planning Movement and the Study of Civics[M]. London:Williams,1915.

[18] HARALD GINZKY, ULRICH HAGENDORF, CORINNA HORNEMANN, usw. Versickerung und Nutzung von Regenwasser: Vorteile, Risiken, Anforderungen[M] Dessau:Umwelt Bundes Amt für Menschen und Umwelt,2005.

[19] JACQUELINE HOYER, WOLFGANG DICKHAUT, LUKAS KRONAWITTER,et al. Water Sensitive Urban Design[M]. Berlin:jovis jovis Verlag GmbH,2011.

[20]KAISER MATHIAS. Voraussetzungen,Strategien und Ziele der Forschungskooperation mit Kommunen in: Friedrichs Jürgen, Hollaender Kirsten. Stadtökologische Forschungen:Theorien und Anwendungen[M]. Berlin:Analytica,1999.

[21] KOCH MICHAEL. Ökologische Stadtentwicklung: Innovative Konzepte für Städtebau,Verkehr und Infrastruktur [M]. Stuttgart:Kohlhammer,2001:80.

[22]KÖHLER MANFRED. Fassaden- und Dachbegrünung[M]. Stuttgart:Ulmer Verlag,1993.

[23]LAMMERSEN R. Die Auswirkungen der Stadtentwässerung auf den Stoffhaushalt von Fliessgewässern[M]. Hannover:SUG-Verlag,1997.

[24]METROPOLITAN WASHINGTON COUNCIL OF GOVERNMENTS. Analysis of Urban BMP Performance and Longevity[M]. Washingto D. C. :Metropolitan Washington Council of Governments,1992.

[25]MINISTRY OF THE ENVIRONMENT. Stormwater Management Planning and Design Manual[M]. Toronto:Queen's Printer for Ontario,2003.

[26]NATIONAL ASSOCIATION OF HOME BUILDERS, AMERICAN SOCIETY OF CIVIL ENGINEERS, INSTITUTE OF TRANSPORTATION ENGINEERS, AND URBAN LAND INSTITUTE. Residential Streets[M] (3rd ed.). Washington,D. C. :ULI - the Urban Land Institute,2001.

[27]PRICHARD,D. ,ANDERSON,J. ,CORRELL,C. ,et al. Riparian Area Management TR-1737-15:A User Guide to Assessing Proper Functioning Condition and the Supporting Science for Lotic Areas[M]. Denver,CO:Bureau of Land Management,1998.

[28]PRINCE GEORGE'S COUNTY, MARYLAND. Low-Impact Development Design Manual[M]. Prince George's County, Maryland: Department of Environmental Resources, 1997.

[29]PRINCE GEORGE'S COUNTY, MARYLAND. Low-Impact Development Design Strategies: An Integrated Design Approach[M]. Washington, D. C. : U. S. Environmental Protection Agency, 2000.

[30]RANDALL ARENDT. Growing Greener: Putting Conservation into Local plans and ordinances[M]. Washington, D. C. : Natural Lands Trust, Inc. , 1997.

[31]SIEKER FRIEDHELM. Naturnahe Regenwasserbewirtschaftung in Siedlungsgebieten: Grundlagen und Anwendungsbeispiele - neue Entwicklung[M]. Renningen: expert-verlag, 2002.

[32]SILLINCE J. A Theory of Planning[M]. Aldershot: Gower, 1986.

[33]SCHUELER, T. , Center for Watershed Protection. Environmental Land Planning series: Site Planning for Urban Stream Protection[M]. Washington, D. C. : Metropolitan Washington Council of Governments, Department of Environmental Programs, 1995.

[34]SYKES, R. D. Site Planning[M]. Minnesota: University of Minnesota, 1989.

[35] THOMAS HOFFMANN, WOLFGANG FABRY. Regenwassermanagement - natürlich mit Dachbegrünung[M]. Bad Honnef: Bundesverband Garten-, Landschafts- und Sportplatzbau e. V. (BGL), 1999.

[36]URS. Water sensitive urban design technical guidelines for western Sydney[M] Catchment Trust, 2003.

[37]VINCENT F. PELUSO, P. E. ANA MARSHALL. Best Management Practices For South Florida Urban Stormwater Management Systems[M]. West Palm Beach: South Florida Water Management District, 2002.

[38]W. EDWARDS DEMING. The New Economics: for Industry, Government, Education[M]. Cambridge, Massachusetts: Massachusetts Institute of technology, 1994.

[39] WASHINGTON DEPARTMENT OF ECOLOGY. Stormwater Management Manual for Western Washington[M]. Olympia, WA: Water Quality Program, 2001.

[40]ARIA DELETIC, TIM D FLETCHER. Performance of grass filters used for stormwater treatment—a field and modelling study[J]. Journal of Hydrology, 2006: 317.

[41]DAVIS AP, SHOKOUHIAN M, SHARMA H, MINAMI C. Water Quality Improvement through Bioretention Media: Nitrogen and Phosphorus Removal[J]. Water Environment Research, 2006: 78.

[42] ESSER B. Leitbilder für Fliessgewässer als Orientierungshilfen bei wasserwirtschaftlichen Planungen[J]. Wasser & Boden, 1997, 49(4).

[43]SINGHAL N, ELEFSINIOTIS T, WEERARATNE N, et al. Sediment Retention by Alternative Filtration Media Configurations in Stormwater Treatment[J]. Water Air Soil

Pollution,2008:187.

[44]Städtebaulicher Ideenwettbewerb Scharnhauser Park,Ostfildern[J]. Wettbewerbe aktuell,1992:11.

[45]THOMAS. M. J. The procedural planning theory of A. Faludi[J]. Planning Outlook,1979,22(2):72-76.

[46]Baugesetzbuch (BauGB)[S]. BUNDESMINISTERIUM FÜR VERKEHR,BAU UND STADTENTWICKLUNG,2006.

[47]Bauordnung für Berlin, BauO BLn[S]. Sebatsverwaltung für Stadtentwicklung Berlin,2011.

[48]Berliner Wassergesetz (BWG)[S],2008.

[49]Gesetz zur Ordnung des Wasserhaushalts (Wasserhaushaltsgesetz - WHG) [s],2012.

[50]Grundgesetz für die Bundesrepublik Deutschland[S],2012.

[51]Hamburgische Bauordnung,(HBauO)[S],2009.

[52]ISO 8402:1994(E),Quality management and quality assurance - Vocabulary[S]. Geneva:ISO copyright office,1994.

[53]ISO 9000:2005(E),Quality management systems - Fundamentals and vocabulary [S]. 3rd ed. Geneva:ISO copyright office,2005.

[54]ISO 9001:2008(E),Quality management systems —Requirements [S]. Geneva: ISO copyright office,2008.

[55]Task Force on COAG Water Reform,Sustainable Land and Water Resource Management Committe. Wastewater and Stormwater Management [S]. Canberra:Task Force on COAG Water Reform:1996.

[56]UK Department for Communities and Local Government. Planning Policy Statement 25:Development and Flood Risk [S]. London:TSO,2010.

[57]URS Australia. Water Sensitive Urban Design Technical Guidelines For Western Sydney [S]. Sydney :CATCHMENT TRUST,2003.

[58]Guidance for Developing Best Management Practices (BMP)[S]. Washington D. C. :U. S. Environmental Protection Agency,1993.

[59]Verordnung des Ministeriums für Umwelt und Verkehr über die dezentrale Beseitigung von Niederschlagswasser[S],1999.

[60]Verordnung über die erlaubnisfreie Versickerung von Niederschlagswasser auf Wohngrundstücken[S]. Hamburge Senat,2004.

[61]Wassergesetz für Baden-Württemberg (WG)[S],2005.

[62]Wasserrahmenrichtlinie2000/60/EG[S]. Europäische Parlament,2000.

[63]FEDERAL INTERAGENCY STREAM RESTORATION WORKING GROUP. Stream Corridor Restoration:Principles,Processes,and Practices[R]. USDA-Natural Re-

sources Conservation Service, Washington, DC. , 2001.

[64]HELMUT SCHÖNLEBER. Oberflächenentwässerung in Ostfildern, Scharnhauser Park [R]. Germany, Sigmaringen: DWA-Erfahrungsaustausch in, Juni 2008, 4.

[65]KLAUS LANZ, STEFAN SCHEUER. Handbuch zur EU Wasserpolitik und im Zeichen der Wasser Rahmenrichtlinien[R]. Europäisches Umweltbüro, 2003.

[66]Nachhaltige Wasserwirtschaft in Deutschland, Zusammenfassung und Diskussion. [R]. Umweltbundesamte: Berlin, 1999.

[67] O. PAULSEN. Siedlungswasserwirtschaft B4 [R]. Germany: Fachhochschule Hildesheim/Holzminden/Göttingen, 2006.

[68]STEVEN R. GILLARD. Comprehensive Stormwater Management Plans on University Campuses: Challenges and Opportunities[R]. Philadelphia: Partial Fulfillment of the Requirements for the Degree of Master of Environmental Studies, 2011.

[69]Pennsylvania Stormwater Best Management Practices Manual[Z]. Pennsylvania: Department Of Environmental Protection, 2006.

[70]Protecting Water Quality In Urban Areas[Z]. Minnesota: Minnesota Pollution Control Agency, 2000.

[71]GANTNER, KATHRIN. Nachhaltigkeit urbaner Regenwasserbewirtschaftungsmethoden[D]. TU Berlin, 2002.

[72]KWON, KYUNG HO. Ein Entscheidungshilfesystem für die Planung dezentraler Regenwasserbewirtschaftungsmaßnahmen in Siedlungsgebieten Koreas [D]. Technischen Universität Berlin, 2009.

[73]JAMES HS, DAVIS AP. Water Quality Benefits of Grass Swales in Managing Highway Runoff[Z]. Proceedings of the Water Environment Federation, 2006.

[74]Sustainable Development Strategy: Guidelines and Action Plan 2008-2011[Z]. Swiss Federal Council, 2008.

中文文献

[75]北京大学哲学系编译. 十六——十八世纪西欧各国哲学[M]. 北京:商务印书馆, 1961.

[76]彼得·罗著. 张宇译. 设计思考[M]. 天津:天津大学出版社, 2008.

[77]曹明德, 黄锡生. 环境资源法[M]. 北京:中信出版社, 2004.

[78]笛卡尔著. 王太庆译. 谈谈方法[M]. 北京:商务印书馆, 2001.

[79]F·W·泰罗著. 胡隆昶, 冼子恩, 曹丽顺译. 科学管理原理[M]. 北京:中国社会科学出版社, 1984:196.

[80]高国希. 理性分析的主体性哲学方法论[J]. 文史哲, 1988:3.

[81]J·JOEDICKE 著. 冯纪忠, 杨公侠译. 建筑设计方法论[M]. 武汉:华中工学院出版社, 1983.

[82]李晓春.质量管理学[M].北京:北京邮电大学出版社,2008.

[83]黎志涛.建筑设计方法入门[M].北京:中国建筑工业出版社,1996.

[84]马丁·格里菲斯.欧盟水框架指令手册[M].北京:中国水利水电出版社,2008.

[85]尼格尔·泰勒著.李白玉,陈贞译.1945年后西方城市规划理论的流变[M].北京:中国建筑工业出版社,2006.

[86]R·柯勒著.党志良,田世亭,唐静,等译.机械设计方法学[M].北京:科学出版社,1990.

[87]孙修惠,郝以琼,龙腾锐.排水工程(上)[M].北京:中国环境科学出版社,1999.

[88]同济大学建筑系建筑设计基础教研室.建筑形态设计基础[M].北京:中国建筑工业出版社,1998.

[89]魏宏森,曾国屏.系统论[M].北京:清华大学出版社,1995.

[90]伍爱.质量管理学[M].广州:暨南大学出版社,1996.

[91]薛理银.当代比较教育研究方法论研究[M].北京:人民教育出版社,2009.

[92]许国志,顾基发,车宏安.系统科学[M].上海:上海科技教育出版社,2000.

[93]张钦楠.建筑设计方法学[M].西安:陕西科学技术出版社,1994.

[94]朱文坚,梁丽.机械设计方法学[M].广州:华南理工大学出版社,1997.

[95]曹万春.城市规划中的雨水利用[J].江苏城市规划,2007:5.

[96]柴苑苑.深圳市2008年“6.13”暴雨重现期分析[J].中国农村水利水电,2010(8):70-13.

[97]陈艳,俞顺章,杨坚波,等.太湖地区城市饮用水微囊藻毒素与恶性肿瘤死亡率的关系[J].中国癌症杂志,2002,12(6).

[98]高国希.理性分析的主体性哲学方法论[J].文史哲,1988:3.

[99]海玮.水漫京城——排水系统难敌罕见暴雨[J].城乡建设,2011:7.

[100]郝华.我国城市地下水污染状况与对策研究[J].水利发展研究,2004,4(3).

[101]侯立柱,丁跃元,张书函,等.北京市中德合作城市雨洪利用理念及实践[J].北京水利,2004(4).

[102]贾伟一.Sopranature——索普瑞玛种植屋面系统概述[J].中国建筑防水,2005(8).

[103]L.S.安德森,M.格林菲斯.欧盟《水框架指令》对中国的借鉴意义[J].人民长江,2009,40(8).

[104]李俊奇,邝诺,刘洋,等.北京城市雨水利用政策剖析与启示[J].中国给水排水,2008(12).

[105]李云虹.暴雨后的城市危机[J].法律与生活,2011(8).

[106]梁荣华,孙启林.对历史人文主义的扬弃和对科学实证主义的追寻——贝雷迪的比较教育方法论特性论析[J].华北师大学报(哲学社会科学版),2010,243(1).

[107]刘姝宇,宋代风.埃德曼大厅的启示[J].华中建筑,2006(2).

[108]陆一奇.关于城市防涝减灾的若干思考——杭州“10.8”涝灾过后的反思[J].浙

江水利水电专科学校学报，2008，20(1).

[109]路月仙，陈振楼，王军等.地表水环境非点源污染研究的进展与展望[J].自然生态保护，2003(11).

[110]宋代风，刘姝宇.德国新建住区针对雨水管理的整合设计[J].建筑学报，2009(8)：86-89.

[111]唐建国，曹飞，全洪福，等.德国排水管道状况介绍[J].给水排水，2003，29(5).

[112]王紫雯，程伟平.城市水涝灾害的生态机理分析和思考——以杭州市为主要研究对象[J].浙江大学学报(工学版)，2002，36(5).

[113]吴亚玲，李辉.深圳城市内涝成因分析[J].广东气象，2011，33(5).

[114]许慧鹏.从看"海"到看"心"——对城市内涝问题的思考[J].群言，2011(10).

[115]杨迪.地面沉降的中国应对[J].中国新闻周刊，2011(42).

[116]杨展里.我国城市污水处理技术剖析及对策研究[J].环境科学研究，2001，14(5).

[117]俞露.推进低冲击开发理念的微观尺度应用[J].山西建筑，2010(5).

[118]愈邵武，任心欣，胡爱兵.深圳市光明新区雨洪利用目标及实施方法探讨[J].城市规划学刊，2010(7).

[119]张丹明.美国城市雨洪管理的演变及其对我国的启示[J].国际城市规划，2010，25(6).

[120]张利华.华为5000万从IBM买了什么[J].中国机电工业，2010(3).

[121]张升堂，郭建斌，高宗军，等.济南"7·18"城市暴雨洪水分析[J].人民黄河，2010，32(2).

[122]张书函，丁跃元，陈建刚，等.关于实施雨洪利用后防洪费减免办法的探讨[J].北京水利，2005(6).

[123]张淑娜，李小娟.天津市区道路地表径流污染特征研究[J].中国环境监测，2008，24(3).

[124]张元营，哈尔滨城市供排水改革发展研究[J].华章，2011(15).

[125]赵雪梅.浅谈大气降水对地下水的补给[J].地下水，2011，33(2).

[126]李小雪.北京雨水人工渗蓄利用系统优化研究[D].北京：北京建筑工程学院，2008.

[127]刘保莉.雨洪管理的低影响开发策略研究及在厦门岛实施的可行性分析[D].厦门：厦门大学，2009.

[128]刘宝山.城市小区雨水利用的研究[D].天津：天津大学，2008.

[129]刘琳琳.城市雨水资源化研究与应用[D].沈阳：沈阳农业大学，2006.

[130]刘洋.北京城市雨水利用工程实效调研分析与对策研究[D].北京：北京建筑工程学院，2008.

[131]吕放放.杭州城区雨洪控制利用及道路应用研究[D].北京：北京建筑工程学院，2010.

[132]马震.我国城市雨洪控制利用规划研究[D].北京:北京建筑工程学院,2010.

[133]游春丽.城市雨水利用可行性研究[D].西安:西安建筑科技大学,2006

[134]张曦.城市化进程对地下水系统的影响[D].成都:成都理工大学,2009.

[135]唐宋.暴雨灾害考验城市精神[N].人民日报,2012-07-02 (4).

[136]GB 50014-2006. 室外排水设计规范[S].北京:中国计划出版社,2006.

[137]GB 50045-95. 高层民用建筑设计防火规范[S].北京:中国建筑工业出版社,2005.

[138]GB 50099-2011. 中小学校设计规范[S].北京:中国建筑工业出版社,2012.

[139]GB 50137-2011. 城市用地分类与规划建设用地标准[S].北京:中国建筑工业出版社,2012.

[140]GB 50400-2006. 建筑与小区雨水利用工程技术规范[S].北京:中国建筑工业出版社,2007.

[141]GB 3838-2002. 中华人民共和国地表水环境质量标准[S],2002.

[142]GB/T 18920-2002. 城市污水再生利用城市杂用水水质[S],2002.

[143]GB/T 18921-2002. 城市污水再生利用景观环境用水水质[S],2002.

[144]GB/T 19772-2005. 城市污水再生利用地下水回灌水质[S],2002.

[145]JGJ155-2007. 种植屋面工程技术规程[S].北京:中国建筑工业出版社,2007.

[146]建筑工程设计文件编制深度规定[S].北京:中国计划出版社,2009.

[147]中华人民共和国水法[S],2002.

网络资源

[148] AMEC EARTH AND ENVIRONMENTAL CENTER FOR WATERSHED PROTECTION, DEBO AND ASSOCIATES, JORDAN JONES AND GOULDING, ATLANTA REGIONAL COMMISSION. Georgia Stormwater Management Manual, Volume 2: Technical Handbook [EB/OL]. http://documents. atlantaregional. com/gastormwater/GSMMVol2. pdf, 2001-08-31.

[149] Bundesministerium für Umwelt, Naturschutz und Reaktorsicherheit: http://www. bmu. de

[150]Deutsch-chinesisches Gemeinschaftsprojekt "Neue Konzepte der Regenwasserbewirtschaftung in Stadtgebiete" [EB/OL]. http://edok01. tib. uni-hannover. de/edoks/e01fb06/513261265. pdf, 2005-08-25.

[151] Erschließung Neubaugebiet 'Auf Theren II' ERLÄUTERUNGEN Entwässerungskonzept Regenwasserbewirtschaftung [EB/OL]. http://www. irrel. de/wirtschaft/bebauungsplaene/irrel/auf_theren_2/entwaesserungskonzept. pdf, 2008-07-30.

[152]JIM COX, ROB FITZPATRICK, BADEN WILLIAMS, et al. Salinity Investigation at Second Ponds Creek[EB/OL]. http://www. clw. csiro. au/publications/consultancy/2002/Rouse_Hill_Report. pdf, 2002-07-31.

[153]JOINT STEERING COMMITTEE FOR WATER SENSITIVE CITIES. Evaluating options for water sensitive urban design - a national guide[EB/OL]. http://www. environment. gov. au/water/publications/urban/pubs/wsud-guidelines. pdf,2009-07-30.

[154] LANDCOM Ltd. Second Ponds Creek Planning Agreement[EB/OL]. http://www. blacktown. nsw. gov. au/shadomx/apps/fms/fmsdownload. cfm? file_uuid = 0A75FDFC-5056-991A-C180-F5EACD72D5D8&siteName=blacktown,2006-10-12.

[155]LANDCOM Ltd. Water Sensitive Urban Design [EB/OL]. http://www. landcom. com. au/downloads/uploaded/WSUD_Book3_CaseStudies_0409_3da4. pdf. 2009-05-31.

[156] PUGET SOUND ACTION TEAM, WASHINGTON STATE UNIVERSITY PIERCE COUNTY EXTENSION. Low Impact Development: Technical Guidance Manual For Puget Sound [EB/OL]. http://www. psp. wa. gov/downloads/LID/LID_manual 2005. pdf,2005-01-30.

[157]SAMEER DHALLA, P. ENG. , CHRISTINE ZIMMER, P. ENG. Low Impact development stormwater management planning and design guide. [EB/OL]. http://www. sustainabletechnologies. ca/Portals/_ Rainbow/Documents/LID% 20SWM% 20Guide% 20-%20v1. 0_2010_1_no%20appendices. pdf,2010-12-30. 2. 9. 1.

[158] Schachtversickerung. [EB/OL]. http://www. dornbach. com/de/baulexikon/schachtversickerung. Html,2012-02-17.

[159] SOUTHEAST MICHIGAN COUNCIL OF GOVERNMENTS, INFORMATION CENTER. Low Impact Development Manual for Michigan: A Design Guide for Implementors and Reviewers. [EB/OL]. http://library. semcog. org/InmagicGenie/DocumentFolder/LIDManualWeb. pdf,2008-12-30.

[160]STADT FRANKFURT AM MAIN. Konzeption zur Umsetzung der Regenwasserbewirtschaftung (RWB) in Erschließungsgebieten der Stadt Frankfurt am Main. [EB/OL]. http://www. umweltfrankfurt. de/V2/fileadmin/Redakteur_Dateien/05_gca_dossiers_english/09_waste_water_treatment_frankfurt_annex_03. pdf,2005-08-30.

[161]The Commonwealth of Australia and the Governments of New South Wales, Victoria, Queensland, South Australia, the Australian Capital Territory and the Northern Territory. Intergovernmental Agreement On a National Water Initiative[EB/OL]. http://www. bom. gov. au/water/about/consultation/document/NWI_2004. pdf,2012-01-01.

[162] VICTORIA DEPARTMENT OF PLANNING AND COMMUNITY DEVELOPMENT. Victoria Planning Provisions [EB/OL]. http://planningschemes. dpcd. vic. gov. au/VPPs/combinedPDFs/VPPs_All Clauses. pdf,2012-01-01.

[163]WINGECARRIBEE SHIRE COUNCIL. Development Control Plan No. 59 Renwick [EB/OL]. http://www. savethehighlands. net/STHpdf/Renwick_DCP_FINAL. pdf, 2007-12-31.

[164]北京城区雨水利用的研究与示范[EB/OL]. http://www. chinacitywater. org/rdzt/gjchzh/download/1176862544765. pdf,2005-10-30.

[165]Die Plattform zur Dachbegrünung:http://www. gruendaecher. de

[166]Ministerium für Umwelt,Klima und Energiewirtschaft Baden-Württemberg:http://www. um. baden-wuerttemberg. de

[167] Niedersächsisches Ministerium für Umelt, Energie und Klimaschutz: http://www. umwelt. niedersachsen. de

[168]Praxiom Research Group:http://www. praxiom. com

[169]United States Environmental Protection Agency,EPA:http://www. epa. gov

[170]Universität Stuttgart - Institut für Grundlagen der Planung:http://www. igp. uni-stuttgart. de

[171]百度百科:http://baike. baidu. com

[172]百度文库:http://wenku. baidu. com

[173]北京建筑工程学院科技处:http://kyc. bucea. edu. cn/w10016/index. do

[174]德国环境、自然保护与反应堆安全部官方网站:http://www. bmu. de

[175]都市世界(城市规划与交通网):http://www. cityup. org

[176]法律图书馆:http://www. law-lib. com

[177]和讯网:http://www. hexun. com

[178]慧聪网:http://www. hc360. com

[179]南方网:http://www. southcn. com

[180]腾讯网:http://www. qq. com

[181]人民网:http://www. people. com. cn

[182]维基百科(德文版):http://de. wikipedia. org

[183]维基百科(英文版):http://en. wikipedia. org

[184]新华网:http://www. xinhua. org

[185]中国城市发展网:http://www. chinacity. org. cn

[186]中国改革论坛网:http://www. chinareform. org. cn.

[187]中国科技网:http://www. stdaily. com

[188]中华人民共和国环境保护部:http://www. mep. gov. cn

图书在版编目(CIP)数据

可持续雨水管理导向下住区设计的程序与做法/宋代风著. —厦门:厦门大学出版社,2013.12
ISBN 978-7-5615-4898-1

Ⅰ.①可… Ⅱ.①宋… Ⅲ.①降水-水资源管理-住宅-建筑设计
Ⅳ.①TU991.11②TU241

中国版本图书馆 CIP 数据核字(2013)第 310112 号

厦门大学出版社出版发行
(地址:厦门市软件园二期望海路 39 号 邮编:361008)
http://www.xmupress.com
xmup @ xmupress.com
厦门集大印刷厂印刷
2013 年 12 月第 1 版 2013 年 12 月第 1 次印刷
开本:720×1000 1/16 印张:15
插页:2 字数:252 千字
定价:32.00 元